高等学校计算机教育信息素养系列教材

C语言程序设计教程

（第2版）

余琴 ◎ 主编

方洁 杨玉蓓 陈希 ◎ 副主编

人民邮电出版社

北京

图书在版编目（CIP）数据

C语言程序设计教程 / 余琴主编. -- 2版. -- 北京 :
人民邮电出版社, 2024.8
高等学校计算机教育信息素养系列教材
ISBN 978-7-115-63734-5

Ⅰ. ①C… Ⅱ. ①余… Ⅲ. ①C语言－程序设计－高等
学校－教材 Ⅳ. ①TP312.8

中国国家版本馆CIP数据核字(2024)第034039号

内 容 提 要

本书是为将C语言作为入门语言的初学者所编写的，用以培养读者程序设计的基本能力。

本书全面、系统地介绍C语言的语法规则和结构化程序设计的方法，并用大量的实例剖析C语言的重点和难点。本书共10章，包括概述，数据类型、运算符和表达式，顺序结构，选择结构，循环结构，数组，函数，指针，结构体以及文件。

本书适合作为高等院校计算机和非计算机相关专业的程序设计入门教材，也适合作为对C语言程序设计感兴趣的读者的自学用书。

◆ 主　　编　余　琴
副 主 编　方　洁　杨玉蓓　陈　希
责任编辑　张　斌
责任印制　陈　犇
◆ 人民邮电出版社出版发行　　北京市丰台区成寿寺路11号
邮编　100164　　电子邮件　315@ptpress.com.cn
网址　https://www.ptpress.com.cn
三河市君旺印务有限公司印刷
◆ 开本：787×1092　1/16
印张：15.25　　2024年8月第2版
字数：440千字　　2024年8月河北第1次印刷

定价：59.80元

读者服务热线：(010)81055256　印装质量热线：(010)81055316
反盗版热线：(010)81055315
广告经营许可证：京东市监广登字20170147号

前言 INTRODUCTION

程序设计是计算机科学中的基本技术，是进一步学习“面向对象程序设计”“数据结构”“算法设计与分析”等课程的基础。让学生掌握程序设计的思想和方法，并通过一门具体的程序设计语言掌握程序设计的基本理论和具体语法表达，是高级程序设计语言教学的主要目标。

C 语言是一门历史悠久的程序设计语言。C++、Java、PHP 以及.NET 中的 C#等语言，都是以 C 语言为基础发展而来的。C 语言具有表达能力强，功能丰富，目标程序质量高、可移植性好，使用灵活等特点。C 语言既具有高级语言的优点，又具有低级语言的某些特性，特别适合用于编写系统软件和嵌入式软件。基于 C 语言的上述特点，我国绝大部分高等院校都把它作为计算机和非计算机相关专业的第一门程序设计语言安排相关课程。全国计算机等级考试、全国计算机应用水平考试都将 C 语言列入考试范围。

编者希望读者通过对本书的学习，不仅能掌握高级程序设计语言的知识，更重要的是，能在实践中逐步掌握程序设计的基本思想和基本方法。

本书全面、系统地介绍 C 语言的语法规则和结构化程序设计的方法。第 1 章讲述 C 语言的发展史、C 语言程序的基本结构和开发 C 语言程序的一般步骤；第 2 章介绍基本数据类型、运算符和表达式；第 3～5 章介绍结构化程序设计思想，以及顺序、选择和循环这 3 种结构化控制语句；第 6 章介绍一维数组、二维数组和字符数组的使用方法；第 7 章介绍函数的定义和调用，以及递归函数思想；第 8 章介绍指针的基本概念和用法；第 9 章介绍几种构造类型的概念及在编程中的应用；第 10 章介绍文件的使用方法。每章的开头有学习目标，便于读者明确学习内容。章末有对本章知识的汇总小结，以加强读者对每章知识内容的整体理解，进而加深对所学习理论知识的理解。各章均有典型的例题，便于读者将理论与实际结合，在应用中深入理解与掌握理论知识。各章还提供丰富的习题，以帮助读者巩固各章的知识点。

本书的编者均为武汉工程大学邮电与信息工程学院从事计算机专业教学的教师。本书共 10 章，第 1～5 章、第 10 章由余琴编写，第 8 章由方洁编写，第 7 章由杨玉蓓编写，第 9 章由陈希编写，第 6 章由王继鹏编写，附录由李家凯编写。本书全部内容由余琴统稿和审校。

编者在编写本书的过程中得到了武汉工程大学邮电与信息工程学院的大力支持。在编写过程中，编者学习和借鉴了大量有关的参考资料，吸取了国内外同类教材和有关文献的精华，在此向相关人员表示深深的感谢。

由于编者水平有限，书中存在不妥之处在所难免，恳请各位读者批评指正，以便编者改进和完善本书。

编者

2024 年 5 月

目录 CONTENTS

01 第 1 章　概述

学习目标

- 了解 C 语言的发展史及特点。
- 掌握程序的基本结构与书写格式。
- 了解头文件、函数的开始和结束标志。
- 熟悉 C 语言程序开发过程及 Dev-C++编程环境。

本章主要介绍 C 语言的发展史与特点、C 语言程序的结构特点以及开发程序的主要步骤。通过对本章的学习，读者将对 C 语言有大概的了解，能够依照例题编写一些简单的程序。

1.1　C 语言概述

1.1.1　C 语言的发展史

C 语言的原型是 ALGOL 60 语言。1963 年，英国剑桥大学将 ALGOL 60 语言发展成组合编程语言（Combined Programming Language，CPL）。1967 年，剑桥大学的马丁・理查兹对 CPL 进行了简化，开发出了基本组合编程语言（Basic Combined Programming Language，BCPL）。1970 年，美国贝尔实验室的肯・汤普森对 BCPL 进行了修改，并为它起了一个新名字"B 语言"，并且他用 B 语言编写了第一个 UNIX 操作系统。而在 1972 年，B 语言也被"提炼"了一下，美国贝尔实验室的丹尼斯・里奇在 B 语言的基础上设计出了一种新的语言，他取 BCPL 的第二个字母作为这种语言的名字，这就是 C 语言。

为了推广 UNIX 操作系统，1977 年丹尼斯・里奇发表了不依赖具体机器系统的C语言编译文本《可移植的C语言编译程序》。1978 年布莱恩・科尼汉和丹尼斯・里奇出版了《C 程序设计语言》（*The C Programming Language*），从而使 C 语言成为目前世界上广泛使用的高级程序设计语言。1988 年，随着微型计算机的日益普及，出现了许多 C 语言版本。由于没有统一的标准，这些 C 语言之间出现了一些不一致的地方。为了改变这种情况，美国国家标准学会（American National Standards Institute，ANSI）为 C 语言制定了一套 ANSI 标准，即现行的 C 语言标准。

早期的 C 语言主要用于 UNIX 操作系统。C 语言具有的强大的功能和各方面的优点使其逐渐被人们认识，到了 20 世纪 80 年代，C 语言开始进入其他操作系统，并很快在各类计算机上得到广泛应用，成为当代最优秀的程序设计语言之一。C 语言发展迅速，并且成为最受欢迎的语言之一，主要是因为它具有强大的功能。许多知名的操作系统，如磁盘操作系统（Disk Operating System，DOS）、Windows、Linux 等都是用 C 语言编写的。

1.1.2　C 语言的特点与应用

C 语言是一种结构化语言。用它编写的程序层次清晰，且易以模块化方式组织，易于调试和维护。C 语言的表现能力和处理能力极强，不仅具有丰富的运算符和数据类型，便于实现各类复杂的数据结构，还可以直接访问内存的物理地址，进行位（bit）一级的操作。C 语言可实现对硬件的编程操作，因此 C 语言集高级语言和低级语言的功能于一体。

根据 TIOBE 网站公布的编程语言热门程度排行榜，C 语言热门程度稳居前三。历年编程语言热门程度排名如图 1.1 所示。

Programming Language	2023	2018	2013	2008	2003	1998	1993	1988
Python	1	4	8	7	13	25	20	-
C	2	2	1	2	2	1	1	1
Java	3	1	2	1	1	17	-	-
C++	4	3	4	4	3	2	2	6
C#	5	5	5	8	10	-	-	-
Visual Basic	6	15	-	-	-	-	-	-
JavaScript	7	7	11	9	8	22	-	-
SQL	8	251	-	-	7	-	-	-
Assembly language	9	12	-	-	-	-	-	-
PHP	10	8	6	5	6	-	-	-
Objective-C	18	18	3	45	51	-	-	-
Ada	27	30	17	18	15	7	6	2
Lisp	29	31	12	16	14	6	4	3
Pascal	198	143	15	19	99	12	3	14
(Visual) Basic	-	-	7	3	5	3	9	5

图 1.1　历年编程语言热门程度排名

C 语言也获得了远高于大多数编程语言的排名，TIOBE 于 2024 年 5 月公布的编程语言评分如图 1.2 所示。

May 2024	May 2023	Change	Programming Language	Ratings	Change
1	1		Python	16.33%	+2.88%
2	2		C	9.98%	-3.37%
3	4	↑	C++	9.53%	-2.43%
4	3	↓	Java	8.69%	-3.53%
5	5		C#	6.49%	-0.94%
6	7	↑	JavaScript	3.01%	+0.57%
7	6	↓	Visual Basic	2.01%	-1.83%
8	12	↑↑	Go	1.60%	+0.61%
9	9		SQL	1.44%	-0.03%
10	19	↑↑	Fortran	1.24%	+0.46%

图 1.2　2023 年 1 月编程语言评分

C 语言稳居前三，获得高度评价，这与其具有良好的性能及广泛的应用领域密不可分，C 语言常被应用在以下领域。

1. 操作系统

C 语言可以用来开发操作系统，主要应用在个人桌面领域的 Windows 系统内核、服务器领域的 Linux 系统内核、FreeBSD、苹果公司研发的 macOS 等。

2. 应用软件

C语言可以用来开发应用软件。企业在进行数据管理中，需要用可靠的软件处理有价值的信息，C语言具有高效、稳定等特性，企业数据管理中使用的数据库如Oracle、MySQL、MS SQL Server和SQLite等都用C语言开发。此外金山办公软件WPS、微软办公软件Office、功能强大的数学软件MATLAB等都使用C语言开发。

3. 嵌入式底层开发

当今时代，生活的各个方面都在智能化，智能城市、智能家庭等概念已不再是设想的。这些智能领域离不开嵌入式开发，如为人熟知的智能手环、智能扫地机器人、汽车电子系统等都离不开嵌入式开发。

组成智能系统的组件，如底层微处理器，用于控制传感器、蓝牙、Wi-Fi等的硬件驱动库，嵌入式实时操作系统FreeRTOS、uCOS和VxWorks等，都主要用C语言开发。

4. 游戏开发

C语言程序具有图像处理能力强、可移植性强、高效等特点。一些大型的游戏中，环境渲染，图像处理，三维模型、二维图形、动画等使用C语言来处理。此外，成熟的跨平台游戏库OpenGL、SDL等也用C语言编写而成。

1.1.3 C语言的标准

随着微型计算机的普及，C语言衍生出了诸多版本，这些版本之间存在差异，为了使C语言得到统一，ANSI制定了一套标准，称为ANSI C。ANSI C标准自1989年诞生以来，历经了下述几次修改。

（1）1989年，ANSI发布了第一个完整的C语言标准ANSI X3.159-1989，该标准被称为C89。

（2）1990年，国际标准化组织（International Organization for Standardization，ISO）和国际电工委员会（International Electrotechnical Commission，IEC）接受C89作为国际标准ISO/IEC 9899:1990，该标准被称为C90。C89和C90这两个标准只有细微的差别，因此，通常来讲C89和C90指的是同一个版本。

（3）1999年，ANSI通过了C99标准ISO/IEC 9899:1999。C99标准相对C89有很多不同之处，例如变量声明可以不放在函数开头、支持变长数组、初始化结构体允许对特定的元素赋值等。本书以C99标准为主进行讲解。

（4）2011年，ISO与IEC正式发布C语言标准第3版草案（即C11标准），提高了C语言对C++的兼容性，并增加了一些新的特性。这些新特性包括泛型宏、多线程、带边界检查的函数等。

（5）C17（也被称为C18）是2018年6月发布的 ISO/IEC 9899:2018 的非正式名称，也是目前最新的C语言编程标准，被用来替代 C11 标准。C17 没有引入新的语言特性，只对 C11 进行了补充和修正。

1.1.4 C语言和C++

C++是在C语言的基础上开发的一种集面向对象编程、泛型编程和过程化编程于一体的编程语言。在C语言的基础上，1983年贝尔实验室的本贾尼·斯特劳斯特卢普推出了C++。C++进一步扩充和完善了C语言，成为一种面向对象的程序设计语言。C++提出了一些更为深入的概念，它支持的这些面向对象的概念容易将问题空间直接映射到程序空间，为程序员提供了一种与传统结构程序设计不同的思维方式和编程方法。C++应用较为广泛，是一种支持静态数据类型检查的、支持多重编程的通用程序设计语言。C++支持过程化程序设计、数据抽象、面向对象设计、制作图标等多种程序设计风格。因而也增加了整个语言的复杂性，掌握起来有一定难度。截至本书完稿时，C++的最新标准是 2023 年经过 C++标准委员会投票通过的 C++23。

C 语言是一门结构化语言，它的重点在于算法与数据结构。C 语言程序设计首要考虑的是如何通过一个过程，对输入（或环境条件）进行运算处理得到输出［或实现过程（事物）控制］。C++首要考虑的是如何构造一个对象模型，让这个模型能够契合与之对应的问题域，这样就可以通过获取对象的状态信息得到输出或实现过程（事物）控制。因此，C 语言和 C++的最大区别在于它们解决问题的思想、方法不一样。

C 语言是 C++的基础，C++和 C 语言在很多方面是兼容的。因此，掌握了 C 语言，再进一步学习 C++就能以一种熟悉的语法来学习面向对象的语言，从而达到事半功倍的目的。

1.2 认识 C 语言程序

1.2.1 简单的 C 语言程序

为了说明 C 语言程序结构的特点，先看以下几个程序。这几个程序由易到难，表现了 C 语言源程序在组成结构上的特点。虽然有关内容还未介绍，但可从这些例子中了解 C 语言程序的基本组成部分和书写格式。

【例 1.1】 在屏幕上输出“Hello world!”。

程序实现：

```
#include <stdio.h>                    //头文件包含命令
int main( )                           //main 是主函数的函数名
{                                     //用{表示函数体的开始
  printf("Hello world!\n");           //输出“Hello world!”
  return 0;
}                                     //用}表示函数体的结束
```

【运行结果】

```
Hello world!
```

程序分析如下。

本例的第 1 行#include <stdio.h>为预处理命令。预处理命令是以#开头的代码行。#必须是该行除了任何空白字符外的第一个字符。#后是命令关键字，在关键字和#之间允许存在任意个空白字符。整行语句为一条预处理命令，该命令将在编译器进行编译之前对源代码做某些转换。常见的预处理命令有两种：#include 文件包含命令和#define 宏定义命令。#include 文件包含命令，其作用是把尖括号< >或双引号" "内指定的文件包含到本程序中，使其成为本程序的一部分。被包含的文件通常是由系统提供的，扩展名为.h，也称为头文件或首部文件。C 语言的头文件中包括各个标准库函数的函数原型。凡是在程序中调用一个库函数，都必须包含该函数原型所在的头文件。在本例中，stdio.h 是标准的输入输出头文件，输出函数 printf()是该文件中的标准输入输出函数，表示输出双引号里的内容，其中\n 表示换行。

【例 1.2】 计算 a、b 两数之和，并输出结果 c。

程序实现：

```
#include <stdio.h>
int main( )
{
  int a,b,c;                  //定义 3 个整型变量 a、b、c
```

```
    a=1; b=2;                    //对变量a、b赋值
    c=a+b;                       //求a、b的和，并赋值给c
    printf("c=%d\n",c);          //按照整型输出c的值
    return 0;
}
```

【运行结果】

```
c=3
```

程序分析如下。

本例的主函数体分为两部分，前半部分为定义部分，后半部分为执行部分。定义是对变量的定义。C 语言规定，程序中所有用到的变量都必须先定义，然后才能使用，否则将会出错。程序第 4 行是定义语句，定义了整型变量 a、b、c。

定义部分后为执行部分或称为执行语句部分，用以完成程序的功能。程序第 5 行是赋值语句，使 a 和 b 的值分别为 1 和 2。程序第 6 行计算 a+b，并将结果赋值给 c。程序第 7 行是输出语句，以%d 的格式输出 c 的值，其中%d 表示"十进制整数类型"。在执行输出时，"c=" 按原样输出，%d 的位置代以一个十进制整数值，printf()函数中括号内逗号右侧的 c 是要输出的变量。程序运行时将会把 c 的值以十进制整数的格式输出在%d 的位置。

【例 1.3】 从键盘输入一个实数，求它的正弦值，然后输出结果。

程序实现：

```
#include <stdio.h>
#include <math.h>                        //包含头文件math.h
int main( )
{
    double  x,s;                         //定义两个双精度浮点型变量x、s
    printf("input number x:\n");
    scanf("%lf",&x);                     //调用scanf()函数，从键盘输入一个双精度浮点型值赋给变量x
    s=sin(x);                            //调用sin()函数，计算变量x的正弦值，并把结果赋给变量s
    printf("sin(%lf)= %lf\n",x,s);       //按照双精度浮点型输出x对应的正弦值s
    return 0;
}
```

【运行结果】

```
input number x:
3.14
sin(3.140000)= 0.001593
```

程序分析如下。

本例的前两行是预处理命令，预处理命令根据需要可以有多行。在本例中，使用了 3 个 C 语言提供的库函数：正弦函数 sin()、输入函数 scanf()和输出函数 printf()。正弦函数 sin()是数学函数，其所在的头文件为 math.h，因此在程序的预处理部分用 include 命令包含 math.h 文件。另两个函数 scanf()和 printf()是标准输入输出函数，其所在的头文件为 stdio.h，所以在主函数前也用 include 命令包含 stdio.h 文件。

本例中使用了两个变量 x 和 s，分别用来表示输入的自变量和正弦函数值。由于 sin()函数要求这两个量必须是双精度浮点型的，故程序第 5 行定义部分用类型标识符 double 来定义这两个变量。程序第 6 行是执行部分的输出语句，调用 printf()函数在屏幕上输出提示信息"input number x:"，通知用户输入自变量 x 的值。程序第 7 行为输入语句，调用 scanf()函数，接收用户从键盘上输入的数并将其赋给变量 x，其中%lf 表示双精度浮点型。另外，要注意 sin()函数要求输入的参数 x 为弧度值。程序第 8 行是调用 sin()函数并把函数值赋给变量 s。程序第 9 行是用 printf()函数输出变量 s 的

值（即 x 的正弦值）给用户。

本例程序执行步骤如下。

（1）定义变量 x、s。

（2）用 printf()函数在屏幕上输出提示信息，通知用户输入一个数 x。

（3）用户输入一个数（如 3.14），然后按回车键，输入结束。

（4）scanf()函数接收到这个数，并将其赋给变量 x。

（5）调用 sin()函数，把 x 的值作为实际参数（实参）传送给 sin()函数。

（6）在 sin()函数中计算 x 的正弦值，计算完将结果值返回给主函数。

（7）主函数收到返回值后将其赋给变量 s。

（8）在屏幕上输出 s 的值。

【例 1.4】 输入两个整数，比较大小后输出其中较大的数。

程序实现：

```
#include <stdio.h>
int max(int a, int b);              //声明一个整型函数 max()，有两个整型参数 a、b
int main( )
{
  int x,y,z;
  printf("input two numbers:\n");
  scanf("%d%d",&x,&y);              //调用 scanf()函数从键盘输入两个整型值赋给变量 x、y
  z=max(x,y);                       //调用 max()函数，并传递参数 x、y。然后将返回值赋给 z
  printf("max=%d\n",z);
  return 0;
}
int max(int a, int b)               //定义 max()函数，有两个整型参数 a、b
{
    if(a>b)
        return a;
    else
        return b;
}
```

【运行结果】

```
input two numbers:
3 5
max=5
```

程序分析如下。

本例的程序由主函数和 max()函数两个函数组成。本例中主函数调用了 max()函数，而 max()函数是用户自定义的一个函数，因此应在主函数调用 max()函数前进行声明或定义，本例在程序的第 2 行进行了声明。max()函数的功能是：如果传入的参数 a 的值大于 b 的值，则返回 a 的值；否则返回 b 的值。

本例程序执行步骤如下。

（1）定义变量 x、y、z。

（2）用 printf()函数在屏幕上输出提示信息，通知用户输入两个数。

（3）用户输入两个数（如 3 和 5），然后按回车键，输入结束。

（4）scanf()函数接收到这两个数，并将其赋给变量 x、y。

（5）调用 max()函数，把 x、y 的值作为实际参数传送给 max()函数的形式参数（形参）a、b。

（6）在 max()函数中比较 a、b 的大小，将较大的值返回给主函数。

（7）主函数收到返回值后将其赋给变量 z。

（8）在屏幕上输出 z 的值。

1.2.2 C 语言源程序的结构特点

C 语言源程序具有以下结构特点。

（1）一个 C 语言源程序可以由一个或多个源文件组成。每个源文件可由一个或多个函数组成。

（2）C 语言源程序的基本组成单位是函数；一个 C 语言源程序可由若干个函数组成，其中必须有且仅有一个以 main 命名的主函数，其余的函数名称可由编程者自行设定。

（3）C 语言源程序的执行总是由 main()函数的第一条可执行语句开始，到 main()函数的最后一条可执行的语句结束；而其他函数都是在 main()函数开始执行以后，通过函数调用才得以执行。

（4）C 语言系统提供了丰富的库函数，用户在程序中需要调用某个库函数时，必须用预处理命令#include 将描述该库函数的头文件包含进去。预处理命令通常应放在源程序的最前面。

（5）每一条语句都必须以分号结尾。但预处理命令、函数头和花括号之后不能加分号。

（6）一条语句可以分开放在任意多行内；一行中也可以有多条语句。

（7）标识符及关键字彼此之间必须至少加一个空格以示间隔。若已有明显的间隔符，也可不再加空格。

1.2.3 C 语言的字符集

字符是组成语言最基本的元素之一。C 语言的字符集由字母、数字、空白符、标点和特殊字符组成。在字符常量、字符串常量和注释中还可以使用汉字或其他符号。

（1）字母。小写字母 a～z 共 26 个，大写字母 A～Z 共 26 个。

（2）数字。0～9 共 10 个。

（3）空白符。空格符、制表符、换行符等统称为空白符。空白符只在字符常量和字符串常量中起作用；在其他地方出现时，只起间隔作用，编译程序会忽略它们。因此在程序中使用空白符与否，对程序的编译不产生影响，但在程序中的适当位置使用空白符将提升程序的清晰性和可读性。

（4）标点和特殊字符。标点符号有,、.、;、:、?、'、"、(、)、[、]、{、}、<、>、!、~等。特殊符号有|、\、#、+、-、*、/、%、&、^、=等。

1.2.4 C 语言的词汇

在 C 语言中使用的词汇分为 6 类：标识符、关键字、运算符、分隔符、常量、注释符和控制语句等。

1. 标识符

在程序中使用的变量名、函数名等统称为标识符。除库函数的函数名由系统定义外，其余都由用户自定义。C 语言规定，标识符只能是由字母 A～Z、a～z，数字 0～9 和下画线组成的字符串，并且第一个字符必须是字母或下画线。

以下标识符是合法的：

a　x　_3x　BOOK_1　sum5

以下标识符是非法的：

3s　　以数字开头

s*T　　出现非法字符*

-3x　　以减号（-）开头且出现非法字符减号

bowy-1　　出现非法字符减号

在使用标识符时还必须注意以下几点。

（1）标准 C 语言不限制标识符的长度，但它受各种版本的 C 语言编译系统限制，同时也受到具体机器的限制。例如在某版本 C 语言中规定标识符前 8 位有效，当两个标识符前 8 位相同时，则被认为是同一个标识符。

（2）标识符对大小写敏感，即字母相同大小写不同的标识符有区别。例如，BOOK 和 book 是两个不同的标识符。

（3）标识符虽然可由程序员随意定义，但标识符是用于标识某个量的符号。因此，其名称应尽量有相应的意义，以便阅读理解。

2. 关键字

关键字是由 C 语言规定的具有特定意义的字符串，通常也称为保留字。用户定义的标识符不应与关键字相同。C 语言的关键字分为以下几类。

（1）类型说明符

类型说明符用于定义、说明变量、函数或其他数据结构的类型。如前面例题中用到的 int、double 等。

（2）语句定义符

语句定义符用于表示一条语句的功能。如例 1.4 中用到的 if-else 就是条件语句的语句定义符。

（3）预处理命令字

预处理命令字用于表示一个预处理命令。如前面各例中用到的 include。

ANSI C 提供的 32 个关键字如下。

auto	break	case	char	const	continue	default
do	double	else	enum	extern	float	for
goto	if	int	long	register	return	short
signed	sizeof	static	struct	switch	typedef	unsigned
union	void	volatile	while			

在 C 语言中，关键字都是小写的。

3. 运算符

C 语言中含有相当丰富的运算符。运算符与变量、函数一起组成表达式，实现各种运算功能。运算符由一个或多个字符组成。运算符共有 34 种。C 语言把括号、赋值符、逗号等都作为运算符处理，因此 C 语言的运算类型极为丰富，可以实现其他高级语言难以实现的运算。

C 语言的 34 种运算符分类如下。

（1）算术运算符：+、-、*、/、%、++、--。

（2）关系运算符：<、<=、==、>、>=、!=。

（3）逻辑运算符：!、&&、||。

（4）位运算符：<<、>>、~、|、^、&。

（5）赋值运算符：=及其扩展。

（6）条件运算符：?:。

（7）逗号运算符：,。

（8）指针运算符：*、&。

（9）求字节数运算符：sizeof。

（10）强制类型转换运算符：（类型）。

（11）初等运算符：()、[]、->、.。

各种运算符混合使用时，优先级与结合方法是难点。

4. 分隔符

C 语言采用的分隔符有逗号和空格两种。逗号主要用在变量定义、声明以及函数参数表中，用以分隔各个变量。空格一般用作间隔符，如在关键字、标识符之间必须要有一个以上的空格作间隔，否则将会出现语法错误，例如，把 int a;写成 inta;，C 语言编译器会把 inta 当成一个标识符处理，其结果必然出错。

5. 常量

C 语言使用的常量可分为数字常量、字符常量、字符串常量、符号常量、转义字符等多种。

6. 注释符

C 语言的注释符是/*…*/及//。在/*和*/之间的所有内容都是注释。//后面的一行是注释。在对程序进行编译时，不对注释做任何处理。注释可出现在程序中的几乎任何位置，用来提示用户或解释程序的意义。在调试程序中对暂不使用的语句也可用注释符标示，使编译程序跳过此处不做处理，待调试结束后再去掉注释符。

7. 控制语句

C 语言中提供了 9 种控制语句，其在程序中起到流程控制作用。

if-else	switch	for	while	do-while
continue	break	goto	return	

1.3 使用开发工具编写 C 语言程序

1.3.1 C 语言程序的开发步骤

C 语言程序的开发分为 4 个步骤：编辑、编译、连接、运行，如图 1.3 所示。

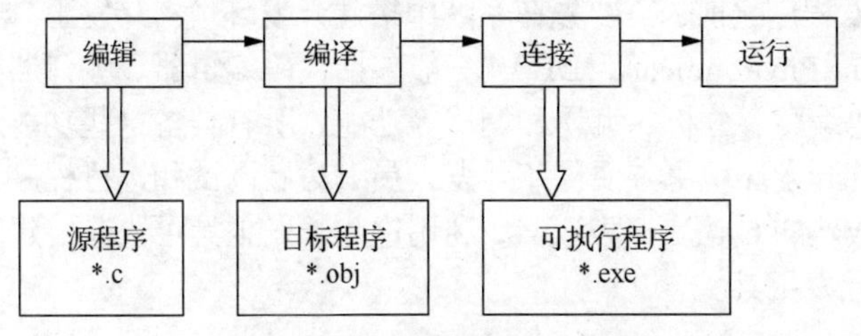

图 1.3 C 语言程序的开发步骤

1. 编辑

编辑源程序，可以用文字处理软件，也可以用集成化的编译开发程序设计软件。C 语言源程序的扩展名为.c。

2. 编译

源程序被编写好之后，可以进行编译。编译的作用是将源程序转换成二进制文件，即目标文件（扩展名为.obj）。编译过程可以发现在源程序编写过程中出现的错误。这种错误一般是书写造成的，因此这种错误称为语法错误，这种错误是易于修改的。必须在此阶段将所有的语法错误修改完成才能进入下一步，语法错误大多可以根据编译工具的提示加以修正。

3. 连接

编译成功后的文件并不能运行，因为虽然称这种程序为目标文件，但其仍是半成品，不能执行。在目标程序中还没有为函数、变量等安排具体的地址，因此也称其为浮动程序。连接就是将若干目标文件加以归并、整理，为所有的函数、变量分配具体地址，同时将库函数连接到目标文件中，生成可执行程序（扩展名为.exe）。

在连接的过程中也可能发现错误，这种错误可能是设计不足或缺陷引起的，这种错误称为逻辑错误。逻辑错误是不易被发现的，应尽可能地加以避免。逻辑错误的修正往往需要对程序进行跟踪调试才能完成。

4. 运行

根据运行的不同目的，运行可分为调试运行、测试运行和应用运行。

（1）调试运行：用于验证某些函数的正确性，被运行的主函数通常就是一个调试程序，运行时通过输入一些特定的数据，观察它是否产生预期的输出。如果发现任何不正常的情况，应配合使用程序跟踪等手段，观察程序是否按预期的流程运行，程序中的某些变量的值是否如预期的那样变化，从而判定出错的具体原因和位置，以便加以纠正。

（2）测试运行：应用运行前的测试运行，用于验证整个应用系统的正确性，如果发现错误，应进一步判断错误的发生原因和产生错误的大致位置，以便加以纠正。

（3）应用运行：指程序正式投入使用后的运行，目的是通过运行程序实现预先设定的功能，从而获得相应的效益。

以上提到的源程序、目标程序、可执行程序的区别如表 1.1 所示。

表 1.1 源程序、目标程序、可执行程序的区别

程序类别	内容	是否可执行	文件扩展名
源程序	高级语言	否	.c
目标程序	机器语言	否	.obj
可执行程序	机器语言	是	.exe

1.3.2 开发工具介绍

在使用 C 语言开发程序之前，需要先在系统中搭建开发环境。开发工具也被称为集成开发环境（Integrated Development Environment，IDE），一般包括代码编辑器、编译器、调试器和图形用户界面等工具，集成了代码编写、分析、编译和调试等功能。所有具备这些功能的软件或软件组基本上都可称为 IDE。良好的开发环境可方便程序开发人员编写、调试和运行程序，提高程序开发效率。目前市面上已有许多成熟的 C 语言开发工具，利用这些开发工具可快速搭建 C 语言开发环境。下面是几种常见的 C 语言开发工具。

1. Visual Studio

Visual Studio（简称 VS）是由美国微软公司发布的开发工具包，是一个基本完整的开发工具集，它集成了整个软件生命周期中所需要的大部分工具，如代码管控工具、IDE 等。用 Visual Studio 编写的代码适用于微软支持的所有平台。

Visual Studio 支持 C/C++、C#、F#、Visual Basic 等多种程序设计语言的开发和测试，功能十分强大。然而，Visual Studio 是一款较为复杂的 IDE，对于初学者来说可能难以掌握。另外，Visual Studio 的安装包较大，有 2GB～3GB，安装时间较长，需要半小时左右。

2. Qt Creator

Qt Creator 是一个轻量级、跨平台、简单易用且功能强大的 IDE，它支持的系统包括 Linux、macOS

及 Windows。Qt Creator 包括项目生成向导、高级 C++代码编辑器、浏览文件及类的工具、集成 Qt Designer、图形化的调试前端、QMake 构建工具等。

3. C-Free

C-Free 是一款国产的操作系统免费的 C/C++ IDE，大小仅 14MB，是一个轻量级的软件，安装简单，具有自动补全、调试器、代码折叠等功能。但是 C-Free 的缺点是调试功能较弱。而且它已经多年不更新了，组件比较陈旧，只能在 Windows XP 和 Windows 7 下运行，在 Windows 8、Windows 10 下运行可能会存在兼容性问题。

4. Code::Blocks

Code::Blocks 是一款跨平台的 C++ IDE，支持多种编译器和调试器，包括 GCC、Clang 等。它提供了多种插件和工具，可帮助开发人员更高效地编写代码。其缺点是占用的空间相对较大，不够轻便。

5. Turbo C

Turbo C（简称 TC）是 Borland 公司开发的 C 语言 IDE，也是一个经典的 C 语言编译器。它把程序的编辑、编译、连接和调试等操作全部集中在一个界面上进行，编译和连接速度极快。它是 16 位的 C 语言编译器，一般在 DOS 环境下使用，Windows 环境下只支持键盘操作，不能使用鼠标控制。截至本书完稿，最新的版本是 Turbo C 3.0。

6. Dev-C++

Dev-C++是 Windows 环境下的一个轻量级 C/C++免费开源的 IDE，它是一款自由软件。Dev-C++使用 MinGM-w64、TDM-GCC 等编译器，遵循 C99 标准，同时兼容 C90 标准。

Dev-C++安装、卸载方便，打开和运行速度都非常快，功能简单、实用。开发环境包括多页面窗口、工程管理、调试器等，集成了 C/C++编译器、自定义编译器配置、调试等功能，提供高亮度语法显示，安装与调试方便，支持多国语言，是 C 语言初学者的首选开发工具。

1.3.3 安装 Dev-C++

Dev-C++工具具有代码编写、代码分析、代码编译和代码调试等功能，又具有体积小、易上手等特点，是适合 C 语言初学者使用的轻量级开发工具。尽管官方的最新版本 Dev-C++ 5.11 在 2016 年已停止更新，且第三方 Dev-C++工具功能更强大，如基于原版 Dev-C++ 4.9 的 Red Panda Dev-C++ 6.7，增加了代码自动补全功能，并修复了一些 Dev-C++的 bug 等，但是作为初学者，还是建议使用原版，因此本书选用官方的 Dev-C++ 5.11 作为开发环境。下面介绍如何在 Windows 10 操作系统中安装该工具。具体步骤如下。

（1）打开 Dev-C++官网，进入软件下载界面，如图 1.4 所示。单击图 1.4 中的“Download”按钮，选择文件存放路径，开始下载软件安装包。

（2）下载完成后，开始安装软件。安装比较简单，双击软件安装包文件打开安装程序，将弹出“Installer Language”对话框，用户可在该对话框中选择语言，如图 1.5 所示。此处选择默认选项“English”。

图 1.4 下载界面

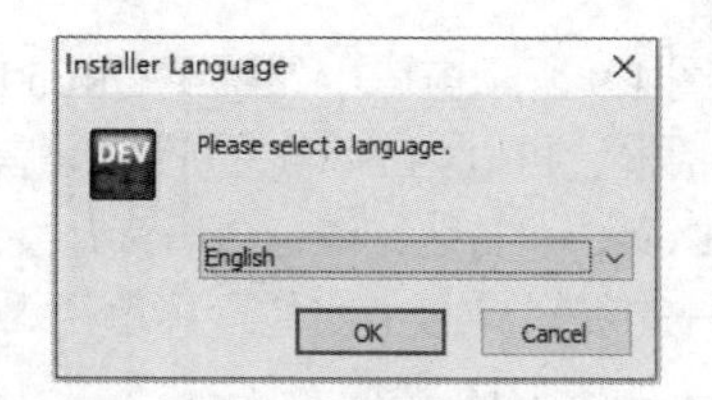

图 1.5 选择语言

（3）单击图 1.5 所示对话框中的“OK”按钮，进入“License Agreement”窗口。该窗口用于展示许可证协议，如图 1.6 所示。

（4）单击图 1.6 所示窗口中的“I Agree”按钮，接受许可证协议，进入“Choose Components”窗口，在该窗口可选择 Dev-C++的组件。单击该窗口的下拉列表，选择“Full”，安装所有组件，如图 1.7 所示。

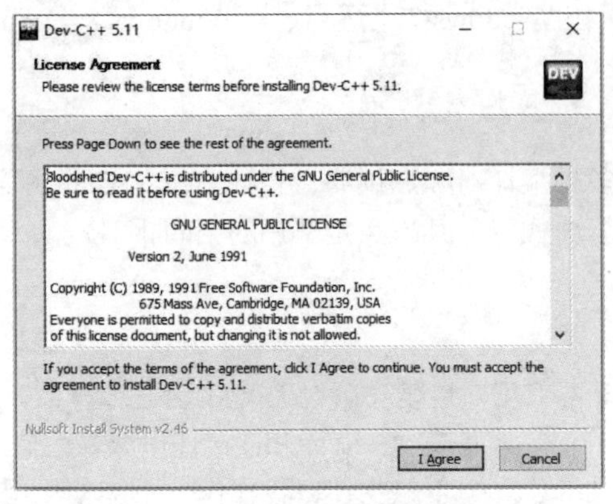
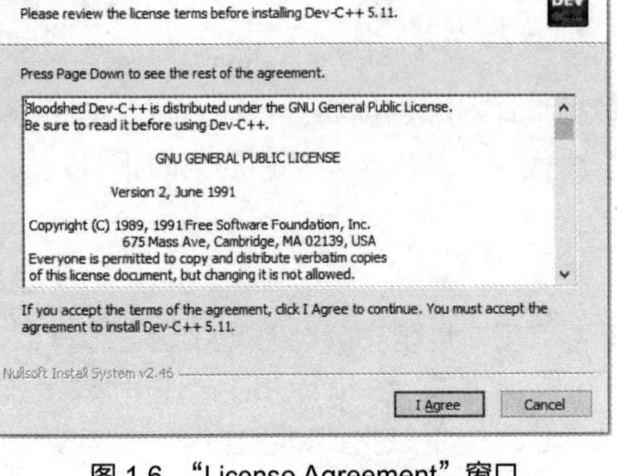

图 1.6 “License Agreement”窗口

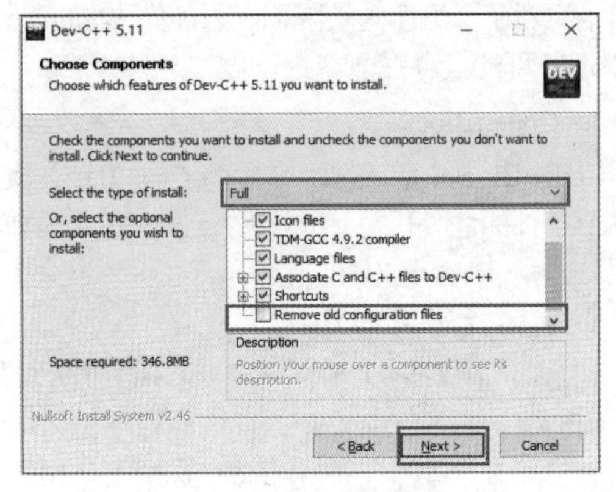

图 1.7 “Choose Components”窗口

在图 1.7 所示窗口中，Full 模式的最后一个选项“Remove old configuration files”用于删除以前的配置文件，首次安装时此项不用选择。

（5）单击图 1.7 所示窗口中的“Next”按钮，进入“Choose Install Location”窗口，设置 Dev-C++的安装路径，如图 1.8 所示。

可单击图 1.8 所示窗口中的“Browse”按钮自行选择安装路径，亦可使用默认安装路径。此处保持默认设置。

（6）单击图 1.8 所示窗口中的“Install”按钮，开始安装 Dev-C++。安装完成后的界面如图 1.9 所示。

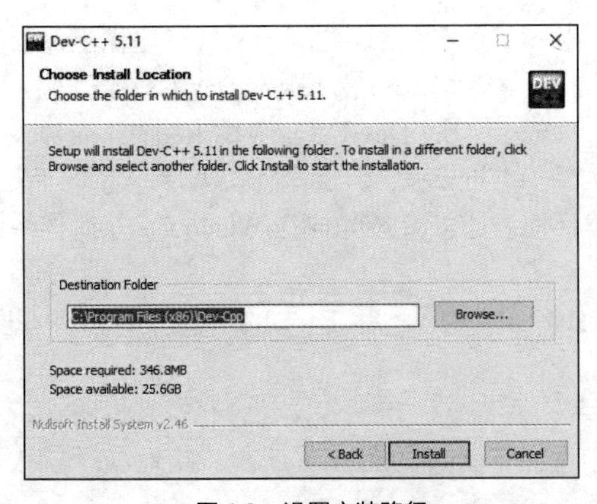

图 1.8 设置安装路径

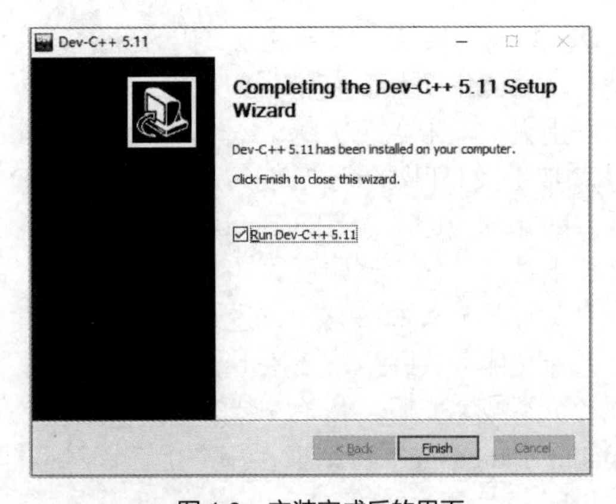

图 1.9 安装完成后的界面

如果在图 1.9 所示窗口中勾选了“Run Dev-C++ 5.11”，那么单击“Finish”按钮后会弹出首次运行配置的对话框，可以为 Dev-C++设置语言和主题，如图 1.10 所示。

至此，Dev-C++安装完毕，C 语言开发所需的编译器设置完毕。

Dev-C++的编辑界面主要包含菜单栏、快捷按钮、项目管理区、代码编辑区、编译信息显示区这 5 个部分，如图 1.11 所示。

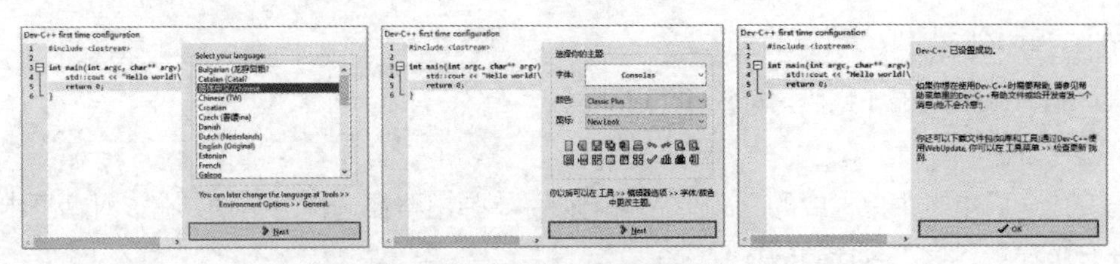

图 1.10 首次配置

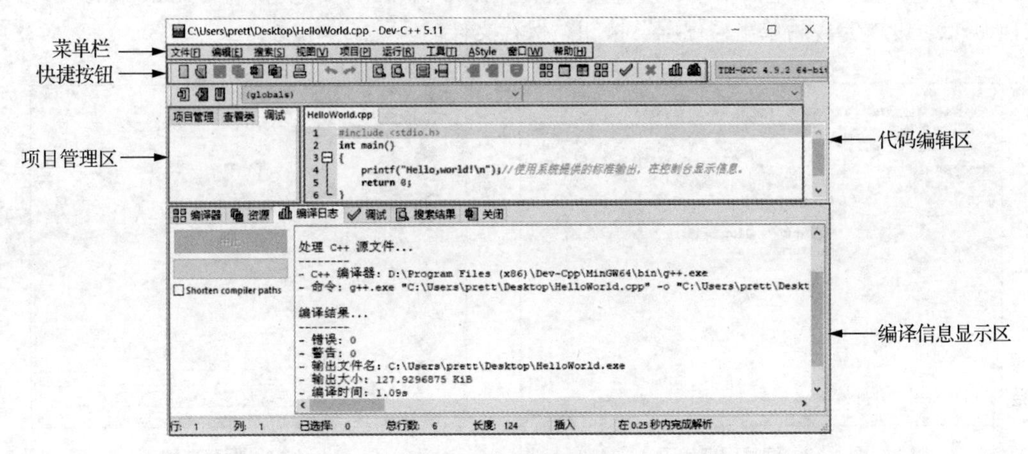

图 1.11 编辑界面

Dev-C++编辑界面各部分功能介绍如下。

（1）菜单栏：用于设置 Dev-C++、编译器、代码风格等。

（2）快捷按钮：使用 Dev-C++的快捷方式，单击后执行相关功能。

（3）项目管理区：管理建立项目的所有工程文件，可以查看函数、结构体。

（4）代码编辑区：在编辑器中输入代码，每行都有对应的编号。

（5）编译信息显示区：用于在程序编译过程中显示错误信息、查看资源文件、记录编译过程中的日志信息及显示调试信息。

1.3.4 编写 C 语言程序

利用 Dev-C++集成开发环境编写 C 语言程序的过程如下。

1. 新建文件

打开 Dev-C++后，在菜单栏依次选择“文件”→“新建”→“源代码”，新建文件，如图 1.12 所示。

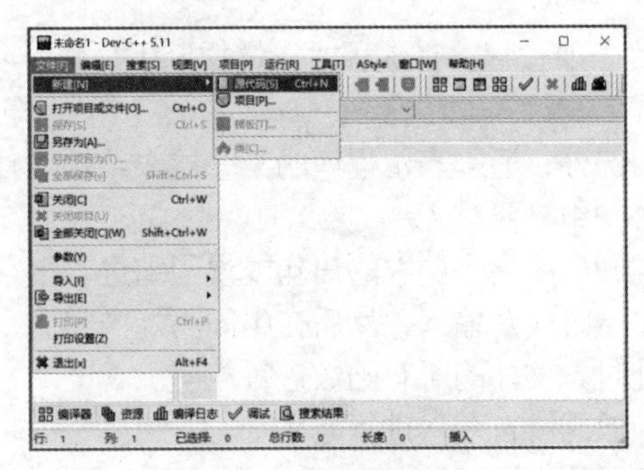

图 1.12 新建文件

2. 编写程序代码

在代码编辑区编写程序代码，如图 1.13 所示。

3. 保存文件

编写完成之后单击菜单栏中的“文件”→“保存”，弹出路径选择对话框，在该对话框中可为文件选择保存路径，并设置文件名与保存类型。

此处将文件保存在本地目录下，设置文件名为 HelloWorld、保存类型为 C source files（*.c），如图 1.14 所示。设置完成后单击“保存”按钮，保存文件。

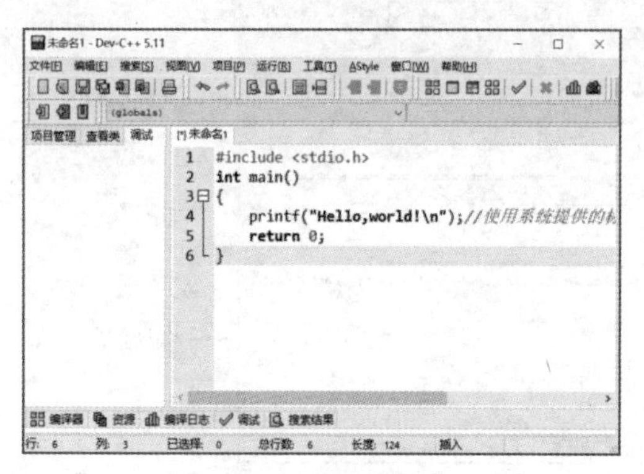

图 1.13 编写程序代码

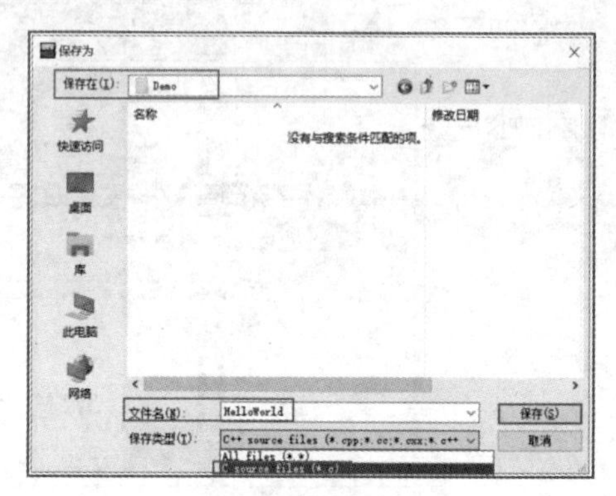

图 1.14 保存文件

4. 编译运行程序

在菜单栏中选择“运行”→“编译运行”运行程序，或按快捷键“F11”运行程序。编译结果如图 1.15 所示。

编译完成后，会弹出输出有程序运行结果的命令行窗口，如图 1.16 所示。

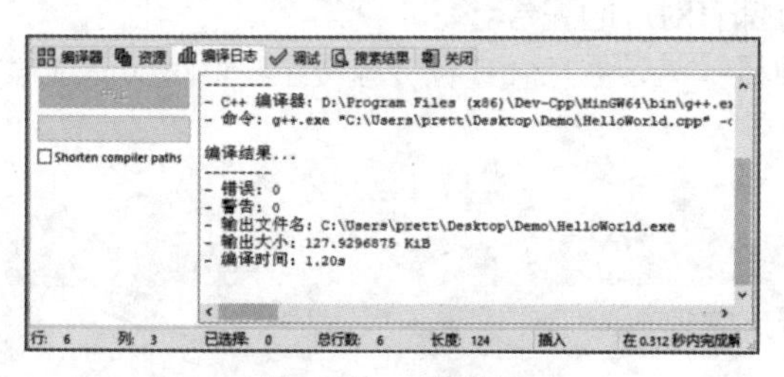

图 1.15 编译结果

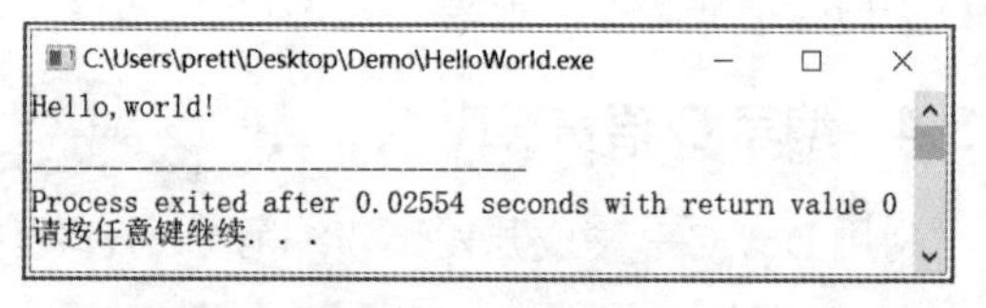

图 1.16 命令行窗口

图 1.16 所示窗口中成功输出“Hello,world!”，说明程序运行成功。如果不能成功运行，需要根据错误提示修改程序。

以上是编写 C 语言程序的一般过程。在编程时应遵循以下规则，以养成良好的编程习惯。

（1）一条语句占一行。

（2）用花括号{}括起来的部分，通常表示程序的某一层次结构。{}一般与该结构语句的第一个字母对齐，并单独占一行。每一组{}要对齐。

（3）低一层次的语句或说明可比高一层次的语句或说明缩进若干空格后书写。

（4）输入引号、括号等符号时成对输入，然后在中间添加内容。

（5）在程序源文件开头处对本文件的所有函数进行声明。

（6）在函数开头处对本函数的所有变量进行定义。

（7）变量用小写字母，常量用大写字母。

（8）有合适的空行。

（9）有足够的注释。

1.4 本章小结

C 语言是目前世界上广泛使用的一种计算机语言，其使用方便、灵活，功能很强，既具有高级语言的优点，又具有低级语言的功能，既可用于编写系统软件，又可用于编写应用软件，用其编写的程序代码简洁、结构紧凑。

C 语言程序由函数构成，函数由语句构成，语句由标识符、关键字、运算符、分隔符、常量、注释符等构成。函数是程序的基本功能块，C 语言程序由一个或多个函数构成。程序中有且只有一个 main()函数，执行由 main()函数开始，在 main()函数结束。

开发一个 C 语言程序要经过 4 个步骤：编辑、编译、连接、执行。开发过程的每一步都要注意修改错误，不要将错误留到下一个环节。

习题

一、选择题

1. C 语言的前身是（　　）。

　A. A 语言　　B. B 语言　　C. C++　　D. Basic 语言

2. C 语言规定，必须用（　　）作为主函数名。

　A. Function　　B. include　　C. main　　D. stdio

3. 一个 C 语言程序可以包含任意多个不同名的函数，但有且仅有一个（　　），一个 C 语言程序总是从其开始执行。

　A. 过程　　B. 主函数　　C. 函数　　D. include

4. C 语言程序的基本构成单位是（　　）。

　A. 函数　　B. 函数和过程　　C. 超文本过程　　D. 子程序

5. 下列说法正确的是（　　）。

　A. main()函数必须放在 C 语言程序的开头

　B. main()函数必须放在 C 语言程序的最后

　C. main()函数可以放在 C 语言程序的中间部分，执行 C 语言程序时是从程序开头执行的

　D. main()函数可以放在 C 语言程序的中间部分，执行 C 语言程序时是从 main()函数开始的

6. 下列说法正确的是（　　）。

　A. 在执行 C 语言程序时不是从 main()函数开始的

　B. C 语言程序书写格式受严格限制，一行必须写一条语句

　C. C 语言程序书写格式自由，一条语句可以分写在多行上

　D. C 语言程序书写格式受严格限制，一行内必须写一条语句，并要有行号

7. 在 C 语言中，每条语句和数据定义均用（　　）结束。

　A. 句号　　B. 逗号　　C. 分号　　D. 括号

8. （　　）不是 C 语言提供的合法关键字。

　A. switch　　B. print　　C. case　　D. default

9. 由 C 语言目标文件连接而成的可执行文件的默认扩展名为（　　）。

　A. .c　　B. .cpp　　C. .exe　　D. .obj

10. 下列字符串为合法的用户自定义标识符的是（　　）。

A. _HJ　　B. 9_student　　C. long　　D. LINE 1

二、填空题

1. C 语言是一种______语言。用它编写的程序层次清晰，且易以模块化方式组织，易于调试和维护。C 语言的表现能力和处理能力极强，不仅具有丰富的运算符和数据类型，便于实现各类复杂的数据结构，还可以直接访问内存的__________，进行位（bit）一级的操作。

2. 常见的预处理命令有两种：__________和__________。

3. C 语言的______中包括各个标准库函数的函数原型。凡是在程序中调用一个库函数，都必须包含该函数原型所在的______。

4. 在程序中/*…*/或//均表示______，其中/*…*/表示_______________，//表示__________。程序运行时不会执行______内容。

5. C 语言语句的结束标志是______。

6. 主函数体分为两部分，前半部分为__________，后半部分为__________。

7. C 语言程序的开发分为 4 个步骤：______、______、______、______。

8. C 语言源程序的扩展名为______。

9. 编译的作用是将源程序转换成二进制文件，即__________，扩展名为______。

10. 连接就是将若干目标文件加以归并、整理，为所有的函数、变量分配具体地址，同时将库函数连接到目标文件中，生成__________，扩展名为______。

三、简答题

1. 简述 C 语言的优点。
2. 简述 C 语言与 C++的关系与区别。
3. 简述 C 语言源程序的结构特点。
4. 简述 C 语言的字符集有哪些。
5. 简述编写 C 语言程序时应遵循的规则。

四、编程题

使用 Dev-C++开发工具编写程序，要求输出如下信息（XXX 为本人姓名）：

```
**********************************
           我是 XXX
**********************************
```

02

第2章 数据类型、运算符和表达式

学习目标

- 掌握C语言中的3种基本数据类型（int、float、char）。
- 掌握常量及变量的定义方法。
- 掌握运算符的种类、运算优先级、结合性。
- 掌握表达式类型（赋值表达式、算术表达式、逗号表达式）及求值规则。
- 掌握不同类型数据间的转换与运算。

数据和运算符是程序的基本要素。数据类型是对程序所处理的数据的“抽象”，用以对计算机中可能出现的数据进行分类。在编写C语言程序之前，必须先掌握一些关于数据和运算符的基础知识，因为C语言规定，在程序中使用的每一个数据，必须为其指定数据类型。在本章中，要求了解C语言的数据类型和运算符；掌握各种基本类型常量的书写方法以及变量的定义、赋值、初始化和使用方法；掌握各种基本表达式的组成、运算规则，以及不同类型数据运算的类型转换规则。

2.1 C语言的数据类型

数据类型是指数据在计算机内存中的表现形式,也可以说是数据在程序运行过程中的特征。在C语言中，数据类型可分为基本类型、构造类型、指针类型和空类型4种。

（1）基本类型包含整型、浮点型（又称实型，即实数类型）、字符型3种。

（2）构造类型包含数组类型、结构体类型、共用体类型（又称联合类型）、枚举类型4种，构造数据类型是根据已定义的一个或多个数据类型用构造的方法来定义的。一个构造类型的值可以分解成若干个元素，其中每个元素是一个基本的数据类型。

（3）指针类型是一种特殊的数据类型，其值用来表示变量的内存地址。

（4）空类型（无值类型）主要用在函数以及指针应用中。

C语言的数据类型如图2.1所示。

C语言中的数据有常量和变量之分，它们都具有上述这些类型。

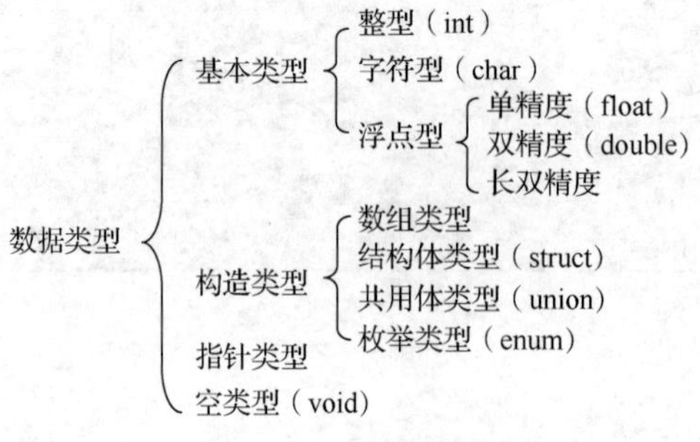

图 2.1　C 语言的数据类型

2.2　常量与变量

程序在运行过程中，其值不能被改变的量称为常量，其值可以被改变的量称为变量。常量是指直接出现计算机指令中的数值，例如，x+8 中的 x 是一个变量，需要通过变量名去寻找对应的内存空间中的值，而 8 就是常量，无须寻找其地址。

2.2.1　常量

常量可分为不同的类型，如整型常量 0、−3，浮点型常量 4.6、−1.23。常量从形式上又可分为字面（直接）常量和符号常量两种。从字面上就可以判别的常量叫字面常量。

在 C 语言中，常量可以用符号来代替，引用这个符号，就相当于引用这个常量。

程序实现：

【例 2.1】 符号常量的使用。

程序实现：

```
//程序功能：计算圆的面积
#include <stdio.h>
#define  PI  3.1415926
int  main()
{
   float r,s;
   r = 5.0;
   s = PI * r * r;
   printf("Area is %f\n", s);
   return 0;
}
```

【运行结果】

```
Area is 78.539815
```

在实际开发中，如果程序代码长、文件多时，为方便使用 3.1415926 这个常量，可以用某个标识符代表，这个标识符称为符号常量，即标识符形式的常量。用#define 命令行定义 PI，即程序中的 PI 就是常量 3.1415926。

习惯上，符号常量名用大写，变量名用小写，以示区别。

使用符号常量的优点如下。

（1）含义清楚。通过有意义的单词符号，可以指明该常量的意思，如上面的程序中，看到 PI 就知道它代表圆周率。因此定义符号常量名时，应考虑见名知意。

（2）在需要改变某个常量时能做到"一改全改"。需要修改常量时，只需要修改一次就可以实现批量修改。例如，在程序中多处用到圆周率，如果用常数表示，则在调整圆周率小数位数时，就需要在程序中做多处修改，若用符号常量 PI 代表圆周率，则只需改动一处即可。例如：

```
#define PI 3.1416
```

表示程序中所有以 PI 代表的数值一律自动改为 3.1416。

符号常量不同于变量，它的值在其作用域内不能改变，也不能再被赋值。如再用以下赋值语句给 PI 赋值是错误的。

```
PI = 3.14;
```

但是实际上，符号常量也有自己的缺点，如不能进行类型检查等。

2.2.2　变量

变量代表内存中具有特定属性的一个存储单元，它用来存放数据，也就是变量的值。在程序运行过程中，其值是可以改变的。一个变量应该有一个名字，以便被引用。每个变量必须具有以下两个要素。

（1）变量名。每个变量都必须有一个名字——变量名，变量命名遵循标识符命名规则。最好在定义变量名时考虑见名知意，如 max 表示最大值，sum 表示和。

（2）变量值。程序在运行过程中，变量值存储在内存中，不同类型的变量占用的内存单元（字节）数不同。在程序中，通过变量名来引用变量的值。

一个变量在内存中占据一定的存储单元，在该存储单元中存放变量的值，如图 2.2 所示。变量名实际上是一个符号地址，在对程序编译、连接时由系统为每一个变量名分配一个内存地址。在程序中，从变量中取值，实际上是通过变量名找到相应的内存地址，从其存储单元中读取数据。

a　变量名
35　变量值
存储单元

图 2.2　变量与存储单元

变量的名字必须符合 C 语言标识符的命名规则。C 语言规定标识符只能由字母、数字和下画线 3 种字符组成，且第一个字符必须为字母或下画线。另外，C 语言对大小写敏感，因此要注意变量名字母的大小写，如 sum 和 SUM 是两个不同的变量名。

C 语言规定，要对所用到的变量名做强制定义，即“先定义，后使用”，这样做的原因如下。

（1）凡是未被事先定义的变量名，系统不把它认作变量名，这样能保证程序中变量名使用的正确性。例如程序中声明：

```
int  week_num;
```

若在程序的执行部分错写成了 week_nom，例如：

```
week_nom=6;
```

编译时系统会提示 Undefined symbol week_nom…的信息，表示该变量未被定义，不作为变量名，提醒用户检查错误，避免变量名出错。

（2）定义变量后，程序连接时由系统在内存中开辟（分配）存储空间。如定义整型变量 x，程序连接时在内存中开辟 4 字节（在 32 位编译系统环境下）的存储空间，并将该存储空间命名为 x。

（3）指定每一个变量属于一个类型，这就便于在编译时据此检查，在程序中检查该变量进行的运算是否合法。例如：

```
float x;
int y;
y=5%x;
```

%是求余运算符，要求运算符的两边都是整数。此处 x 为浮点型变量，不允许进行求余运算，否则在编译时会给出出错信息。

2.3 整型数据

2.3.1 整型常量

整型常量即整型数，在 C 语言中整型常量有以下 3 种表示形式。

（1）十进制整数表示形式由数字 0～9 组成。如 123、-45、0 等。

（2）八进制整数表示形式由数字 0～7 组成。在书写时要加前缀“0”（零），如 012 表示八进制数 12。所以若出现 089 这样的数，则是错误的。因为出现了 8 和 9，超出八进制可使用的数字范围。

（3）十六进制整数表示形式由 0x 或 0X 开头，其余各位由数字 0～9 与字母 a～f（0X 开头为 A～F）组成。在书写时要加前缀“0x”或“0X”。如 0x36 表示十六进制数 36。

2.3.2 整型变量

1. 整型数据在内存中的存放形式

数据在内存中以二进制形式存放，例如，定义一个整型变量 x。

```
int x;
x=10;
```

十进制数 10 的二进制形式为 1010。在 32 位 C 语言编译系统中，编译器为它分配 4 字节的存储单元；在 16 位 C 语言编译系统中，编译器为它分配两字节的存储单元。为方便描述，以 16 位编译系统为例，十进制数 10 在内存中的存放如下所示。

0	0	0	0	0	0	0	0	0	0	0	0	1	0	1	0

在内存中，数据是以补码表示的，其中：

- 正数的补码和原码相同；
- 负数的补码为将该数的绝对值的二进制形式按位取反再加 1。

例如，求-10 的补码。

（1）求 10 的原码。

0	0	0	0	0	0	0	0	0	0	0	0	1	0	1	0

（2）取反。

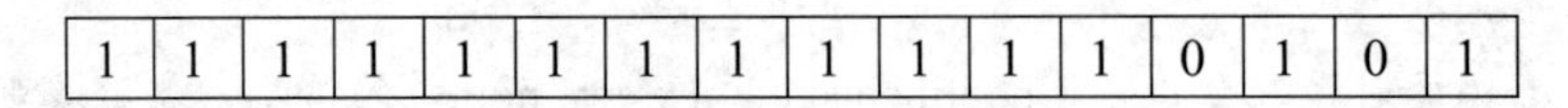

1	1	1	1	1	1	1	1	1	1	1	1	0	1	0	1

（3）再加 1，得-10 的补码。

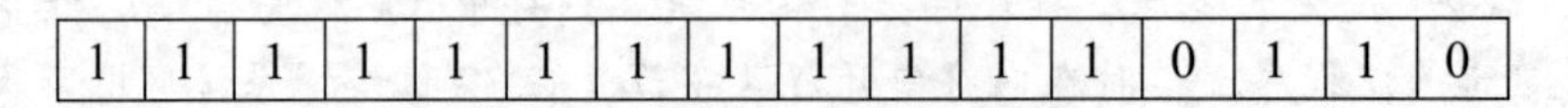

1	1	1	1	1	1	1	1	1	1	1	1	0	1	1	0

由此可知，在存放整数的存储单元中，最左边一位是符号位，该位为 0 时表示数值为“正”；该位为 1 时表示数值为“负”。

2. 整型变量的分类

根据占用内存字节数的不同，整型变量分为 4 类：

- 基本整型（类型关键字为 int）；
- 短整型（类型关键字为 short [int]）；
- 长整型（类型关键字为 long [int]）；

- 无符号整型。

其中无符号整型又分为无符号基本整型（用 unsigned int 表示）、无符号短整型（用 unsigned short 表示）和无符号长整型（用 unsigned long 表示）3 种，只能用来存储无符号整数。

如果不指定 unsigned 或指定 signed，则存储单元中最高位代表符号（0 表示正，1 表示负）。如果指定 unsigned，表示无符号整型，则存储单元中全部二进制位都用来存放数本身，而不包括符号。因此一个无符号整型变量中可以存放的正数的范围比一般整型变量中存放正数的范围大。例如：

```
int x;
unsigned int y;
```

变量 x 的取值范围是-32768～32767，变量 y 的取值范围是 0～65535（在 16 位编译系统环境下）。如下分别表示有符号整型变量 x 和无符号整型变量 y 的最大值。

（1）有符号整型数据：最大值表示 32767。

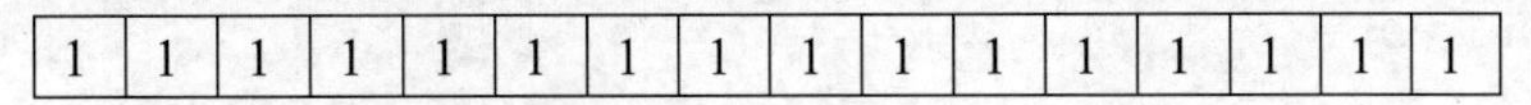

0	1	1	1	1	1	1	1	1	1	1	1	1	1	1	1

（2）无符号整型数据：最大值表示 65535。

1	1	1	1	1	1	1	1	1	1	1	1	1	1	1	1

表 2.1 列出了 C 语言中各类整型数据所分配的内存字节数及数的表示范围。

表 2.1　C 语言中各类整型数据所分配的内存字节数及数的表示范围

类型	16 位编译系统		32 位编译系统	
	字节数	数值范围	字节数	数值范围
[signed]int	2	-32768～32767	4	-2147483648～2147483647
unsigned[int]	2	0～65535	4	0～4294967295
[signed]short[int]	2	-32768～32767	2	-32768～32767
unsigned short[int]	2	0～65535	2	0～65535
long[int]	4	-2147483648～2147483647	4	-2147483648～2147483647
unsigned long[int]	4	0～4294967295	4	0～4294967295

3. 整型变量的定义

C 语言程序设计中，所有用到的变量都必须先定义，即进行类型定义或类型说明，也就是“先定义，后使用”。例如：

```
int num;                        //定义变量 num 为整型变量
unsigned short max,min;         //定义变量 max、min 为无符号短整型变量
long total,sum;                 //定义变量 total、sum 为长整型变量
```

【例 2.2】 整型变量的定义与使用。

程序实现：

```
#include <stdio.h>
int main()
{    int num1,num2,sum;       // 定义 num1、num2、sum 为整型变量
     unsigned num3;               // 定义 num3 为无符号整型变量
     num1 = 100;
     num2 = -50;
     num3 = 10;
     sum = num1+num2+num3;
     printf("sum = %d\n",sum);
     return 0;
}
```

【运行结果】

```
sum = 60
```

可以看到不同类型的整型数据可以进行算术运算。本例中是 int 型数据与 unsigned int 型数据进行相加、相减运算。

在 16 位编译系统中，一个 int 型变量的最大值是 32767，如果再加 1 会出现数据溢出。

【例 2.3】 整型数据的溢出。

程序实现：

```
#include <stdio.h>
int main()
{
     int a,b;
     a=32767;
     b=a+1;
     printf("%d,%d\n",a,b);
     return 0;
}
```

上例在 16 位编译系统下（如 Turbo C），输出值是 32767、-32768；在 32 位编译系统下（如 Dev-C++），输出值是 32767、32768。因为 int 型在 16 位编译系统下默认占 2 字节；在 32 位编译系统下默认占 4 字节，所以 32768 不会溢出。若将 b 的类型修改为 short 型，在 32 位编译系统下 short 型默认占 2 字节，32768 超出范围，溢出，b 的输出结果为-32768。

2.3.3 整型常量的类型

既然整型变量有类型，那么整型常量也应该有类型，才能在赋值时匹配。假定整型数据在内存中占 2 字节，赋值时应注意以下几点。

（1）一个整数，如果其值在-32768～32767 范围内，则认为它是 int 型，它可以赋值给 int 型或 short int 型变量。

（2）一个整数，如果其值超过了上述范围，在-2147483648～2147483647 范围内，则认为它是 long int 型，可以将它赋值给 long int 型变量。

（3）如果所用的 C 语言版本分配给 short int 型与 int 型数据在内存中占据的长度相同，则它的数据范围与 int 型相同。因此一个 int 型的常量同时也是一个 short int 型常量，可以赋给 int 型或 short int 型变量。

（4）一个整型常量后面加一个字母 u 或 U，就会被认为是 unsigned int 型常量，如 12345u，在内存中按 unsigned int 型规定的方式存放（存储单元中最高位不作为符号位，而用来存储数据）。

（5）在一个整型常量后面加一个字母 l 或 L，则认为是 long int 型常量。

例如，123l、432L、0L 用于函数调用中。

2.4 浮点型数据

2.4.1 浮点型常量

浮点数即实数，在 C 语言中只有十进制的表现形式，没有十六进制和八进制的表示形式。实数有以下两种表现形式。

（1）十进制形式的实数由数字和小数点组成（注意必须加小数点），如 0.123、123.0。

（2）指数形式的实数用指数记数法的形式来表示。由十进制数加阶码标志“e”或“E”以及阶码（只能为整数，可以带符号）组成。其一般形式为：

```
a E n（a 为十进制数，n 为十进制整数）
```

其值为 $a\times10^n$。当“a”的小数点左边有一位（且只能有一位）非 0 的数字时，这种格式称为规范化的指数形式。如下例都是合法的浮点型数据：

2.1E5（等于 2.1×10^5）

3.7E-2（等于 3.7×10^{-2}）

0.5E7（等于 0.5×10^7）

-2.8E-2（等于 -2.8×10^{-2}）

其中，2.1E5、3.7E-2、-2.8E-2 都是规范化的指数形式。

以下都是不合法的浮点型数据：

345（无小数点）

E7（阶码标志 E 之前无数字）

-5（无阶码标志）

53.-E3（负号位置不对）

2.7E（无阶码）

【例 2.4】 浮点型数据的输出。

程序实现：

```
#include <stdio.h>
int main()
{
    printf("%f\n",356.);                //%f 是输出浮点型数据使用的格式符
    printf("%f\n",356);
    printf("%f\n",356.0);
    return 0;
}
```

【运行结果】

```
356.000000
0.000000
356.000000
```

2.4.2 浮点型变量

1. 浮点型变量在内存中的存放形式

浮点型变量一般占 4 字节（32 位）内存空间，按指数形式存储。例如，实数 9.527 在内存中的存放形式如下：

+	.9527	1
数符	小数部分	指数

说明如下。

- 小数部分占的位数越多，数的有效数字越多，精度越高。
- 指数部分占的位数越多，能表示的数值范围越大。

2. 浮点型变量的分类

C 语言的浮点型变量分为单精度型、双精度型，其中双精度型有一种扩展类型，为长双精度型。单精度型的类型关键字为 float，一般占 4 字节，提供 6～7 位有效数字。双精度型的类型关键字为

double，一般占 8 字节，提供 15～16 位有效数字。长双精度型的类型关键字为 long double，一般占 16 字节，提供 18～19 位有效数字。每一个浮点型变量都应在使用前加以定义。

表 2.2 列出了 C 语言中各类浮点型数据所分配的内存字节数及数的表示范围。

表 2.2　C 语言中各类浮点型数据所分配的内存字节数及数的表示范围

类型说明符	位数（字节数）	有效数字	数的表示范围
float	32（4）	6～7	-3.4×10^{-37}～3.4×10^{38}
double	64（8）	15～16	-1.7×10^{-308}～1.7×10^{308}
long double	128（16）	18～19	-1.2×10^{-4931}～1.2×10^{4932}

浮点型变量定义的格式和书写规则与整型的相同。例如：

```
float x,y;                    // 定义 x、y 为单精度浮点型变量
double b;                     // 定义 b 为双精度浮点型变量
long double c;                // 定义 c 为长双精度浮点型变量
```

3. 浮点型数据的舍入误差

由于浮点数是由有限的存储单元存储的，因此能提供的有效数字总是有限的，在有效位以外的数字将被舍弃。

【例 2.5】 浮点型数据的舍入误差（一）。

程序实现：

```
#include <stdio.h>
int main()
{
     float a,b;
     a=123456.789e5;
     b=a+20;
     printf("a=%f\n",a);
     printf("b=%f\n",b);
     return 0;
}
```

【运行结果】

```
a=12345678848.000000
b=12345678848.000000
```

从本例可以看出：由于 a 的值比 20 大很多，a+20 的理论值是 12345678920，而单精度浮点型变量的有效位数只有 7 位，因此 7 位以后的数字是无意义的，把 20 加在后几位上也是无意义的。

【例 2.6】 浮点型数据的舍入误差（二）。

程序实现：

```
#include <stdio.h>
int main()
{
     float a;
     double b;
     a=33333.33333;
     b=33333.33333333333333;
     printf("a=%f\nb=%f\n",a,b);
     return 0;
}
```

【运行结果】

```
a=33333.332031
b=33333.333333
```

从本例可以看出的内容如下。

- 由于 a 是单精度浮点型的，有效位数只有 7 位。而整数已占 5 位，故小数两位后的数字均为无效数字。
- b 是双精度型的，有效位数为 16 位。但 32 位编译系统规定%f 格式中小数后最多保留 6 位，其余部分四舍五入。

2.4.3　浮点型常量的类型

C 语言编译系统将浮点型常量作为双精度型常量来处理。假设有如下语句：

```
double var_d;
float var_f;
var_d=3.1415926 * 3.0;
var_f=3.1415926 * 3.0;
```

由于 3.1415926 和 3.0 都是 double 型的常量，它们的乘积也是 double 型的。将结果赋给 var_d 时，可顺利通过编译；但是，若将结果赋给 var_f，系统给出警告 truncation from 'const double' to 'float'，提醒用户把一个 double 型常量赋给 float 型变量，精度会受影响。警告不影响连接和运行，但是用户应了解警告中提出的问题是否影响运行的结果。

当然，也可以指定浮点型常量的类型。在浮点型常量后面添上 f 或者 F，编译器就会用 float 型来处理这个常量。例如，1.5f、2.1e6F。在后面添上 l 或者 L 的话，编译器会用 long double 型来处理这个常量。例如，4.1l、50.2E5L。最好用大写 L，因为小写的 l 容易和数字 1 混淆。

2.5　字符型数据

2.5.1　字符型常量

字符型常量（字符常量）是用一对单引号引起来的单个字符，如'A'、'a'、'X'、'?'、'$'等都是字符常量。注意，单引号是定界符，不是字符常量的一部分，如果不用单引号引起来，如 a，编译器将认为 a 是一个变量或者是其他有名称的对象。

在计算机内存中，字符是按 ASCII 值存储的。字符常量'a'对应的 ASCII 值是 97，'A'对应的 ASCII 值是 65，所以'a'和'A'是两个不同的字符常量。同样，'0'对应的 ASCII 值是 48，而 0 本身就是一个整型常量，'0'和 0 两者是不相同的。

除了以上形式的字符常量外，C 语言中还包含一种特殊的表现形式，即转义字符。其形式为反斜杠\后面跟一个数值或一个字符。如\102 表示字符'B'，\n 表示换行。其中\n 是一种“控制字符”，在屏幕上是不能显示的，在程序中也无法用一个一般形式的字符表示，只能采用特殊形式来表示。常见的转义字符如表 2.3 所示。

表 2.3　常见的转义字符

转义字符	表示含义
\\	将\转义为字符常量中的有效字符（\字符）
\'	单引号字符
\"	双引号字符
\n	换行，将当前位置后的内容移到下一行开头
\t	横向跳格，横向跳到下一个制表位
\r	回车，将当前位置后的内容移到本行开头
\f	走纸换页，将当前位置后的内容移到下页开头
\b	退格，将当前位置后的内容移到前一列

续表

转义字符	表示含义
\v	竖向跳格，竖向跳到下一个制表位
\ddd	1～3 位八进制数所代表的字符
\xhh	1～2 位十六进制数所代表的字符

其中，\ddd 的形式表示 1～3 位八进制数所代表的字符，如\101 代表八进制数 101（十进制数 65）的 ASCII 值所对应的字符为“A”；\xhh 的形式表示 1～2 位十六进制数所代表的字符，如\x42 代表十六进制数 42（十进制数 66）的 ASCII 值所对应的字符为“B”。

【例 2.7】 转义字符的使用。

程序实现：

```
#include <stdio.h>
int main()
{
    printf("□ab□c\t□de\rf\tg\n");        // □ 表示一个空格
    printf("h\ti\b\bj□k");
    return 0;
}
```

程序运行后在屏幕上的输出结果如下所示。

```
f□□□□□□□gde
h□□□□□□j□k
```

程序分析如下。

（1）第一个 printf()函数先在第一行左端开始输出“□ab□c”。

（2）遇到“\t”，它的作用是“跳格”，即跳到下一个制表位，在我们所用的系统中，一个“制表区”占 8 列。下一个制表位从第 9 列开始，故在第 9～11 列上输出“□de”。

（3）遇到“\r”，它代表“回车”（不换行），返回到本行最左端（第 1 列），输出字符“f”。

（4）遇到“\t”，使当前输出位置后的内容移到第 9 列，输出“g”。

（5）遇到“\n”，作用是使当前位置后的内容移到下一行的开头。

（6）第二个 printf()函数先在第一列输出字符“h”，后面的“\t”使当前位置后的内容跳到第 9 列，输出字符“i”，此时已输出“h□□□□□□□i”。

（7）当前移到下一列（第 10 列）准备输出下一个字符。遇到两个“\b”，“\b”的作用是退一格，因此“\b\b”的作用是回退到第 8 列，接着输出字符“j□k”，j 后面的“□”将原有的字符“i”取而代之，因此屏幕上看不到“i”。

为什么运行结果中开始输出的“□ab□c”没有了？

这是由于“\r”使当前位置后的内容回到本行的开头，由此输出的字符（包括空格和跳格所经过的位置）将取代原来屏幕上该位置上显示的字符，所以原有的字符“□ab□c□□□□”被新的字符“f□□□□□□□g”代替，其后的“de”未被新字符代替。

实际上，屏幕上完全按程序要求输出了全部的字符，只是因为在输出前面的字符后，很快又输出后面的字符，在人们还未看清楚之前，新的已取代了旧的，所以误以为未输出应该输出的字符。若用打印机输出，则结果如下所示。

```
fab□c□□□gde
h□□□□□□jik
```

它不像屏幕那样会“抹掉”原字符，而是留下了痕迹，它能真正反映输出的过程和结果。

2.5.2　字符型变量

字符型变量（字符变量）的类型关键字为 char，占用一字节的内存单元。字符变量用来存储字符常量，一个字符变量只能存储一个字符常量。在存储时，实际上是将该字符的 ASCII 值（无符号整数）存储到内存单元中。例如，“x”的十进制 ASCII 值是 120，“y”的十进制 ASCII 值是 121。对字符变量 a、b 赋予“x”和“y”值。

```
char a,b;            // 定义两个字符变量 a、b
a='x';               // 给字符变量赋值
b='y';
```

实际上是在 a、b 两个内存单元中存放 120 和 121 的二进制代码。

变量 a 在内存中的存放形式：

0	1	1	1	1	0	0	0

变量 b 在内存中的存放形式：

0	1	1	1	1	0	0	1

字符数据在内存中存储的是字符的 ASCII 值，即一个无符号整数，其形式与整数的存储形式一样，所以 C 语言中字符型数据与整型数据可以通用。

（1）一个字符型数据，既可以以字符形式输出，也可以以整数形式输出。以字符形式输出时，系统先将存储单元中的 ASCII 值转换成相应字符再输出；以整数形式输出时，直接将 ASCII 值作为整数输出。

【例 2.8】 字符变量的字符形式输出和整数形式输出。

程序实现：

```
#include <stdio.h>
int main()
{
    char a,b;
    a='x';
    b='y';
    printf("%c,%c\n",a,b);            //以字符形式输出
    printf("%d,%d\n",a,b);            //以整数形式输出
    return 0;
}
```

【运行结果】

```
x,y
120,121
```

字符数据占一字节，它只能存放 0～255 的整数，而 char 有符号，只能存放-128～127 的数，超过 127 用负数存放。其中，%c 是输出字符数据时使用的格式符，%d 是输出整型数据时使用的格式符。

（2）允许对字符数据进行算术运算，此时就是对它们的 ASCII 值进行算术运算。

【例 2.9】 字符数据的算术运算。

程序实现：

```
#include <stdio.h>
int  main()
{
   char ch1,ch2;
   ch1 = 'a'; ch2 = 'B';
   printf("ch1 = %c,ch2 = %c\n",ch1-32,ch2+32);  // 字母的大小写转换
```

```
    return 0;
}
```

【运行结果】

```
ch1= A,ch2 = b
```

从例 2.9 中可以看出，程序的作用是将小写字母 a 转换成大写字母 A，将大写字母 B 转换成小写字母 b。a 的 ASCII 值为 97，而 A 的 ASCII 值为 65；B 的 ASCII 值为 66，而 b 的 ASCII 值为 98。从 ASCII 表中可以看到每一个小写字母的 ASCII 值比它相应的大写字母的 ASCII 值大 32。

（3）字符型数据和整型数据可以相互赋值。

字符型数据在内存中存储的是字符的 ASCII 值，因此可以把字符型数据看成整型数据。C 语言允许对整型变量赋以字符值，也允许对字符变量赋以整型值。

【例 2.10】 字符型数据和整型数据相互赋值。

程序实现：

```
#include <stdio.h>
int main()
{
    int i;
    char c;
    i='a';                      //将字符常量赋给整型变量
    c=97;                       //将整型常量赋给字符变量
    printf("%c,%d\n",c,c);
    printf("%c,%d\n",i,i);
    return 0;
}
```

【运行结果】

```
a,97
a,97
```

2.5.3 字符串常量

字符串常量是用一对英文双引号引起来的字符序列，如"abc"、"CHINA"、"yes"、"1234"、"How do you do"等都是字符串常量。双引号不是字符串的一部分，只起定界的作用。

字符串和字符不同，它们之间主要有以下区别。

（1）字符由单引号引起来，字符串由双引号引起来。

（2）字符只能是单个字符，字符串可以含一个或多个字符。

（3）可以把一个字符型数据赋予一个字符变量，但不能把一个字符串赋予一个字符变量。在 C 语言中没有相应的字符串变量，也就是说不存在这样的关键字将一个变量声明为字符串。但是可以用一个字符数组来存放一个字符串，这将在第 6 章予以介绍。

（4）字符占一字节的内存空间。字符串占的内存字节数等于字符串中的字符数加 1。增加的那一字节中存放字符“\0”（ASCII 值为 0），这是字符串结束的标志。

例如，字符串“C program”在内存中所占的字节数为 10 而非 9，如下所示。

C		p	r	o	g	r	a	m	\0

同理可知，字符'a'和字符串"a"虽然都只有一个字符，但在内存中的情况是不同的。'a'在内存中占一字节，"a"在内存中占两字节，可分别表示为：

a

a	\0

在写字符串时不必加“\0”，否则会画蛇添足。字符“\0”是系统自动加上的。

程序设计过程中，可以将多个字符串常量连接起来并进行输出，如例 2.11 所示。

【例 2.11】 字符串常量连接实例。

程序实现：

```
#include <stdio.h>
int main()
{
    printf("This is " "my first program in " "C\n");
    return 0;
}
```

【运行结果】

```
This is my first program in C
```

2.6　C 语言的运算符和表达式

2.6.1　C 语言运算符和表达式简介

C 语言表达式是用运算符和括号将运算对象（常量、变量和函数等）连接起来的、符合 C 语言语法规则的式子。运算符（即操作符）是对运算对象（又称操作数）进行某种操作的符号。

1. C 语言运算符

C 语言为了加强对数据的表达、处理和操作能力，提供了大量的运算符，它们可以与运算对象一起组成丰富的表达式。例如：

```
1+2*3-10
```

其中，“1”“2”“3”“10”称为运算对象，“+”“*”“-”称为运算符。

上面的表达式先进行乘运算，再进行加运算和减运算，这是因为运算符的优先级不同，乘运算的优先级高于加运算和减运算，所以先进行乘运算。进行减运算时，是 7 减 10，而不是 10 减 7，这是由运算符的结合性决定的，减运算符的结合性是从左到右。

由此可知，运算符不仅有不同的优先级，还有不同的结合性。在表达式中，各运算对象参与运算的先后顺序不仅要遵守运算符优先级别的规定，还要受运算符结合性的制约，以便确定是自左向右进行运算还是自右向左进行运算。运算对象先与左边的运算符结合称为具有左结合性，运算对象先与右边的运算符结合称为具有右结合性。除单目运算符（即只需要一个操作数的运算符）、条件运算符和赋值运算符是右结合性外，其他运算符都是左结合性。

C 语言运算符可分为表 2.4 所示的几类。运算符的优先级和结合性的详细情况见附录 B。

表 2.4　C 语言运算符分类

运算符	说明
算术运算符	用于各类数值运算，包括加（+）、减（-）、乘（*）、除（/）、求余（或称模运算，%）、自增（++）、自减（--）7 种
关系运算符	用于比较运算，包括大于（>）、小于（<）、等于（==）、大于等于（>=）、小于等于（<=）和不等于（!=）6 种
逻辑运算符	用于逻辑运算，包括与（&&）、或（||）、非（!）3 种

续表

<table>
<tr><th>运算符</th><th>说明</th></tr>
<tr><td>位运算符</td><td>参与运算的量，按二进制位进行运算，包括位与（&）、位或（|）、位非（～）、位异或（^）、左移（<<）、右移（>>）6 种</td></tr>
<tr><td>赋值运算符</td><td>用于赋值运算，分为简单赋值（=）、复合算术赋值（+=，-=，*=，/=，%=）和复合位运算赋值（&=，|=，^=，>>=，<<=）3 类，共 11 种</td></tr>
<tr><td>条件运算符</td><td>三目运算符，用于条件求值（?:）</td></tr>
<tr><td>逗号运算符</td><td>用于把若干表达式组合成一个表达式（,）</td></tr>
<tr><td>指针运算符</td><td>用于取内容（*）和取地址（&）两种运算</td></tr>
<tr><td>求字节数运算符</td><td>用于计算数据类型所占的字节数（sizeof）</td></tr>
<tr><td>强制类型转换运算符</td><td>用于将一个表达式转换成所需类型</td></tr>
<tr><td>初等运算符</td><td>有括号()、下标[]、成员（->，.）等几种</td></tr>
</table>

2. C 语言表达式

用运算符和括号将运算对象（常量、变量和函数等）连接起来的、符合 C 语言语法规则的式子称为表达式。单个常量、变量或函数可以看作表达式的一种特例。将单个常量、变量或函数构成的表达式称为简单表达式，其他表达式称为复杂表达式。

C 语言包含以下几类表达式：

（1）算术表达式，如 a+b*c；

（2）关系表达式，如 x>y；

（3）逻辑表达式，如 x>=0&&y>>0；

（4）赋值表达式，如 a=5；

（5）逗号表达式，如 x=3,y=6。

本章主要介绍算术表达式、赋值表达式以及逗号表达式，关系表达式、逻辑表达式一般作为条件来使用，因此在第 4 章选择结构中进行介绍。

2.6.2 算术运算符和算术表达式

算术运算符分为单目运算符和双目运算符两类，单目运算符只需要一个操作数，操作数一般位于运算符的右边（自增、自减运算中也可位于运算符的左边），双目运算符需要两个操作数，操作数位于运算符的两边。

1. 5 种基本算术运算符

C 语言中的算术运算符可以用来进行各种数值计算，基本的算术运算符包括 5 种：+（加法）、-（减法/取负）、*（乘法）、/（除法）、%（求余数）。这 5 种算术运算符的运算规则与代数运算规则基本相同，但也存在一些不同之处。算术运算符的运算规则可以通过表 2.5 进行说明。

表 2.5 C 算术运算符的运算规则

名称	符号	说明
加法运算符	+	双目运算符，即应有两个量参与加法运算，如 a+b、4+8 等，具有左结合性
减法运算符	-	双目运算符，具有左结合性；也可作为负号运算符，此时为单目运算，如-x、-5 等，具有右结合性
乘法运算符	*	双目运算符，具有左结合性

续表

名称	符号	说明
除法运算符	/	双目运算符，具有左结合性，参与的运算对象均为整型时，结果也为整型，舍去小数，如果运算对象中有一个是浮点型，则结果为浮点型
求余运算符（模运算符）	%	双目运算符，具有左结合性，要求参与运算的对象均为整型，不能应用于 float 型或 double 型，求余运算的结果等于两数相除后的余数，整除时结果为 0

对于表 2.5，有两点需要加以说明。

（1）除法运算（/）。

两个整数相除，其商为整数，小数部分被舍弃，例如，5/2=2；若两个运算对象中至少有一个是浮点型，则运算结果为浮点型，例如，5.0/2=2.5。

（2）求余数运算（%）。

要求运算符两侧的操作数均为整型数据，结果是整除后的余数。运算结果的符号随不同系统而定，在 16 位编译系统中，运算结果的符号与被除数相同。例如，7%3、7%-3 的结果均为 1；-7%3、-7%-3 的结果均为-1。如果 x%y 中，x 能被 y 整除，则结果为 0。求余运算符不能应用于 float 型或 double 型。

2. 自增、自减运算符

自增、自减运算符均为单目运算符，它们的作用是使单个变量的值增 1 或减 1。自增、自减运算符都有前置运算和后置运算两种用法。这两种运算符的运算对象可以是整型、浮点型或字符型变量，但不能是常量。从运算结果看，i++相当于 i=i+1，使用自增运算符可以使得程序更加简洁。

（1）前置运算。运算符放在变量之前，以整型变量 i 为例：

```
++i;--i;
```

前置运算可以分成两种情况来分析。

① 当运算中只包含前置运算，只需要对该对象执行增 1 或减 1 操作，不存在先后问题。

例如，++i;或--i; 相当于 i=i+1;或 i=i-1;。

② 当运算中包括前置运算和其他运算时，则需要先使变量的值增（或减）1，然后以变化后的值参与其他运算，即先增（减）后运算。

例如，如果 i 的原值等于 3，执行下面的赋值语句：

```
j = ++i;
```

i 的值先增 1 变成 4，再赋给整型变量 j，j 的值为 4。

（2）后置运算。运算符放在变量之后，仍以整型变量 i 为例。

```
i++;i--;
```

同理，后置运算也可以分成两种情况来分析。

① 当运算中只包含后置运算，只需要对该对象执行增 1 或减 1 操作，不存在先后问题，等同于前置运算的处理。

例如，i++;或 i--; 相当于 i=i+1;或 i=i-1;。

② 当运算中包括后置运算和其他运算时，则需要变量先参与其他运算，然后使变量的值增（或减）1，即先运算后增（减）。

例如，如果 i 的原值等于 3，执行下面的赋值语句：

```
j = i++;
```

先将 i 的值 3 赋给 j，j 的值为 3，然后 i 的值增 1 变成 4。

【例 2.12】 自增、自减运算符的用法与运算规则。

程序实现：

```
#include <stdio.h>
int  main()
{
    int x = 6, y;
    printf("x = %d\n", x);         // 先输出 x 的初值
    y = ++x;                       // 前置运算：x 先增 1(=7)，然后赋值给 y(=7)
    printf("y = ++x : x = %d,y = %d \n", x , y);
    y = x -- ;                     // 后置运算：先将 x 的值(=7)赋值给 y(=7)，然后 x 再减 1(=6)
    printf("y = x--:x = %d,y = %d\n", x , y);
    return 0;
}
```

【运行结果】

```
x = 6
y = ++x : x = 7,y = 7
y = x--:x = 6,y = 7
```

关于自增、自减运算符的说明如下。

（1）自增、自减运算符不能用于常量和表达式。例如，5++、--(a+b)都是非法的。

（2）在表达式中，连续使用同一变量进行自增或自减运算时，很易出错，因此最好避免这种用法。例如，表达式(x++)+(x++)+(x++)的值等于多少（假设 x 的初值为 3）。在 16 位编译系统下，该表达式的值等于 12，变量 x 的值变为 6。因为 x 自增了 3 次，x 自身的值为 6。

（3）使用++和--时，在书写时最好采用大家都能理解的写法，避免误解。例如，不要写成 i+++j 的形式，这会产生二义性，最好写成(i++)+j 或 i+(++j)的形式。

（4）在 printf()函数中，输出的各项目的求值顺序随各系统而定，在 16 位编译系统中是从右向左。例如，在如下程序段中，设 i 的初值为 5，则

```
printf("%d,%d",i,i++);
```

输出结果为：

```
6,5
```

3. 算术表达式

用算术运算符和括号将运算对象（常量、变量和函数等）连接起来的、符合 C 语言语法规则的式子称为算术表达式。例如，a+b*c-2+'b'都是合法的算术表达式，表达式的结果为一个算术值。运算符都有优先级和结合性，因此在求表达式的值时，要按照优先级的高低进行计算；如果在一个运算对象两侧运算符优先级相同，则按规定的结合方向进行。

算术运算符的优先级与代数中的相同，即先乘除取余，后加减，结合性是从左到右，若表达式中有多个加法或减法，则按从左到右的顺序求值。

2.6.3 赋值运算符和赋值表达式

1. 赋值运算

C 语言中符号“=”就是赋值运算符，从形式上看，它和数学中谈到的等号相同，但是两者的含义却存在着区别。数学中的“=”表示相等关系，如 x=y 表示 x 和 y 相等；C 语言中“=”表示赋值关系，它的作用是将一个表达式的值赋给一个变量。由“=”连接的式子称为赋值表达式，其一般形式为：

```
变量=表达式
```

（1）赋值表达式的计算。

赋值表达式的计算过程可以通过以下步骤进行描述：

① 计算赋值运算符右侧“表达式”的值；

② 将计算结果赋给左侧的变量；

③ 赋值表达式的值就是左侧被赋值变量的值。

例如：a=8+5。

该表达式是一个赋值表达式，执行过程如下：

① 运算赋值运算符右侧的表达式，如上式是加法运算 8+5，结果为 13；

② 将结果 13 赋给赋值运算符左侧的变量 a；

③ 整个表达式的值即被赋值变量 a 的值，即表达式 a=8+5 的值为 13。

注意

① 赋值运算符左侧的标识符称为“左值”，并不是任何对象都可以为左值，左值必须是一个有存储空间的量，因此变量可以为左值，表达式不能为左值，例如 b+c 不能为左值。常量不能被修改，也不能被赋值，因此常量也不能为左值。与之相对应的，赋值运算符右侧的标识符称为“右值”。

② 当表达式值的类型与被赋值变量的类型一致时，可以直接赋值；当表达式值的类型与被赋值变量的类型不一致，但都是数值型或字符型时，系统会自动将表达式的值转换成被赋值变量的数据类型，然后赋值给变量，这一点将在 2.7 节 C 语言数据类型转换中专门介绍。以 y 是整型变量为例：

```
y = 5.0/2                // 将表达式的值(=2.5)赋给变量 y
```

（2）赋值运算符的结合性。

赋值运算符具有右结合性，因此在表达式中若出现多个赋值运算符应遵循从右到左的顺序进行计算。例如：

a=b=c=5 可理解为 a=(b=(c=5))。

① 计算表达式 c=5，得到值为 5，即转换为 a=b=5；

② 计算表达式 b=5，得到值为 5，即转换为 a=5；

③ 表达式 a=5 的值为 5，因此整个表达式 a=b=c=5 的值为 5。

（3）赋值运算符的优先级。

凡是表达式可以出现的地方均可出现赋值表达式，因此涉及其他运算符的混合运算。从书后附录 B 运算符的优先级和结合性中可以看出，赋值运算符的优先级低于算术运算符。例如：

```
x=(a=5)+(b=8)
```

但这个表达式是合法的，因为对于该表达式的计算还需要考虑运算符“()”的优先级，由于“()”的优先级高于“+”，“+”的优先级高于“=”，因此先计算赋值表达式 a=5 和 b=8 的值，得到 5 和 8，再计算两者的和赋予 x，故 x 应等于 13。

2. 复合的赋值运算

在赋值运算符“=”之前加上其他双目运算符可构成复合赋值符，如+=、-=、*=、/=、%=、<<=、>>=、&=、^=、|=。构成复合赋值表达式的一般形式为：

```
变量  双目运算符=表达式
```

等价于

```
变量=变量 运算符 表达式
```

例如：

```
i += 3              // 等价于 i = i + 3
```

当赋值运算符右侧的表达式非单个常量、变量或函数时，等价形式中表达式外需要加一对圆括号，否则可能出错。

```
y *= x + 6        // 等价于 y = y * (x + 6)，而不是 y = y * x + 6
```

复合的赋值运算符也是赋值运算符，因此优先级和结合性与“=”相同。例如，整型变量 a 的初值为 6，赋值表达式“a+=a-=a*=a”的求解步骤如下。

① 计算表达式“a*=a”，它相当于 a=a*a，则 a=36，得该表达式的值为 36，即原表达式转换为“a+=a-=36”。

② 计算“a-=36”，它相当于 a=a-36，则 a=0，得该表达式的值为 0，即原表达式转换为“a+=0”。

③ 计算“a+=0”，它相当于 a=a+0，则 a=0，即原表达式的值为 0。

2.6.4 逗号运算符和逗号表达式

在 C 语言中逗号“,”也是一种运算符，称为逗号运算符。其功能是把两个表达式连接起来组成一个表达式，称为逗号表达式。其一般形式为：

```
表达式 1, 表达式 2
```

其求值过程是分别求两个表达式的值，并以表达式 2 的值作为整个逗号表达式的值。

例如：

```
2+3, 4+5
```

先计算表达式 1 的值为 5，再计算表达式 2 的值为 9，则该逗号表达式的值为 9。

逗号表达式的一般形式可以扩展为：

```
表达式 1,表达式 2,…,表达式 N
```

从附录 B 中可知，逗号运算符的优先级是最低的，它的结合性是从左到右。因此计算各表达式的值后，最后表达式 *N* 的值即整个逗号表达式的值。

【例 2.13】 逗号运算符的运用。

程序实现：

```
#include <stdio.h>
int main()
{
    int a=2,b=4,c=6,x,y;
    y=(x=a+b,b+c);
    printf("y=%d, x=%d\n",y,x);
    return 0;
}
```

【运行结果】

```
y=10, x=6
```

程序分析如下。

由附录 B 可知几种运算符的优先级“()”>“+”>“=”>“,”（>表示“高于”），即计算表达式 y=(x=a+b,b+c)时，按以下步骤进行。

（1）计算括号里的逗号表达式“x=a+b,b+c”，即逗号表达式“x=6,10”。

（2）计算表达式“x=6”，得 x 的值为 6，该表达式的值为 6，进而（1）中的逗号表达式转换为表达式“6,10”，可得值为 10。

（3）计算表达式“y=10”，可得 y 的值为 10。y 等于整个逗号表达式的值，也就是表达式 2 的值，x 是第一个表达式的值。

对于逗号表达式还要说明以下 3 点。

（1）逗号表达式一般形式中的表达式 1 和表达式 2 也可以又是逗号表达式。例如：

```
(x=2*3,x+2),x+5
```

先计算 x 的值为 6，再计算 x+2 得 8（x 的值仍为 6），最后计算 x+5 得 11，即整个逗号表达式的值为 11。

（2）程序中使用逗号表达式，通常要分别求逗号表达式内各表达式的值，并不一定要用整个逗号表达式的值，常用于循环结构中。

（3）不是在所有出现逗号的地方都组成逗号表达式。例如：

```
int a,b;
printf("%d,%d",a,b);
```

上例在变量说明、函数输出项列表中的逗号只是用作各变量之间的间隔符。

2.7　C 语言数据类型转换

C 语言中变量的数据类型是可以转换的，转换的方法有两种：一种是自动转换，一种是强制转换。

1. 自动转换

自动转换发生在不同数据类型的量进行混合运算时，由编译系统自动完成。自动转换遵循以下规则。

（1）若参与运算的量的类型不同，则先转换成同一类型，然后进行运算。

（2）转向按数据长度增加的方向进行，以保证精度不降低。如 int 型的量和 long 型的量运算时，先把 int 型转成 long 型的量后再进行运算。

（3）所有的浮点运算都是以双精度进行的，即使仅含 float 单精度量运算的表达式，也要先转换成 double 型的量，再进行运算。

（4）char 型的量和 short 型的量参与运算时，必须先转换成 int 型的量。

以上的转换规则可以用图 2.3 所示。

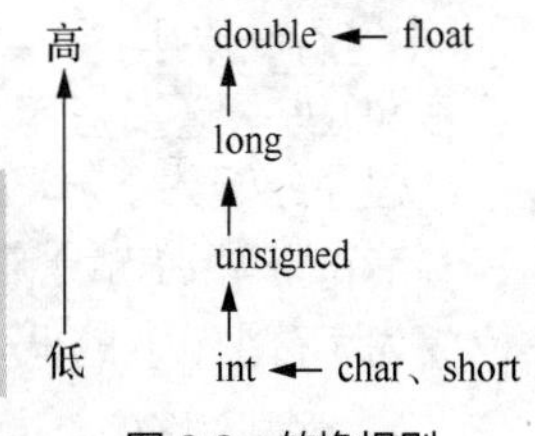

图 2.3　转换规则

例如，有如下定义：

```
int    m;
float   n;
double   c,d;
long int   e;
```

表达式('c'+'d')*20+m*n-d/e 在运算时是这样转换的：

① 计算('c'+'d')时，先将字符常量'c'和'd'转换成 int 型数 99、100，运算结果为 199；

② 计算('c'+'d')×20 的结果为 3980；

③ 计算 m*n 时，先将 m 和 n 都转换成双精度型；

④ 计算 d/e 时，将 e 转换成双精度型，d/e 的结果为双精度型；

⑤ 将 3980 转换成双精度型，然后与 m*n 的结果相加，再减去 d/e 的结果，表达式计算完毕，结果为双精度浮点型数。

（5）在赋值运算中，如果赋值运算符两边的数据类型不相同，系统将自动进行类型转换，即把赋值号右边的类型换成左边的类型。具体规定如下。

① 浮点型赋予整型，舍去小数部分。

② 整型赋予浮点型，数值不变，但将以浮点形式存放，即增加小数部分（小数部分的值为 0）。

③ 字符型赋予整型，由于字符型占一字节，而整型占两字节（16 位编译系统中），当 ASCII 值为 0～127 时，将字符的 ASCII 值放到整型量的低 8 位中，高 8 位为 0；当 ASCII 值为 128～255

时，将字符的 ASCII 值放到整型量的低 8 位中，高 8 位为 1。

④ 整型赋予字符型，只把低 8 位赋予字符量，数据有可能发生改变。

【例 2.14】 浮点型量与整型量的赋值转换。

程序实现：

```
#include <stdio.h>
int main()
{
     int a;
     float x;
     a=8.88;
     x=322;
     printf("%d,%f\n",a,x);
     return 0;
}
```

【运行结果】

```
8,322.000000
```

【例 2.15】 字符型量与整型量的赋值转换。

程序实现：

```
#include <stdio.h>
int main()
{
     int a,b=322;
     char c1='k',c2;
     a=c1;
     c2=b;
     printf("%d,%c\n",a,c2);
     return 0;
}
```

【运行结果】

```
107,B
```

程序分析如下。

字符型量 c1 赋予整型变量 a，高字节补 0，得到整型数据 107；整型变量 b 赋予 c2 后取其低 8 位成为字符型（b 的低 8 位为 01000010，即十进制 66，按 ASCII 值对应字符 B）。

2. 强制转换

强制类型转换是通过强制类型转换运算符来实现的，其一般形式为：

```
(类型说明符)(表达式)
```

其功能是把表达式的运算结果强制转换成类型说明符所表示的类型。当被转换的表达式是一个简单表达式时，外面的一对圆括号可以省略。例如，变量 a 为整型变量，变量 x、y 为浮点型变量，则：

```
(float) a           //表示把 a 转换为单精度浮点型
(int)(x+y)          //表示把 x+y 的结果转换为整型
```

在使用强制类型转换时应注意以下问题。

① 类型说明符和表达式都必须加括号（单个变量可以不加括号），如上例把(int)(x+y)写成(int)x+y 则成了把 x 转换成 int 型之后再与 y 相加。

② 无论是强制转换还是自动转换，都只是为了本次运算的需要而对变量的数据长度进行的临时性转换，而不改变数据说明时对该变量定义的类型。

【例 2.16】 强制类型转换。

程序实现：

```
#include <stdio.h>
int main(void)
{
    float f=5.75;
    printf("(int)f=%d,f=%f\n",(int)f,f);
    return 0;
}
```

【运行结果】

```
(int)f=5,f=5.750000
```

上例中，f 原定为 float 型，(int)f 只是将变量 f 的值转换成一个 int 型的中间量，f 的数据类型并未转换成 int 型，仍为 float 型。

2.8　本章小结

本章主要讲解了 C 语言中的数据类型、运算符以及表达式。其中数据类型包括基本数据类型、构造类型、指针类型、空类型；运算符包括算术运算符、关系运算符、逻辑运算符、赋值运算符、条件运算符、位运算符以及 sizeof 运算符等。本章重点介绍了 3 种基本数据类型（整型、浮点型、字符型）、3 种基本运算符和表达式（算术运算符和表达式、赋值运算符和表达式、逗号运算符和表达式）。此外还介绍了数据类型常量、变量以及类型转换，与运算符相关的运算符优先级以及表达式等知识。通过对本章的学习，读者可以掌握 C 语言中数据类型及对应量运算的相关知识。熟练掌握本章的内容，可以为后面的学习打下坚实的基础。

习题

一、选择题

1. 以下选项中合法的浮点型常数是（　　）。

A. 5E2.0　　B. E-3　　C. .2E0　　D. 1.3E

2. 下列关于 C 语言用户标识符的叙述，正确的是（　　）。

A. 用户标识符中可以出现下画线和减号

B. 用户标识符中不可以出现减号，但可以出现下画线

C. 用户标识符中可以出现下画线，但不可以放在用户标识符的开头

D. 用户标识符中可以出现下画线和数字，它们都可以放在用户标识符的开头

3. 以下选项中合法的用户标识符是（　　）。

A. long　　B. _2Test　　C. 3Dmax　　D. A.dat

4. 在 C 语言中不合法的关键字是（　　）。

A. switch　　B. char　　C. case　　D. default

5. 在 C 语言中，要求运算数必须是整型的运算符是（　　）。

A. %　　B. /　　C. <　　D. !

6. 以下选项中属于 C 语言的数据类型是（　　）。

A. 复数型　　B. 逻辑型　　C. 双精度型　　D. 集合型

7. 变量 x 为 float 型且已赋值，则以下语句中能将 x 中的数值保留到小数点后两位，并将第三

位四舍五入的是（　　）。

A. x=x*100+0.5/100.0;　　B. x=(x*100+0.5)/100.0;

C. x=(int)(x*100+0.5)/100.0;　　D. x=(x/100+0.5)*100.0;

8. a 和 b 均为 double 型变量，且 a=5.5、b=2.5，则表达式(int)a+b/b 的值是（　　）。

A. 6.500000　　B. 6　　C. 5.500000　　D. 6.000000

9. 下列不正确的转义字符是（　　）。

A. '\\'　　B. '\t'　　C. '074'　　D. '\0'

10. 以下选项中不属于字符常量的是（　　）。

A. 'C'　　B. "C"　　C. "\XCC"　　D. "\072"

11. 若变量 a、i 已经正确定义，且 i 已经正确赋值，则合法的语句为（　　）。

A. a==1;　　B. ++i;　　C. a=a++5;　　D. a=int(i);

12. 变量 t 为 double 型，表达式 t=1、t+5、t++的值是（　　）。

A. 1　　B. 6.0　　C. 2.0　　D. 1.0

13. 下列关于单目运算符++、--的叙述，正确的是（　　）。

A. 它们的运算对象可以是任何变量和常量

B. 它们的运算对象可以是 char 型变量和 int 型变量，但不能是 float 型变量

C. 它们的运算对象可以是 int 型变量，但不能是 double 型变量和 float 型变量

D. 它们的运算对象可以是 char 型变量、int 型变量、float 型变量、double 型变量

14. 以下选项中，与 k=n++完全等价的表达式是（　　）。

A. k=n,n=n+1　　B. n=n+1,k=n　　C. k=++n　　D. k+=n+1

二、填空题

1. x 和 y 均为 int 型变量，且 x=1、y=2，则表达式 1.0+x/y 的值为__________。

2. a、b、c 均为整数，且 a=2、b=3、c=4，则执行以下语句后，a 的值是_________。

```
a*=16+(b++)-(++c);
```

3. C 语言构造类型包含有________、________、________和枚举型 4 种。

4. C 语言中的运算符，优先级最低的是__________。

5. 程序在运行过程中，其值不能被改变的量称为________，其值可以被改变的量称为________。

6. 每个变量必须具有以下两个要素：________和________。

7. 字符变量用来存储________，一个字符变量只能存储一个字符常量，一个字符变量在内存中占用____________。在存储时，实际上是将该字符的________________存储到内存单元中。

8. C 语言表达式是用________和________将运算对象（______________、______________和________等）连接起来的、符合 C 语言语法规则的式子。_________（即操作符）是对运算对象（又称操作数）进行某种操作的符号。

9. 自增、自减运算的作用是使单个变量的值增 1 或减 1，均为____________运算符。自增、自减运算符都有两种用法：____________和____________。

10. 在赋值运算符“=”之前加上其他双目运算符可构成________________，它是 C 语言中特有的一种运算符。

11. 运算对象先与左边的运算符结合称为具有________；运算对象先与右边的运算符结合称为具有________。除单目运算符、条件运算符和赋值运算符是________外，其他运算符都是________。

12. 设 a=12，n=5 且 a、n 都定义为整型变量，分别写出下列表达式运算后 a 的值。

a+=a;____________　　a-=2;__________________

a*=2+3;__________　　a%=(n%=2);____________

a/=a+a;____________ a+=a-=a*=a;____________

13. 执行下列语句，变量 b 中的结果是__________。

```
int a=10,b=9,c=8;
c=(a-=(b-5));
c=(a%11)+(b=3);
```

14. 执行以下程序后 m、i 的结果是____________________。

```
int main( )
{
      int k=2,i=2,m;
      m=(k+=i*=k);
      return 0;
}
```

15. 在 C 语言中，如果下面的变量都是 int 型，则 pAd 输出的结果是__________。

```
sum=pad=5;
pAd=sum + + ,pAd + + , + + pAd;
```

16. 以下程序段输出的结果是___________。

```
int k=10;
float a=3.5,b=6.7,c;
c=a+k%3*(int)(a+b)%2/4;
```

17. 执行以下程序后 a、b、c、d 的结果是__________。

```
int main( )
{
    int a=10, b=11, c=12, d;
    d=++a<=10||b-->=20||c++;
      return 0;
}
```

三、编程题

1. 编程实现以下功能：已知长方体的长宽高为 2、5、8，计算长方体的表面积和体积，要求输出有文字提示。

2. 编程实现以下功能：已知圆周率是 3.14，通过键盘输入半径，求球体的表面积和体积。要求输入和输出都有文字提示。

3. 编程实现以下功能：已知字符为'X'，通过运算，输出它前面和后面的字符及其对应的小写字母。

03 第 3 章　顺序结构

学习目标

- 了解基本语句（表达式语句、函数调用语句、控制语句、复合语句和空语句）。
- 掌握字符型数据的输入输出函数。
- 掌握格式输入输出函数。

从程序流程的角度来看，程序中的结构可以分为 3 种基本结构，即顺序结构、选择结构、循环结构。这 3 种基本结构组成的程序结构合理、思路清晰、容易理解、便于维护，这样的程序称为结构化程序。本章介绍最简单的顺序结构，涉及赋值语句、字符输入输出函数和格式输入输出函数的使用方法。

3.1　顺序程序设计

顺序结构是一种线性结构，其特点是各语句组按照出现的先后顺序，依次执行。顺序结构是 3 种基本结构中最简单的一种，无须专门的控制语句。

1. 顺序结构

每个操作步骤按顺序执行，如图 3.1 所示，虚线框内是一个顺序结构，先执行完 A 步骤，再执行 B 步骤。顺序结构虽然是最简单的结构，但是作为其他结构的基础，不可以缺少。

图 3.1　顺序结构流程

2. 选择结构

选择结构也称为分支结构，根据是否满足条件而从两组操作中选择一组操作，或者是否进行某一操作。如图 3.2 所示，此结构包含一个判断条件 P，根据是否满足条件 P 来选择执行 A 步骤或者 B 步骤。另外一种情况如图 3.3 所示，根据是否满足条件 P 来决定是否执行 A 步骤，否则结束本次选择。

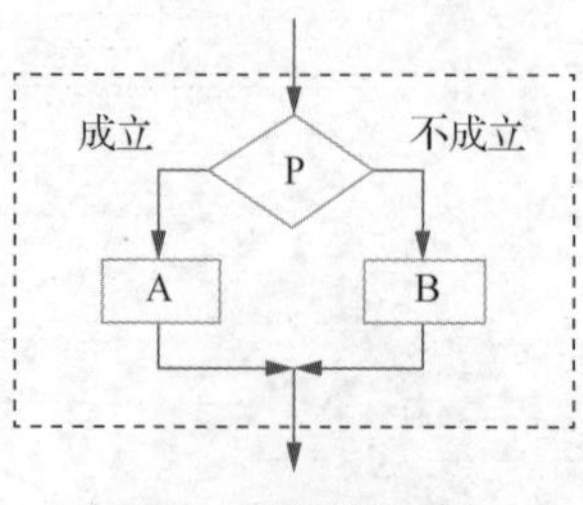

图 3.2　选择结构流程 1

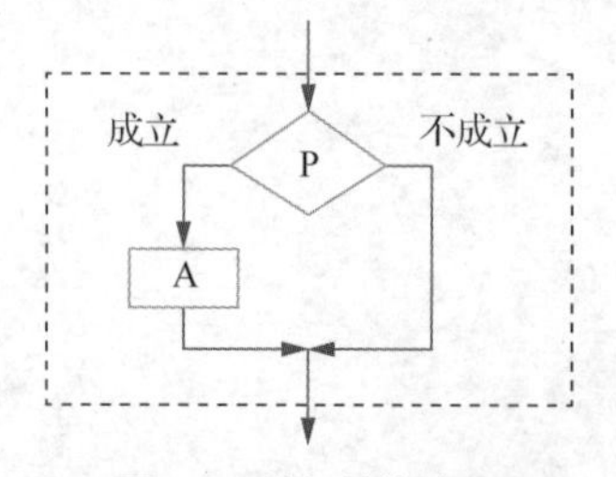

图 3.3　选择结构流程 2

3. 循环结构

此结构在满足条件 P 后反复执行某一部分的操作。图 3.4 所示的执行过程是：条件 P 成立时，执行 A 步骤，然后判定条件 P 是否成立；如果成立再次执行 A 步骤，直到条件 P 不成立，则退出循环结构。另外一种情况如图 3.5 所示，先执行 A 步骤，然后判定条件 P 是否成立；如果不成立再次执行 A 步骤，直到条件 P 成立，退出循环结构。

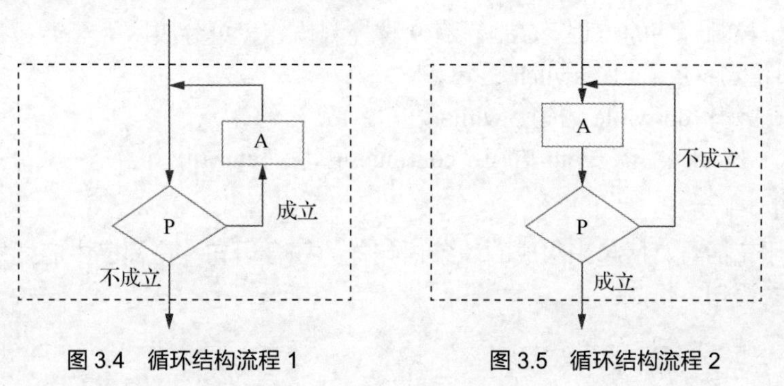

图 3.4 循环结构流程 1　　图 3.5 循环结构流程 2

3.2 C 语句概述

C 语言程序的结构如图 3.6 所示。一个 C 语言程序可以由若干个源程序文件组成，一个源程序文件又可以由预处理命令、全局变量声明以及若干个函数组成。函数由函数首部和函数体组成，其中函数体包含局部变量声明和若干执行语句。

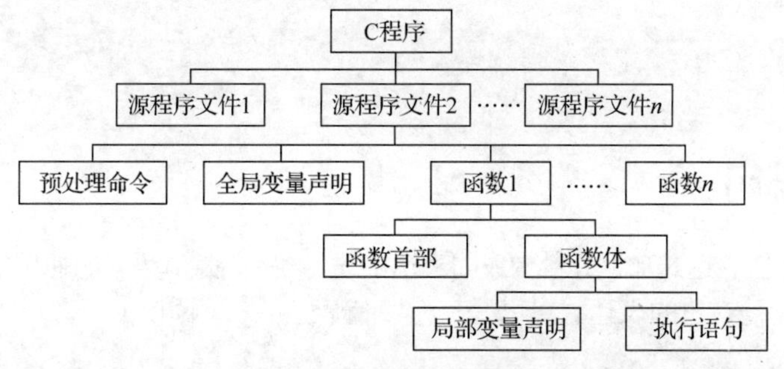

图 3.6 C 语言程序的结构

C 语言程序的功能由语句实现，程序中的语句可分为表达式语句、函数调用语句、控制语句、复合语句和空语句 5 类。

1. 表达式语句

表达式语句由表达式加上分号“;”组成。其一般形式为：

```
表达式;
```

例如：

```
x=y+z;
```

表达式语句是由赋值表达式构成的语句。只要在赋值表达式后面加上分号，赋值表达式就变成了赋值语句。如 a=3 为表达式，a=3;为语句。

任何表达式都可以加上分号成为语句，分号是语句不可缺少的一部分，也是区别表达式与语句的重要标志。例如：

```
i++;       //是一条语句，作用是使 i 值加 1
a+b;       //是一条语句，作用是完成 a+b 的操作，但和没有赋给变量
```

2. 函数调用语句

函数调用语句由一个函数调用加一个分号构成。例如：

```
printf("C  Program");
```

该函数调用语句调用库函数 printf()，输出字符串。

3. 控制语句

控制语句用于控制程序的流程。C 语言有 9 种控制语句，可分成以下 3 类。

① 条件判断语句：if 语句、switch 语句。

② 循环执行语句：do-while 语句、while 语句、for 语句。

③ 转向语句：break 语句、goto 语句、continue 语句、return 语句。

4. 复合语句

把多条语句用花括号{}括起来组成的一条语句称为复合语句。在程序中应把复合语句看成单条语句，而不是多条语句。例如：

```
{
    x=y+z;
    a=b+c;
    printf("%d%d",x,a);
}
```

是一条复合语句。复合语句内的各条语句都必须以分号结尾，在花括号外不能加分号。

5. 空语句

只有分号“;”组成的语句称为空语句。空语句是什么也不执行的语句。例如，在程序中空语句可用来作为空循环体。

```
while(getchar()!='\n')
;
```

3.3 赋值语句

赋值语句是由赋值表达式加上分号构成的表达式语句。关于赋值语句的使用主要有以下几点说明。

（1）在赋值运算符右边的表达式可以是一个赋值表达式，例如：

```
a=b=c=d=e=5;
```

该赋值语句的运算顺序按照赋值运算符的右结合性进行。

（2）变量初始化是赋值语句中最常见的一种。变量初始化有以下两种方法。

① 先定义一个变量，再给它赋一个值，例如：

```
int  a;
a = 8;
```

② 在定义变量的同时对变量进行初始化，例如：

```
char  ch = 'a';
float b = 2.345;
int   x,y = 3;        // 部分变量赋初值，对 y 赋初值 3
```

【例 3.1】 变量赋初值。

程序实现：

```
# include <stdio.h>
int  main()
{
   int x = 1,y = 3;
   int sum ;
```

```
    sum=x+y ;
    printf("sum=%d\n",sum);
    return 0;
}
```

【运行结果】

```
sum=4
```

变量的定义及初始化一般放在函数开始部分，变量初始化是变量说明的一部分，初始化后的变量与其后其他同类变量之间仍必须用逗号分隔。例如：

```
int a=5,b,c;
```

在变量说明中，不允许连续给多个变量赋初值。如以下变量说明是错误的：

```
int a=b=c=5;
```

上述式子正确的写法为：

```
int a=5,b=5,c=5;
```

3.4 字符型数据的输入输出

输入输出是以计算机为主体而言的。本章介绍的是向标准输出设备（即显示器）输出数据的语句。在 C 语言中，所有数据输入输出都是由库函数完成的。因此都是函数语句。在使用 C 语言库函数时，要用预处理命令#include 将有关的“头文件”包含到源文件中。

使用标准输入输出库函数时要用到 stdio.h 文件，因此源文件开头应有以下预处理命令：

```
#include <stdio.h>
```

或

```
#include "stdio.h"
```

其中，stdio 是 standard input & output 的缩写。

本节主要介绍 putchar()、getchar()这两个字符输入输出函数。

3.4.1 字符输出函数 putchar()

putchar()是字符输出函数，其功能是在显示器上输出单个字符。其一般形式为

```
putchar(c);
```

其中 c 可以是字符型常量或变量，也可以是整型常量或变量。

例如：

```
putchar('A');      // 输出大写字母 A
putchar(x);        // 输出变量 x 所对应的字符
putchar('\101');   // 输出大写字母 A
putchar('\n');     // 换行
```

使用 putchar()函数前必须要用文件包含命令#include <stdio.h>。

【例 3.2】 输出单个字符。

程序实现：

```
#include <stdio.h>
int main()
{
    char a='B',b='o',c='k';
    putchar(a);putchar(b);putchar(b);putchar(c);putchar('\n');
    putchar(b);putchar(c); putchar('\n');
    return 0;
}
```

【运行结果】

```
Book
ok
```

用putchar()函数可以输出能在屏幕上显示的字符，也可以输出屏幕控制字符，如putchar('\n')的作用是输出一个换行符，使输出的当前位置后的内容移到下一行开头。

3.4.2 字符输入函数getchar()

getchar()函数的功能是获取利用键盘输入的一个字符。其一般形式为：

```
getchar();
```

通常把输入的字符赋给一个字符变量，构成赋值语句。例如：

```
char c;
c=getchar();
```

【例3.3】 输入单个字符。

程序实现：

```
#include <stdio.h>
int main()
{
    char c;
    printf("input a character\n");
    c=getchar();
    putchar(c);
    putchar('\n');
    return 0;
}
```

【运行结果】

```
input a character
H
H
```

由于运行时没有提示，因此在输入单个字符之前可以使用printf()函数输出内容作为提示。在input a character提示之后，利用键盘输入一个字符，然后putchar()函数将字符变量c的值输出。

使用getchar()函数还应注意如下几个问题。

（1）getchar()函数只能接收单个字符，输入的数字也按字符处理。当输入多个字符时，只接收第一个字符。

（2）使用getchar()函数前必须用文件包含命令#include <stdio.h>。

（3）程序最后两行可用下面两行的任意一行代替。

```
putchar(getchar());
printf("%c",getchar());
```

3.5 格式输入与输出

C语言的格式输入输出函数中最常用的是scanf()函数和printf()函数，其中scanf()函数实现键盘输入，printf()函数实现屏幕输出，这两个函数由系统stdio.h库函数提供。调用scanf()函数和printf()函数实现输入输出时，应根据数据的类型，并通过“格式控制”来控制输入输出的形式。

3.5.1 格式输出函数printf()

printf()称为格式输出函数，功能是将参数按照指定的格式进行输出，可以同时输出任意类型的多个数据。其关键字最末的一个字母f即“格式”（Format）之意。

1. printf()函数的一般形式

调用printf()函数的一般形式为：

```
printf("格式控制字符串",输出列表);
```

例如：

```
printf("%d,%c",i,c);
```

（1）格式控制字符串是用双引号引起来的字符串，用于指定输出格式，可以包含3种字符串。

① 格式指示符。由%和格式字符组成，如%d、%f等，它的作用是将数据以指定的格式输出。格式说明总是由%字符开始。例如：

```
%d        //表示按十进制整型输出
%ld       //表示按十进制长整型输出
%c        //表示按字符型输出
```

② 转义字符。例如printf("\n");中的\n就是转义字符，输出时产生一个“换行”操作。

③ 普通字符。除格式指示符和转义字符之外的其他字符。格式字符串中的普通字符，输出时按原样输出。

例如：

```
printf("a=%d b=%d\n",a,b);
```

在输出语句格式控制字符串中，“a=”和“b=”是普通字符，将按原样输出。若a为5、b为7，则运行该语句的结果为：

```
a=5 b=7
```

（2）输出列表。

输出列表是可选的。如果要输出的数据不止一个，相邻两个数据之间用逗号分开。下面的printf()函数都是合法的：

```
printf("I am a student.\n");           //输出列表为空
printf("%d",3+2);                      //输出列表为一个常量
printf("a=%f  b=%5d\n", a, a+3);       //输出列表为一个变量和一个变量表达式
```

① 格式控制字符串中的格式指示符，必须与输出列表中输出项的数据类型一致，个数相同，否则会引起输出错误。

② 若输出列表为空，格式控制字符串后面的逗号可以省略，否则该逗号一定不能少。

2. 格式字符

输出不同类型的数据要使用不同的类型转换字符。

（1）类型转换字符d——以带符号的十进制整数形式输出。

【例3.4】 类型转换字符d的使用。

程序实现：

```
#include <stdio.h>
int main()
{
     int  num1=123;
     long  num2=123456;
     //用4种不同格式，输出int型数据num1的值
     printf("num1=%d,num1=%5d,num1=%-5d,num1=%2d\n", num1,num1,num1,num1);
     //用3种不同格式，输出long型数据num2的值
```

```
    printf("num2=%ld,num2=%8ld,num2=%5ld\n", num2,num2,num2);
    return 0;
}
```

【运行结果】（□代表一个空格）

```
num1=123,num1=□□123,num1=123□□,num1=123
num2=123456,num2=□□123456,num2=123456
```

d 格式符用来输出十进制整数，有以下几种形式。

① %d，按十进制整型数据的实际长度输出。

② %±md，按指定数据宽度（也就是数据的位数）输出。m 用于指定的数据宽度，如果数据的位数小于 m，则左端补空格（+号）或右端补空格（-号）；如果数据的位数大于 m，则按实际位数输出。正号表示输出右对齐（也是默认对齐方式），负号表示左对齐。

例如：

```
int a=258;
printf("%+4d,%-4d,%4d,%2d",a,a,a,a);
```

则输出的结果为：

```
□258,258□, □258,258
```

③ %ld，输出长整型数据，如例 3.4 中的 num2 都是采用长整型格式输出的。如果让 num2 用 %d 输出，就会发生错误，因为整型数据的范围是-32768～32767（在 16 位编译系统环境中）。

长整型数据也可以指定数据宽度。如例 3.4 中对 num2 的输出。

对于整数，还可用八进制、十六进制、无符号形式输出。

（2）类型转换字符 o——以八进制形式输出格式符。

用八进制输出的数值是不带符号的，即符号位也一起作为八进制数的一部分输出。

例如：

```
int a=-1;
printf("%d,%o",a,a);
```

输出结果为：

```
-1, 177777
```

出现这样的结果，是由-1 在内存中的存储情况决定的。-1 在内存中的补码形式如下（16 位编译系统环境下）：

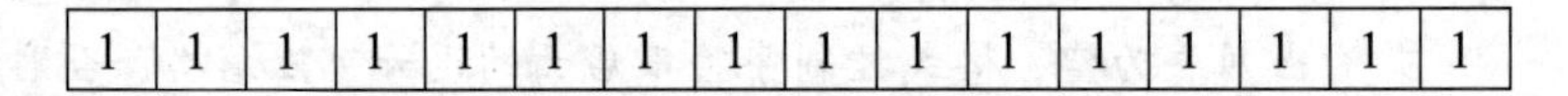

1	1	1	1	1	1	1	1	1	1	1	1	1	1	1	1

因此按十进制输出为-1，而按八进制输出为 177777。

（3）类型转换字符 x——以十六进制形式输出格式符。

由于符号位也作为十六进制数的一部分，同样不会出现负的十六进制数。例如：

```
int  a=-1;
printf("%x,%o,%d",a,a,a);
```

输出结果为：

```
ffff,177777,-1
```

原因与八进制的一样。

（4）类型转换字符 u——以无符号形式输出格式符。

以十进制形式输出 unsigned 型数据。例如：

```
int  a=-1;
printf("%u",a);
```

输出结果为：

```
65535
```

（5）类型转换字符 c——以字符形式输出格式符。

【例 3.5】 类型转换字符 c 的使用方法。

程序实现：

```
#include <stdio.h>
int main()
{
     char c='A';
     int i=65;
     printf("c=%c,%5c,%d\n",c,c,c);
     printf("i=%d,%c",i,i);
     return 0;
}
```

【运行结果】

```
c=A, □□□□A,65
i=65,A
```

① %后面的 c 是格式符，逗号后面的 c 是变量，不要混淆了。

② 字符变量和整型变量都可以用%c 或%d 两种格式输出。在 C 语言中，一个整数如果在 0~255 范围内就可以用字符形式输出，系统会将该数作为 ASCII 值，转换成相应的字符输出。反之，字符数据也可以用整数形式输出。

（6）类型转换字符 s——输出一个字符串。

【例 3.6】 类型转换字符 s 的使用方法。

程序实现：

```
#include <stdio.h>
int main()
{
    printf("%s\n%5s\n%-10s\n","Internet", "Internet","Internet");
    printf("%10.5s\n%-10.5s\n%3.5s\n","Internet", "Internet","Internet");
    return 0;
}
```

【运行结果】

```
Internet
Internet
Internet□□
□□□□□Inter
Inter□□□□□
Inter
```

系统输出字符和字符串时，不输出单引号和双引号。

s 格式符有以下几种用法。

① %s：按原样输出字符串。

② %ms：输出的字符串占 m 列，如果字符串本身的长度大于 m，则突破 m 的限制，将字符串按原样输出；如果字符串本身的长度小于 m，不足部分左边补空格。

③ %-ms：字符串输出左对齐，如果字符串的长度小于 m，不足部分右边补空格。

④ %m.ns：输出占 m 列，但只取字符串从左到右的 n 个字符，右对齐，不足部分左边补空格。

⑤ %-m.ns：输出占 m 列，但只取字符串从左到右的 n 个字符，左对齐，不足部分右补空格；如果 n>m，则 m 自动取 n 值。

（7）类型转换字符 f——以小数形式输出单精度浮点数和双精度浮点数。

【例 3.7】 类型转换字符 f 的使用方法。

程序实现：

```
#include <stdio.h>
int main( )
{
	float  f=123.456;
	double  d1,d2;
	d1=1111111111111.111111111;
	d2=2222222222222.222222222;
	printf("%f\n%12f\n%12.2f\n%-12.2f\n%.2f\n",f,f,f,f,f);
	printf("d1+d2=%f\n",d1+d2);
	return 0;
}
```

【运行结果】

```
123.456001
□□123.456001
□□□□□□□123.46
123.46□□□□□□□
123.46
d1+d2=3333333333333.333000
```

f 格式符有以下几种用法。

① %f：不指定字符宽度，由系统自动指定，使整数部分全部输出，并输出 6 位小数，但要注意，不是所有被输出的数字都是有效数字。例如本例程序的输出结果中，数据 123.456001 和 3333333333333.333000 最后的 001 和 000 都是无意义的，因为它们超出了有效数字的范围（单精度的有效数字为 7 位，双精度的有效数字一般为 16 位）。

② %m.nf：指定输出数据占 m 列，其中有 n 位小数（超出部分四舍五入），右对齐，如果位数不足左边补空格。

③ %-m.nf：格式基本同%m.nf，只是左对齐，位数不足右边补空格。

（8）类型转换字符 e——以指数形式输出单精度浮点数或双精度浮点数。

对于浮点数，也可使用格式符%e，当以规范化的指数形式输出时，整数部分占 1 位，小数点占 1 位，尾数中的小数部分占 6 位，指数部分占 4 位或 5 位，其中 e 占 1 位，指数符号占 1 位，指数占 2 位或 3 位，共计 11 位。

例如：

```
double  x=123.456;
printf("%e",x);
```

在 Dev-C++环境下输出结果为 1.23456e+02。

%m.ne 和-%m.ne 与例 3.7 的含义相同，在此不赘述。

（9）类型转换字符 g。

对于浮点数也可使用格式符%g，系统根据数值的大小，自动选择%f 或%e 格式，且不输出无意义的 0。

例如：

```
float f=123.456;
printf("%f\n%e\n%g\n",f,f,f);
```

在 Dev-C++环境下输出结果为：

```
123.456001
1.234560e+002
123.456
```

用%g 格式输出时，系统自动选择较短的输出方式（此处选择%f），且最后 3 位无意义的 001 不输出。

综上所述，格式字符串的一般形式为：

```
[标志][输出最小宽度][.精度][长度]类型
```

其中方括号[]中的项为可选项，各项的意义如下。

（1）类型。类型字符用以表示输出数据的类型，其格式字符及其含义如表 3.1 所示。

表 3.1 格式字符及其含义

格式字符	含义
d	以十进制形式输出带符号整数（正数不输出符号）
o	以八进制形式输出无符号整数（不输出前缀 0）
x，X	以十六进制形式输出无符号整数（不输出前缀 0x）
u	以十进制形式输出无符号整数
f	以小数形式输出单、双精度浮点数
e，E	以指数形式输出单、双精度浮点数
g，G	以%f 或%e 中较短的输出宽度输出单、双精度浮点数
c	输出单个字符
s	输出字符串

（2）标志。标志字符有-、+、#、空格 4 种，其含义如表 3.2 所示。

表 3.2 标志字符及其含义

标志字符	含义
-	结果左对齐，右边填空格
+	输出符号（正号或负号）
#	对 c、s、d、u 类无影响；对 o 类，在输出时加前缀 0；对 x 类，在输出时加前缀 0x；对 e、g、f 类，当结果有小数时才给出小数点
空格	输出值为正时冠以空格，为负时冠以负号

（3）输出最小宽度。用十进制整数来表示输出的最少位数。若实际位数多于定义的宽度，则按实际位数输出，若实际位数少于定义的宽度则补以空格。

（4）精度。精度格式符以“.”开头，后跟十进制整数。本项的意义是：如果输出数字，则表示小数的位数；如果输出字符，则表示输出字符的个数；若实际位数大于所定义的精度数，则截去超过的部分。

（5）长度。长度格式符分为 h、l 两种，h 表示按短整型量输出，l 表示按长整型量输出。

3.5.2 格式输入函数 scanf()

scanf()称为格式输入函数，即按用户指定的格式利用键盘把数据输入指定的变量之中。在 C 语言程序中，可以用赋值语句提供数据，也可以用 scanf()函数，通过键盘输入数据，使程序变得更为灵活。

1. scanf()函数的一般形式

```
scanf("格式控制字符串",地址列表);
```

（1）格式控制字符串。格式控制字符串可以包含 3 种类型的字符：格式指示符、空白字符（空格符、制表符和回车符）和非空白字符（又称普通字符）。

格式指示符与 printf()函数的相似，空白字符作为相邻两个输入数据的默认分隔符，非空白字符在输入有效数据时，必须按原样输入。

（2）地址列表。由若干个输入项地址组成，相邻两个输入项地址之间用逗号分隔。输入项的地址可以是变量的首地址，也可以是字符数组名。

变量首地址的表示方法是：

```
&变量名
```

其中&是地址运算符，也可以叫作取地址符。例如：

```
scanf("%d,%d",&a, &b);
```

&a 和&b 分别表示变量 a 和变量 b 在内存中的地址。scanf()函数的作用是按照 a 和 b 的地址将 a 和 b 的值存进去。

2. 格式指示符

格式指示符和 printf()函数的格式指示符相似，一般形式为：

```
%[*][输入数据宽度][长度]类型
```

其中方括号[]中的项为可选项。各项的说明如下。

（1）类型。表示输入数据的类型，其格式字符及其含义如表 3.3 所示。

表 3.3　格式字符及其含义

格式字符	含义
d，i	输入十进制整数
o	输入八进制整数
x，X	输入十六进制整数
u	输入无符号十进制整数
f，e，E，g，G	输入单精度浮点数（用小数形式或指数形式）， 输入双精度浮点数，要在 f 前面加字母 l（如%lf）
c	输入单个字符
s	输入字符串

（2）“*”。用以表示该输入项被读入后不赋予相应的变量，即跳过该输入值。例如：

```
scanf("%d %*d %d",&a,&b);
```

当输入为“1□2□3”时，把 1 赋予 a，2 被跳过，3 赋予 b。在使用现成数据时，可以使用此方法剔除数据中不需要的部分。

（3）输入数据宽度。用十进制整数指定输入的宽度（即字符数）。例如：

```
scanf("%5d",&a);
```

输入“12345678”，只把 12345 赋予变量 a，其余部分被截去。又如：

```
scanf("%4d%4d",&a,&b);
```

输入“12345678”，把 1234 赋予 a，而把 5678 赋予 b。这种方法也适用于字符型数据，如：

```
scanf("%3c%3c",&ch1,&ch2);
```

假设输入“abcdefg”，则系统将读取的“abc”中的“a”赋给变量 ch1；再读取“def”中的“d”赋给变量 ch2。

（4）长度。长度格式符为 l 和 h。其中 l 表示输入长整型数据（如%ld、%lo）和双精度浮点数（如%lf），h 表示输入短整型数据。

3. 使用 scanf()函数输入数据时应注意的问题

（1）scanf()函数中没有精度控制，例如：

```
scanf("%5.2f",&a);
```

是非法的。不能企图用此语句输入小数位数为两位的浮点数。

（2）scanf()函数中的“地址列表”要求给出变量地址，而不是变量名。例如：

```
scanf ("%d",a);
```

是非法的，应改为：

```
scnaf ("%d",&a);
```

初学者要特别注意。

（3）“格式控制字符串”中出现的普通字符（包括转义字符），务必按原样输入。

例如：

```
scanf("%d,%d",&num1,&num2);
```

在两个%d 之间有一个逗号，是普通字符，正确的输入操作为：

```
12,36
```

另外，scanf()函数中，格式字符串内的转义字符（如\n），系统并不把它当转义字符来解释，从而产生一个控制操作，而是将其视为普通字符，所以也要按原样输入。例如：

```
scanf("num1=%d,num2=%d\n",&num1,&num2);
```

正确的输入操作为：

```
num1=12,num2=36\n
```

其中“num1=”“,num2=”和“\n”都是必须照原样输入的。

为改善人机交互性，同时简化输入操作，在设计输入操作时，一般先用 printf()函数输出一个提示信息，再用 scanf()函数进行数据输入。

例如，将

```
scanf("num1=%d,num2=%d\n",&num1,&num2);
```

改为：

```
printf("num1="); scanf("%d",&num1);
printf("num2="); scanf("%d",&num2);
```

（4）使用格式说明符%c 输入单个字符时，空格和转义字符均作为有效字符被输入。

例如：

```
scanf("%c%c%c",&ch1,&ch2,&ch3);
printf("ch1=%c,ch2=%c,ch3=%c\n",ch1,ch2,ch3);
```

假设输入“A□B□C”，则系统将字母“A”赋值给 ch1，空格“□”赋值给 ch2，字母“B”赋值给 ch3。正确的输入方法应当是 ABC。

（5）输入数据时，遇到以下情况，系统认为该项数据输入结束。

① 遇到空格键、回车键或 Tab 键。

例如：

```
scanf("%d%d",&x,&y);
```

以下输入方式都是合法的：

```
12□25          //输完 12 后，按空格键，再输入 25
```

或

```
12             //输完 12 后，按回车键，再输入 25
25
```

或

```
12    25       //输完 12 后，按 Tab 键，再输入 25
```

② 遇到输入域宽度结束。例如，“%3d”，只取 3 列。

③ 遇到非法输入。例如，在输入数值数据时，遇到字母等非数值符号（数值符号仅由数字字符 0~9、小数点和正负号构成）。

【例 3.8】 遇到非法输入时自动截断的例子。

程序实现：

```
#include  <stdio.h>
int main()
{
     int a ;
     char b;
     float c;
     printf("input a  b  c: ");
     scanf("%d%c%f",&a,&b,&c);
     printf("a=%d,b=%c,c=%f",a,b,c);
     return 0;
}
```

如果输入为：

```
92h35
```

则输出结果为：

```
a=92,b=h,c=35.000000
```

系统在读取数据时，当读到“h”时，认为整型数据的输入已经结束，将 92 赋给 a，将“h”赋给 b，继续读入剩下的全部数据，赋给 c。

（6）在 Dev-C++环境下，如果程序中包含 printf()函数和 scanf()函数，缺少#include <stdio.h>程序是无法通过编译的，务必添加#include <stdio.h>。

3.6 顺序结构程序设计举例

在介绍了前面两章的基础之后，可以编写顺序结构的程序。顺序结构是最简单的一种结构，所涉及的程序都按从上而下的顺序执行，没有选择和循环。下面介绍 5 个基础数学或物理学中常见的问题。

【例 3.9】 输入一个华氏温度，要求输出摄氏温度。

公式为：$c=\frac{5}{9}(F-32)$，结果取两位小数。

算法思路如下。

在分析题目之后，首先思考需要几个变量，每个变量是什么类型。借助题目给出的物理公式，定义两个变量 c 和 f，这样命名可以尽量保持和原公式一致。由于数据可能是整数也可能是小数，所以变量 c 和 f 应定义为 float 型。标准输入输出函数选用 printf()和 scanf()函数。

程序实现：

```
#include <stdio.h>
int main()
{
     float f,c;
     printf("请输入华氏温度：");
     scanf("%f",&f);
     c=5*(f-32)/9;
     printf("摄氏温度为：%.2f\n",c);
     return 0;
}
```

【运行结果】

```
请输入华氏温度：85
摄氏温度为：29.44
```

编写该程序时，特别要注意题目给出的公式需要进行改写才能用于程序执行。因为如果程序中出现：

```
c=(5/9)*(f-32);
```

系统会先执行(5/9)这个表达式，即整数除以整数得到一个小于 1 的整数，结果必为 0。后面的乘法运算无须执行，变量 c 的值都将为 0。正确的做法是，将(5/9)这个式子拆开，最后除以 9（如本例程序中的做法）；或者将(5/9)改写成(5.0/9)。

【例 3.10】 输入一个小写字母，输出它和大写字母对应的前导字母与后续字母。

算法思路如下。

（1）小写字母的 ASCII 值比对应的大写字母的 ASCII 值大 32。

（2）前导字母的 ASCII 值小 1；后续字母的 ASCII 值大 1。

（3）选择标准输入输出函数，获取小写字母时使用 getchar()函数。输出是多个字符，可以使用 printf()函数。

程序实现：

```
#include <stdio.h>
int main()
{
     char c;
     printf("请输入任意一个小写字母);
     c=getchar();
     printf("%c 的前导字母是：%c,后续字母是：%c\n",c,c-1,c+1);
     printf("%c 的前导字母是：%c,后续字母是：%c\n",c-32,c-33,c-31);
     return 0;
}
```

【运行结果】

```
c 的前导字母是：b,后续字母是：d
C 的前导字母是：B,后续字母是：D
```

【例 3.11】 输入三角形的三边长，求三角形面积。已知三角形的三边为 a、b、c，则该三角形的面积公式为：

$$\text{area} = \sqrt{s(s-a)(s-b)(s-c)}$$

其中 $s=(a+b+c)/2$。

算法思路如下。

根据公式可以定义 5 个变量：a、b、c、s、area。类型可以都为 float 型。通过 scanf()函数利用键盘输入 a、b、c，先根据 s=1.0/2*(a+b+c)公式计算出变量 s 的值。然后利用 sqrt()函数计算出 area 的数值，使用数学函数应在程序开头包含 math.h 头文件。

程序实现：

```
#include <math.h>
#include <stdio.h>
int main()
{
      float a,b,c,s,area;
      scanf("%f,%f,%f",&a,&b,&c);
      s=1.0/2*(a+b+c);
      area=sqrt(s*(s-a)*(s-b)*(s-c));
```

```
        printf("a=%7.2f,b=%7.2f,c=%7.2f,s=%7.2f\n",a,b,c,s);
        printf("area=%7.2f\n",area);
        return 0;
}
```

【运行结果】

```
10,12,15
a=  10.00,b=  12.00,c=  15.00,s=  18.50
area=  59.81
```

本例使用了 math.h 数学函数库中的库函数 sqrt()，因此#include <math.h>不能省。另外注意输入的时候，每个数据之间用逗号“,”分隔，输错或不输都会导致错误出现。

【例 3.12】 求方程 $ax^2+bx+c=0$ 的根，a、b、c 利用键盘输入，设 $b^2-4ac>0$。求根公式为：

$$x_1=\frac{-b+\sqrt{b^2-4ac}}{2a} \qquad x_2=\frac{-b-\sqrt{b^2-4ac}}{2a}$$

令

$$p=\frac{-b}{2a}，\quad q=\frac{\sqrt{b^2-4ac}}{2a}$$

则

$$x_1=p+q$$
$$x_2=p-q$$

算法思路如下。

（1）定义 float 型变量 a、b、c 和 disc，其中 disc=b*b−4*a*c。

（2）通过 scanf()函数输入 a、b、c 这 3 个变量的值。

（3）计算出 disc 的值。

（4）利用数学函数 sqrt()求出 x_1、x_2。

程序实现：

```
#include <math.h>
#include <stdio.h>
int main()
{
     float a,b,c,disc,x1,x2,p,q;
     scanf("%f,%f,%f",&a,&b,&c);
     disc=b*b-4*a*c;
     p=-b/(2*a);
     q=sqrt(disc)/(2*a);
     x1=p+q;
     x2=p-q;
     printf("\nx1=%5.2f\nx2=%5.2f\n",x1,x2);
     return 0;
}
```

【运行结果】

```
1,2,1
x1=-1.00
x2=-1.00
```

上面的程序中没有对 disc 值进行判断，如果计算出 disc 的值小于 0，系统仍进行计算，得出的 x1 和 x2 的值是无意义的。例如：

```
2, 1, 1
x1=-1.#J
x2=-1.#J
```

要避免这种情况，需要在程序中增加对 disc 值的判断：如果 disc<0，将停止计算。这种根据判断结果决定执行内容的结构就是选择结构，第 4 章将做介绍。

【例 3.13】设圆的半径 r=1.5，圆柱的高 h=3，求圆的周长、圆的面积、球的表面积、球的体积、圆柱的体积。输出计算结果，小数点后取两位有效数字。

算法思路如下。

用 scanf()函数获取圆的半径和圆柱的高，赋值给变量 r 和 h。依次使用公式计算出圆的周长、圆的面积、球的表面积、球的体积和圆柱的体积。输出结果取两位小数，可以在输出时使用"%.2f"格式符。

程序实现：

```
#include <stdio.h>
int main ()
{
    float h,r,l,s,sq,vq,vz;
    float pi=3.1415926;
    printf("请输入圆的半径 r，圆柱的高 h：");
    scanf("%f,%f",&r,&h);                    //要求输入圆的半径 r 和圆柱的高 h
    l=2*pi*r;                                //计算圆的周长 l
    s=r*r*pi;                                //计算圆的面积 s
    sq=4*pi*r*r;                             //计算球的表面积 sq
    vq=3.0/4.0*pi*r*r*r;                     //计算球的体积 vq
    vz=pi*r*r*h;                             //计算圆柱的体积 vz
    printf("圆的周长为:        l=%6.2f\n",l);
    printf("圆的面积为:        s=%6.2f\n",s);
    printf("球的表面积为:      sq=%6.2f\n",sq);
    printf("球的体积为:        vq=%6.2f\n",vq);
    printf("圆柱的体积为:      vz=%6.2f\n",vz);
    return 0;
}
```

运行结果如图 3.7 所示。

```
请输入圆的半径r，圆柱的高h:1.5，3
圆的周长为:        l=   9.42
圆的面积为:        s=   7.07
球的表面积为:      sq=  28.27
球的体积为:        vq=   7.95
圆柱的体积为:      vz=  21.21
```

图 3.7　运行结果

本例给出圆的半径 r=1.5，圆柱的高 h=3，可以在程序中直接对变量 r 和 h 赋值。为了提高程序的实用性，本例使用 scanf()函数对 r 和 h 进行赋值。

3.7　本章小结

本章讲解了 C 语言中最基本的 3 种流程控制的流程、C 语言语句、数据的输入输出、顺序结构程序示例。其中 3 种流程控制结构包括顺序结构、选择结构、循环结构；C 语言语句分为表达式语句、函数调用语句、控制语句、复合语句和空语句 5 类。本章重点介绍了 putchar()与 getchar()字符型数据的两个输入输出函数，printf()与 scanf()两个格式输入输出函数的用法。此外还介绍了赋值语句、格式符以及与顺序结构有关的程序设计实例。熟练掌握本章的内容，可以为后面的学习打下坚实的基础。

习题

一、选择题

1. 若变量 a、b 已正确定义，且 a、b 均已正确赋值，下列选项中合法的语句是（　　）。

A. a=b　　B. ++a;　　C. a+=b++=1;　　D. a=int(b);

2. 若定义 int　x=4;，则执行语句 x + = x * = x + 1;后，x 的值为（　　）。

A. 5　　B. 20　　C. 40　　D. 无答案

3. 下列程序段的输出结果是（　　）。

```
int a=1234;
printf("%2d\n",a);
```

A. 12　　B. 34　　C. 1234　　D. 提示出错，无结果

4. 下列程序段的输出结果是（　　）。

```
int a=1234;
float b=123.456;
double c=12345.54321;
printf ("%2d,%3.2f,%4.1f",a,b,c);
```

A. 无输出　　B. 12, 123.46, 12345.5

C. 1234,123.46,12345.5　　D. 1234,123.45, 1234.5

5. 下列程序段的输出结果是（　　）。

```
int  main( )
{
    float x=2.5;
    int y;
    y= (int) x;
    printf ("x=%f,y=%d",x,y);
    return 0 ;
}
```

A. x=2.500000,y=2　　B. x=2.5,y=2

C. x=2,y=2　　D. x=2.500000,y=2.000000

6. printf("%d,%d,%d\n",010,0x10,10);的输出结果是（　　）。

A. 10,10,10　　B. 16,8,10　　C. 8,16,10　　D. 无答案

7. 已知 i、j、k 为 int 型变量，若通过键盘输入“1,2,3”，使 i 的值为 1，j 的值为 2，k 的值为 3，以下选项中正确的输入语句是（　　）。

A. scanf("%2d%2d%2d",&i,&j,&k);　　B. scanf("%d　%d　%d",&i,&j,&k);

C. scanf("%d,%d,%d",&i,&j,&k);　　D. scanf("i=%d,j=%d,k=%d",&i,&j,&k);

8. x、y、z 被定义为 int 型变量，若通过键盘给 x、y、z 输入数据，正确的输入语句是（　　）。

A. INPUT　x、y、z;　　B. scanf("%d%d%d",&x,&y,&z);

C. scanf("%d%d%d",x,y,z);　　D. read("%d%d%d",&x,&y,&z);

9. 执行下面程序中的输出语句，a 的值是（　　）。

```
int main()
 {
    int a;
    printf("%d\n",(a=3*5,a*4,a+5));
    return 0 ;
}
```

A. 65　　B. 20　　C. 15　　D. 10

10. 以下叙述中正确的是（　　）。
   A. 输入项可以是一个浮点型常量，例如 scanf("%f",3.5);
   B. 只有格式控制，没有输入项，也能正确输入数据到内存，例如 scanf("a=%d,b=%d");
   C. 当输入一个浮点型数据时，格式控制部分可以规定小数点后的位数，例如 scanf("%4.2f",&f);
   D. 当输入数据时，必须指明变量地址，例如 scanf("%f",&f);

二、填空题

1. 从程序流程的角度来看，程序中的结构可以分为 3 种基本结构，即______、______、______。
2. 赋值语句的一般表示形式为________。
3. 格式输出函数是________，格式输入函数是________。
4. 若有定义 int t1; double t2;，执行 t1=(t2=1.9,t2+5,t2++);语句后，t1 的值是______。
5. 以下程序段的输出结果是________。

```
int x=17,y=26;
printf ("%d",y/=(x%=6));
```

6. 以下程序段的输出结果是________。

```
#include <stdio.h>
int  main()
{
    int i=010,j=10;
    printf ("%d,%d\n",i,j);
    return 0;
}
```

7. 若有以下程序：

```
#include <stdio.h>
int  main()
{
    char a;
    a='H'-'A'+'0';
    printf("%c,%d\n",a,a);
    return 0;
}
```

执行后的输出结果是______。

8. 以下程序段的输出结果是______。

```
#include <stdio.h>
int main()
{
    int a=177;
    printf("%o\n",a);
    return 0;
}
```

9. 以下程序段的输出结果是______。

```
#include <stdio.h>
int main()
{
       int  y=3,x=3,z=1;
       printf("%d  %d\n",(++x,y++),z+2);
       return 0;
}
```

10. 以下程序段的输出结果是____________________。（小数点后只写一位）

```
#include <stdio.h>
 int main()
 {
      double  d;  float f;  long l;  int  i;
      i=f=l=d=20/3;
      printf("%d %ld %f %f \n", i,l,f,d);
      return 0;
 }
```

11. 以下程序段的输出结果是____________________。（分行写）

```
#include <stdio.h>
int main()
{
    int a,b,c;
    long int u,n;
    float x,y,z;
    char c1,c2;
    a=3;b=4;c=5;
    x=1.2;y=2.4;z=-3.6;
    u=51274;n=128765;
    c1='a';c2='b';
    printf("\n");
    printf("a=%2d  b=%2d  c=%2d\n",a,b,c);
    printf("x=%8.6f,y=%8.6f,z=%9.6f\n",x,y,z);
    printf("x+y=%5.2f  y+z=%5.2f  z+x=%5.2f\n",x+y,y+z,z+x);
    printf("u=%6ld  n=%9ld\n",u,n);
    printf("c1='%c' or %d(ASCII)\n",c1,c1);
    printf("c2='%c' or %d(ASCII)\n",c2,c2);
    return 0;
}
```

12. 下列程序段的输出结果是 16.00，请填空。

```
#include <stdio.h>
int main()
{
     int a=9, b=2;
     float x=____, y=1.1,z;
     z=a/2+b*x/y+1/2;
     printf("%5.2f\n", z );
     return 0;
}
```

13. 将以下程序段补充完整，使执行后的 i、j、m、n 输出的结果分别为 11、9、11、8。

```
#include <stdio.h>
int main()
{
     int i,j,m,n;
     i=10,j=8;
     _______;
     _______;
     printf("%d,%d,%d,%d",i,j,m,n);
     return 0;
}
```

14. 将以下程序段补充完整，使其执行后求出 3 个数的平均数。

```
#include <stdio.h>
int main()
```

```
{
    float a,b,c,average;
    printf("Enter a,b,c:");
    scanf("%f,%f,%f",________);
    ______________________;
    printf("The average value is:%f\n",average);
    return 0;
}
```

15. 将以下程序段补充完整，使输入的 3 个数为 a、b、c，程序运行后 a、b、c 的值交换后输出。

```
#include <stdio.h>
int main()
{
    int a,b,c,________;
    printf("Enter a,b,c:");
    scanf("%d%d%d",________);
    __________;
    __________;
    __________;
    __________;
    printf("%d,%d,%d",a,b,c);
    return 0;
}
```

三、编程题

1. 编写一个程序，输出如下信息：

```
*******************
*   C LANGUAGE    *
*******************
```

2. 编写一个程序，从键盘输入 5 个整数，求它们的平均值。

3. 用字符输入输出函数输入 3 个字符，将它们反向输出。

4. 用 scanf()函数输入数据，使 a 的值为整数 3，b 的值为整数 7，x 的值为实数 8.5，y 的值为实数 71.82，c1 的值为字母 A，c2 的值为字母 a。

04 第 4 章　选择结构

学习目标

- 掌握关系运算符与关系表达式、逻辑运算符与逻辑表达式。
- 掌握 if 语句的 3 种形式及其执行过程、if 语句的嵌套、条件运算符。
- 掌握 switch 语句：switch 语句的构成、执行过程、break 的使用。

通过学习前面的内容，读者应该可以编写简单的 C 语言程序了。但是在处理实际问题时总是要做出判断；在 C 语言程序中也有先进行判断，再选择执行某组语句的结构，这种结构称为选择结构。和前面学过的顺序结构不同，选择结构语句可以控制程序中语句的执行顺序，因此能实现较为复杂的功能。本章主要介绍关系运算符与关系表达式、逻辑运算符与逻辑表达式、if 结构、嵌套 if 结构、switch 结构、多重 if 结构和 switch 结构的比较以及条件运算符。

4.1　关系运算符与关系表达式

要学习选择结构，首先要学习如何进行条件判断。关系运算可以实现简单的条件语句。所谓关系运算，就是比较运算，即对两个值进行比较，判断比较的结果是否符合给定的条件关系。例如式子 x>5 就是一个关系表达式，其中>是一个关系运算符。如果 x 取值 7，则 x>5 这个式子为“真”（条件符合）；如果 x 取值 3，则 x>5 这个式子为“假”（条件不符）。

4.1.1　关系运算符

C 语言提供了 6 种关系运算符，它们的用法和优先级如表 4.1 所示。

表 4.1　关系运算符的用法和优先级

运算符	名称	用法	功能	优先级
<	小于	a<b	a 小于 b 时返回真；否则返回假	高
<=	小于等于	a<=b	a 小于等于 b 时返回真；否则返回假	
>	大于	a>b	a 大于 b 时返回真；否则返回假	
>=	大于等于	a>=b	a 大于等于 b 时返回真；否则返回假	
==	等于	a==b	a 等于 b 时返回真；否则返回假	低
!=	不等于	a!=b	a 不等于 b 时返回真；否则返回假	

从表 4.1 可以看出，<、<=、>、>=这 4 个运算符的优先级相同，==和!=的优先级相同，且优先级低于前 4 个运算符的。当关系运算符和其他运算符做混合运算时，按照“关系运算符低于算术运算符，高于赋值运算符”的优先级规则进行处理。

例如：　c>a+b　　等价于　　c>(a+b)
　　　　a==b<c　等价于　　a==(b<c)
　　　　a=b<c　　等价于　　a=(b<c)

不要将关系表达式中的"=="和赋值表达式中的"="混淆了。"=="表示左边表达式和右边表达式的值相等，该式的结果要么为 1，要么为 0；而"="表示将右边表达式的值赋给左边的变量，该式最终的值为左边变量的值。例如，有一个值为-4 的整型变量 x，则表达式 x==5 的值为 0，表达式 x==-4 的值为 1，而表达式 x=-4 的值为-4。

4.1.2　关系表达式

1. 概念

关系表达式就是用关系运算符将两个表达式（可以是算术表达式、字符表达式、赋值表达式、关系表达式或者逻辑表达式）连接起来的式子。如 a+b>c-d、x>3/2、'a'+1<c、-i-5*j==k+1 等都是合法的关系表达式。由于左右表达式也可以是关系表达式，因此允许出现嵌套的关系表达式，如 a>(b>c)、a!=(c==d)等。

2. 关系表达式的值

关系表达式的值是"真"或"假"。在 C 语言中真用"1"表示，假用"0"表示，因此所有关系运算的结果都为整数类型的值（0 或 1）。

例如，已知 ch='A'、i=97、f=3.14，则'a'+5<ch 的值为 0，f*i<4*f 的值为 1，f+i==ch 的值为 0。当关系运算中包含字符类型的数据时，系统先将字符转换成对应的 ASCII 值，再参与运算。

对于含多个关系运算符的表达式，如 ch==i==f+5，根据运算符的左结合性，先计算出 ch==i 的值为 1，再计算 1==f+5，得到表达式的值为 0。

如果想判断 x∈(1,100)是否为真，不能写成 1<x<100。该式将先计算出 1<x 的值，要么是 1 要么是 0，但都小于 100。不论 x 取值多少，该式的值永远为 1，因此使用该关系表达式不能判断出 x 是否在(1,100)中。

4.2　逻辑运算符与逻辑表达式

关系表达式只能表示单一的条件，而有些复杂的条件是由多个子条件组成的，如下所示。

- 大学一年级以上的在校大学生方可报名参加英语四、六级考试。这个命题中报考英语四、六级考试的条件是同时满足"在校大学生"和"大学一年级以上"这两个子条件。
- 年龄在 60 岁及以上的老人和 6 岁及以下的儿童，乘坐公交车可以免票。这个命题中可以免费乘车的条件是"年龄大于等于 60"和"年龄小于等于 6"这两个子条件满足其一即可。
- 非本市户口的学生，需要将档案转入学校集体户口。这个命题中需要转入集体户口的条件是不满足"本市户口"这个子条件。

以上命题仅用关系运算是无法表示的，还需要借助逻辑运算共同完成。上面的第 1 个例子需要两个子条件同时满足，是一种"与"的关系；第 2 个例子需要两个子条件满足其一，是一种"或"的关系；第 3 个例子需要子条件不满足，即"非"的关系。逻辑运算就包含与、或、非这 3 种运算。

4.2.1 逻辑运算符

C 语言提供 3 种逻辑运算符，它们的用法和优先级如表 4.2 所示。

表 4.2 逻辑运算符的用法和优先级

<table>
<tr><th>运算符</th><th>名称</th><th>用法</th><th>功能</th><th>优先级</th></tr>
<tr><td>!</td><td>非</td><td>!a</td><td>a 为真时表达式的值为假；a 为假时表达式的值为真</td><td rowspan="3">高
↓
低</td></tr>
<tr><td>&&</td><td>与</td><td>a&&b</td><td>a 和 b 同时为真时表达式的值为真；
a 和 b 其中一个为假则表达式的值为假</td></tr>
<tr><td>||</td><td>或</td><td>a||b</td><td>a 和 b 同时为假时表达式的值为假；
a 和 b 其中一个为真则表达式的值为真</td></tr>
</table>

4.2.2 逻辑表达式

1. 逻辑量和逻辑值

参与逻辑运算的数据就是逻辑量，它们要么代表真，要么代表假，如表 4.2 中的 a 和 b。在 C 语言中，逻辑量可以是任意基本类型的常量或变量，因此对于参与逻辑运算的所有数据：

非 0→真　　　　　　0→假

例如，整数 1、−6，浮点数 3.14、−0.8，字符'a'、'\n'都作为真处理。

逻辑运算的值也分为真和假两种，用 1 和 0 来表示。

例如：1&&−6 值为 1；3.14&&0 值为 0；3.14||'a'值为 1；!'\n'值为 0。

2. 逻辑表达式

逻辑表达式是用逻辑运算符将关系表达式或逻辑量连接起来的符合 C 语言语法规则的式子。

逻辑运算符经常和关系运算符、算术运算符、赋值运算符一起使用，构成一个复合表达式。算术运算符、关系运算符、逻辑运算符、赋值运算符在混合运算中的优先级按照从高到低的顺序排列，如下：

! → 算术运算符 → 关系运算符 → && → || → 赋值运算符

例如：（1）a>b&&b>c　　等价于　　(a>b)&&(b>c)

（2）a!=b&&c!=0　　等价于　　(a!=b)&&(c!=0)

（3）!a||a>b　　等价于　　(!a)||(a>b)

（4）a>b&&c||!a<b−c　　等价于　　((a>b)&&c)||((!a)<b−c))

设 a=3、b=2、c=1，则以上几个式子的值如下。

① a>b 的值为真，b>c 的值为真，真&&真的值为真，因此该式的值为 1。

② a!=b 的值为真，c!=0 的值为真，真&&真的值为真，因此该式的值也为 1。

③ !a 的值为假，a>b 的值为真，假||真的值为真，因此该式的值为 1。

④ a>b 的值为真，c 为真，真&&真的值为真，因此(a>b)&&c 的值为真。!a 的值为假，也就是 0；b−c 的值为真，也就是 1，因此 0<1 的值为真。最后，真||真的值为真，因此该式的值为 1。

学习了逻辑表达式以后，变量的范围就容易表示了，如下所示。

① x∈(1,100)可以表示为 x<100&&x>1。

② |x|>2 可以表示为 x>2||x<−2。

③ $f(x)=\dfrac{\sqrt{(x-1)(x-2)}}{x}$ 的定义域可以表示为(x>=2||x<=1)&&x!=0 或(x−1)*(x−2)>=0&&x!=0。

需要注意的是，在逻辑表达式的求解中，并不是所有的逻辑运算符都被执行，只是在必须执行下一个逻辑运算符才能求出表达式的值时，才执行该运算符。

① 对于逻辑与运算，如果第 1 个对象被判定为“逻辑假”，系统不再计算第 2 个对象（因为无论真假，都不影响整个表达式的结果）。

② 对于逻辑或运算，如果第 1 个对象被判定为“逻辑真”，系统不再计算第 2 个对象。

思考：假设 n1=1，n2=2，n3=3，n4=4，x=1，y=1，求解表达式(x = n1 > n2) && (y = n3 > n4)后，x、y 的值分别是多少？

分析：计算 x = n1 > n2 子表达式的值为假，即一个操作数为假，已经可以判断该表达式的值为假，所以后面的 y = n3 > n4 子表达式不会被执行，y 也不会被赋值。

解答：x=0，y=1。

4.3　if 结构

学习了关系表达式和逻辑表达式，就可以在程序中使用选择结构的语句了。在 C 语言中常用的选择结构有 if 结构和 switch 结构两种。下面先介绍 if 结构。

if 结构能根据给定的条件进行判断，以决定执行某个分支程序段。C 语言中提供了 3 种 if 结构的语句。

4.3.1　单 if 语句

单 if 语句的结构形式如下：

```
if(表达式)
{
    若干条语句
}
```

1. 语句包含的信息

（1）关键字是 if。

（2）if 后面紧跟一对圆括号，圆括号里的表达式称为 if 语句中的条件表达式。

（3）用花括号括起若干条语句，作为条件表达式成立的情况下需要执行的内容。

2. 语句的执行流程

先计算条件表达式的值，如果条件表达式的值为非 0（真），则执行其后的复合语句；如果条件表达式的值为 0（假），则不做任何操作。if 语句的流程如图 4.1 所示。

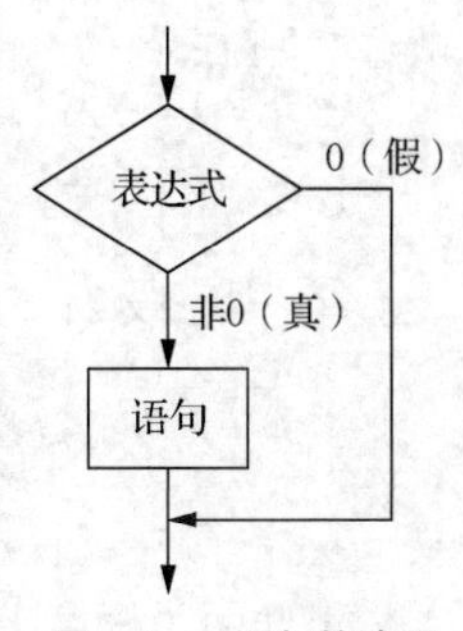

图 4.1　if 语句的流程

在 if 语句中，若复合语句中只有一条语句，花括号可以省略不写。但为保持良好的编程习惯，建议保留花括号，以增强程序的可读性。

【例 4.1】 输入任意两个整数 num1 和 num2，输出两个数中较大的一个。

算法思路如下。

（1）定义整型变量 num1、num2、max，输入两个整数并保存在 num1 和 num2 这两个变量的地址空间中。

（2）将 num1 赋值给 max，即假设 num1 较大。

（3）比较 max 和 num2 的值，若 num2 较大，则重新将 num2 赋值给 max。

（4）输出 max 的值。

程序实现：

```
#include <stdio.h>
int main()
{
    int num1,num2,max;
    printf("please input the two numbers:\n");
    scanf("%d%d",&num1,&num2);
    max=num1;
    if(max<num2)
    {
        max=num2;
    }
    printf("the larger number is:%d\n",max);
    return 0;
}
```

【运行结果】

```
452 521
the larger number is:521
```

3. 需要注意的地方

（1）if 语句中的条件表达式一般是关系表达式或者逻辑表达式，但也可以是其他任意形式的数据或表达式。这时当条件表达式为非 0 时，一律当真来处理。

例如：

```
if('a')
{   printf("o.k.");   }
```

条件表达式是'a'，其对应的 ASCII 值为 97，即真，花括号中的 printf 语句将被执行。

```
if(y=0)
{   printf("o.k.");   }
```

条件表达式是一个赋值表达式。先将 0 赋值给变量 y，再将 y 的值（0，即假）作为条件表达式的值，因此花括号中的 printf 语句不会被执行。

（2）在书写条件表达式时，注意不要将“==”和“=”混淆使用。

（3）if 语句中执行语句的花括号要用对地方。

例如：

① 程序段 1：

```
    if(x>0)
    {   y=x*2+1;
        printf("y=%d\n",y);
    }
```

② 程序段 2：

```
    if(x>0)
    {   y=x*2+1;
    }
printf("y=%d\n",y);
```

上面两段程序比较相似，不同之处是花括号包含的内容不同。程序段①中，当 x>0 为真时，执行语句有两条；当 x>0 为假时，两条语句都不会执行。但在程序段②中，当 x>0 为真时，只执行一条语句，也就是说，另一条 printf 语句不论条件是否为真，都是一定会执行的。由此可见，当条件表达式为真时，只会执行下面最近的一条语句或者最近的一条复合语句。随意书写花括号或者省略花括号都可能导致执行的语句不同。

（4）同一个程序中可以连续使用多条 if 语句来表示多个选择分支。

【例 4.2】 已知有分段函数：$y=\begin{cases}1 & (x<-3)\\ x^2+1 & (-3\leqslant x\leqslant 3)\\ x-1 & (x>3)\end{cases}$，

输入 x 的值，计算并输出正确的 y 值。

算法思路如下。

① 输入浮点数 x 的值。

② 依次将 x 的值代入 3 个条件表达式，判断结果是否为真。若为真则计算相应的 y 值。

③ 输出 y 值。

程序实现：

```
#include <stdio.h>
int main()
{
    float x,y;
    printf("please input x:\n");
    scanf("%f",&x);
    if(x<-3)
    {
        y=1;
    }
    if(x<=3&&x>=-3)
    {
        y=x*x+1;
    }
    if(x>3)
    {
        y=x-1;
    }
    printf("y=%f\n",y);
    return 0;
}
```

【运行结果】

```
please input x:
-7
y=1.000000

please input x:
2.3
y=6.290000

please input x:
7.9
y=6.900000
```

在例 4.2 中，x 的 3 个取值范围各不重合，因此可以使用 3 条 if 语句表示 3 个选择分支。

4.3.2 if-else 语句

if-else 语句的结构形式如下：

```
if(表达式)
{
```

```
        若干条语句（1）
    }
    else
    {
        若干条语句（2）
    }
```

1. 语句包含的信息

（1）该语句中的关键字是 if 和 else。

（2）if 后面紧跟一对圆括号，圆括号中的表达式称为 if-else 语句的条件表达式。

（3）if 条件表达式后面用花括号括起的若干条语句（1），是在条件表达式成立的情况下需要执行的内容，称为 if 操作。

（4）else 后面用花括号括起的若干条语句（2），是在条件表达式不成立的情况下需要执行的内容，称为 else 操作。

2. 语句的执行流程

先计算条件表达式的值，如果条件表达式的值为非 0（真），则执行 if 操作部分[若干条语句（1）]；如果条件表达式的值为 0（假），则执行 else 操作部分[若干条语句（2）]。if-else 语句的流程如图 4.2 所示。

图 4.2　if-else 语句的流程

【例 4.3】 使用 if-else 语句改写例 4.1。

算法思路如下。

（1）定义整型变量 num1、num2、max，输入两个整数并保存在 num1 和 num2 这两个变量的地址空间中。

（2）比较 num1 和 num2 的值，若 num1 较大，则将 num1 赋值给 max；否则将 num2 赋值给 max。

（3）输出 max 的值。

程序实现：

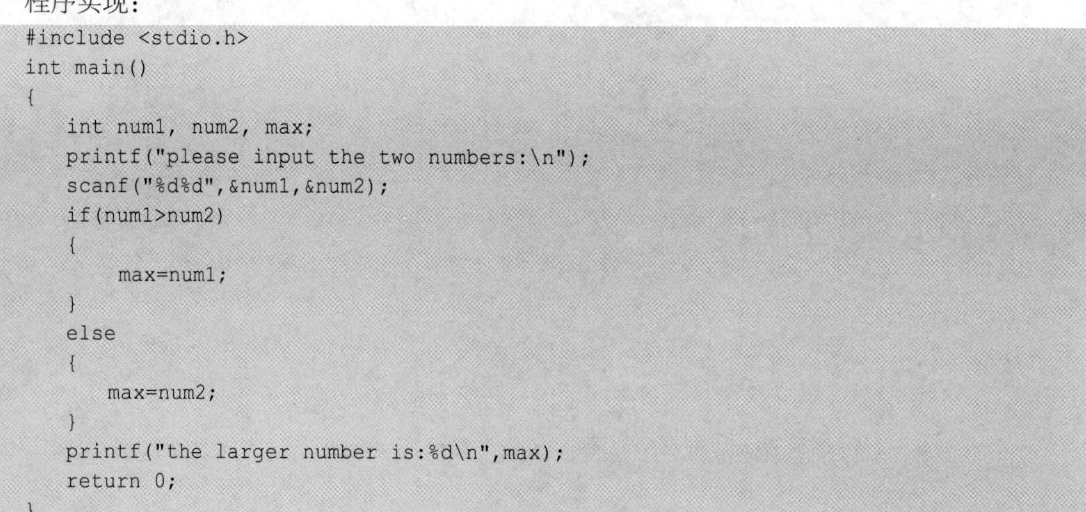

```
#include <stdio.h>
int main()
{
    int num1, num2, max;
    printf("please input the two numbers:\n");
    scanf("%d%d",&num1,&num2);
    if(num1>num2)
    {
        max=num1;
    }
    else
    {
        max=num2;
    }
    printf("the larger number is:%d\n",max);
    return 0;
}
```

【运行结果】

```
please input the two numbers:
345 2671
the larger number is:2671
```

3．需要注意的地方

（1）当 if 操作的语句只有一条时，可以省略花括号，此时整个 if-else 还是视为一条语句。

【例 4.4】 输入一个整数，判断其奇偶性。

算法思路如下。

① 定义整数 num，输入一个整数将其保存在 num 所在的地址空间。

② 对条件表达式 num%2==0 进行判断，若为真，则输出“偶数”；否则输出“奇数”。

程序实现：

```
#include <stdio.h>
int main()
{
    int num;
    printf("please input the number:\n");
    scanf("%d",&num);
    if(num%2==0)
    {
        printf("%d 是偶数\n",num);
    }
    else
    {
        printf("%d 是奇数\n",num);
    }
    return 0;
}
```

【运行结果】

```
please input the number:
24
24 是偶数
```

（2）if 语句中的 if 和 else 必须成对出现，它们之间只能有一条语句（或一条复合语句）。下面的程序段是错误的：

```
if(x>0)
    y=x*x+1;
printf("y=%d\n",y);
else
   y=x-2;
   printf("y=%d\n",y);
```

错误的原因在于，关键字 if 和 else 之间有两条语句。编译系统会认为，当 x>0 成立时执行条件表达式后面最近一条语句，即 y=x*x+1;；后面的 printf 语句是一个独立的语句，将被顺序执行。于是 else 部分找不到配对的 if 了，系统将报语法错误。上面程序段正确的写法是：

```
if(x>0)
{
    y=x*x+1;
    printf("y=%d\n",y);
}
else
{
    y=x-2;
    printf("y=%d\n",y);
}
```

可见，不论是 if 操作还是 else 操作，当语句条数超过 1 时，需要将它们用花括号括起，写成一条复合语句。注意，缩进只能让程序看起来美观，不能起到花括号的作用。

4.3.3 if-else if-else 语句

if-else if-else 语句是一种多条件、多分支的选择语句，它的结构形式如下：

```
if(表达式 1)
{
    若干条语句（1）
}
else if(表达式 2)
{
    若干条语句（2）
}
…
else
{
    若干条语句（n）
}
```

1. 语句的执行流程

先计算条件表达式 1 的值，如果条件表达式的值为真，则执行若干条语句（1）部分；否则计算条件表达式 2，若为真，则执行若干条语句（2），以此类推。若前面的条件表达式都为假，则执行最后一个 else 操作部分，即若干条语句（*n*）。if-else if-else 语句的流程如图 4.3 所示。

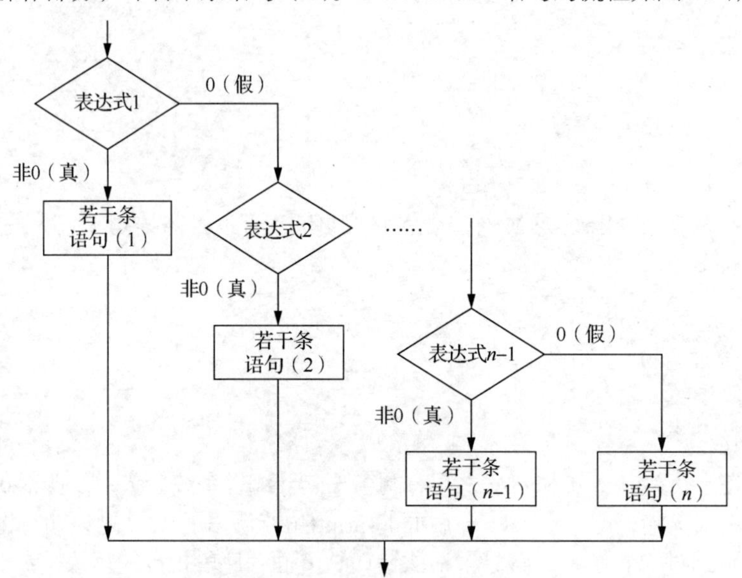

图 4.3 if-else if-else 语句的流程

【例 4.5】 使用 if-else if-else 语句改写例 4.2。

算法思路如下。

（1）输入浮点数 x 的值。

（2）根据 x 的值进行判断，若 x<-3 为真，则 y 的值按第一个式子计算；否则若 x<=3 并且 x>=-3，则 y 的值按第二个式子计算；否则 y 的值按第三个式子计算。

（3）输出 y 的值。

程序实现：

```
#include <stdio.h>
int main()
```

```
{
    float x, y;
    printf("please input x:\n");
    scanf("%f", &x);
    if(x<-3)
    {
        y=1;
    }
    else if(x<=3&&x>=-3)
        {
            y=x*x+1;
        }
    else
        {
            y=x-1;
        }
    printf("y=%f\n", y);
    return 0;
}
```

【运行结果】

```
please input x:
-7
y=1.000000

please input x:
2.3
y=6.290000

please input x:
7.9
y=6.900000
```

2. 需要注意的地方

（1）if-else if-else 语句中的关键字 if 和 else 仍然成对出现，其配对原则是：else 总是和它上面最近的一个未配对的 if 配对。为了提高程序的可读性，应采用正确的缩进格式。

（2）if-else if-else 语句中的最后一个 else 部分是可选项。如果没有最后一个 else 部分，则表示当前面所有的表达式都为假时，什么都不执行并结束当前的 if-else if-else 语句。

（3）当分支条件较为复杂时，应注意分析每个条件之间的关系，合理设计语句顺序。

【例 4.6】 根据成绩输出分数等级，其中 0～59 分为 E，60～69 分为 D，70～79 分为 C，80～89 分为 B，90～100 分为 A。

算法思路如下。

（1）输入整型数据 score 的值。

（2）判断 score 在哪一个分数段，并将对应的等级输出。

60>score≥0	E
70>score≥60	D
80>score≥70	C
90>score≥80	B
100≥score≥90	A

程序实现：

```
#include <stdio.h>
int main()
```

```
{
    int score;
    printf("score= " );
    scanf( "%d" , &score );
    if (score>=0 && score<60)
    {
        printf("grade is E\n" );
    }
    else if(score >=60 && score<70)
         {
             printf( "grade is D\n");
         }
         else if (score >=70 && score<80 )
              {
                  printf( "grade is C\n");
              }
              else if(score>=80 && score<90 )
                   {
                     printf( "grade is B\n " );
                   }
                   else
                   {
                     printf( "grade is A\n " );
                   }
      return 0;
    }
```

【运行结果】

```
score= 78
grade is C
```

思考一个问题：上面程序中的条件表达式是否可以更简洁一些？上面程序中第一个 if 的条件表达式是 score>=0 && score<60，对应的 else 已经隐含了条件 score>=60（不考虑 score 低于 0 分或者高于 100 分的情况），因此 else if 的条件表达式只需要 score<70 即可。以此类推，上面程序中的 if-else if-else 语句可以改写成以下形式：

```
if (score>=0 && score<60)
{
    printf("grade is E\n" );
}
else if(score<70)
     {
         printf( "grade is D\n");
     }
     else if (score<80 )
          {
              printf( "grade is C\n");
          }
          else if(score<90 )
               {
                   printf( "grade is B\n " );
               }
               else
               {
                 printf( "grade is A\n " );
               }
```

4.4　嵌套 if 结构

嵌套 if 结构就是在 if 结构中又包含一个或多个 if 结构。if 语句的嵌套形式多种多样，可以在 if 操作部分嵌套 if 结构，也可以在 else 操作部分嵌套 if 结构，如下所示：

（1）在 if 操作部分嵌套 if 结构

```
if(表达式)
 {
  if(表达式)
      {
          若干条语句
      }
  else
      {
          若干条语句
      }
}
else
{
     若干条语句
}
```

（2）在 else 操作部分嵌套 if 结构

```
if(表达式)
 {
      若干条语句
}
else
{
     if(表达式)
          {
              若干条语句
          }
      else
          {
              若干条语句
          }
}
```

上述的两种嵌套形式中，后一种等同于 if-else if-else 结构。

if 语句可以进行多层嵌套，当语句中出现多个 if 和 else 关键字时，要特别注意 if 和 else 的配对问题。

【例 4.7】 使用嵌套 if 结构改写例 4.2，要求在 if 操作部分嵌套 if 结构。

算法思路如下。

（1）输入浮点数 x 的值。

（2）根据 x 的值进行判断，当 x<=3 为真，如果 x<-3 也为真，则 y 的值按第一个式子计算，否则（x<=3 为真且 x<-3 为假，即 x≥-3）y 的值按第二个式子计算；当 x<=3 为假，y 的值按第三个式子计算。

（3）输出 y 的值。

程序实现：

```
#include <stdio.h>
int main()
{
    float x, y;
    printf("please input x:\n");
    scanf("%f", &x);
    if(x<=3)
    {
        if(x<-3)
        {
            y=1;
        }
        else
        {
            y=x*x+1;
        }
    }
```

```
    else              // x<=3 为假的情况
    {
        y=x-1;
    }
    printf("y=%f\n", y);
    return 0;
}
```

4.5 switch 结构

if-else if-else 语句是多条件、多分支的选择语句，此外 C 语言还提供了 switch 语句，实现单条件、多分支的选择结构。它的结构形式如下：

```
switch(表达式)
{
    case 常量表达式 1:  语句 1
    case 常量表达式 2:  语句 2
    …
    case 常量表达式 n:  语句 n
    default          :  语句 n+1
}
```

1. **语句的执行流程**

计算表达式的值，若与常量表达式 ***n*** 的值一致，则从语句 ***n*** 开始执行；直到遇到 break 语句或者 switch 语句的“}”；若与任何常量表达式的值均不一致，则执行 default 语句，或执行 switch 以外的后续语句。

【例 4.8】 输入一个 1～7 的整数，输出其对应星期的英文单词。

算法思路如下。

（1）输入一个整数保存于变量 num 中。

（2）将 num 依次与关键字 case 后面的整数进行比对，若发现一致，则输出对应的英语单词；若都不相同，则输出“Error!”。

程序实现：

```
#include <stdio.h>
int main()
{
    int num;
    printf("please input a week number:");
    scanf("%d",&num);
    switch(num)
    {
        case 1 : printf("Monday\n"); break;
        case 2 : printf("Tuesday\n"); break;
        case 3 : printf("Wednesday\n"); break;
        case 4 : printf("Thursday\n"); break;
        case 5 : printf("Friday\n"); break;
        case 6 : printf("Saturday\n"); break;
        case 7 : printf("Sunday\n"); break;
        default : printf("Error!\n");
    }
    return 0;
}
```

【运行结果】

```
please input a week number:5
Friday
```

2. 需要注意的地方

（1）经常需要使用 break 语句来跳出整个 switch 语句。在例 4.8 中，若输入 5，则程序输出 Friday；去掉所有的 break 后再运行，输入 5 后程序将输出 Friday↙Saturday↙Sunday↙Error!↙，这显然与题目的需求不符。

（2）“表达式”可以是整型或字符型表达式，但不可以是浮点型表达式。

（3）case 后面必须是常量表达式，不能包含变量；每个常量表达式的值应互不相同。

（4）“表达式”和“常量表达式”的类型必须一致。

（5）switch 语句中的 default 是可选的，如果它不存在，并且表达式与所有的常量表达式都不相同，则 switch 语句将不执行任何内容就退出。

（6）case 语句的先后顺序可随意设置，不会影响程序运行的结果；多条 case 语句可以共用一组执行语句。

【例 4.9】 输入任意一个平年的月份，输出该月份对应的天数。

算法思路如下。

（1）输入月份，保存在变量 month 中。

（2）设月份为 month，天数为 day，则 month 和 day 有如下关系：

month=1、3、5、7、8、10、12　　day=31

month=4、6、9、11　　day=30

month=2　　day=28

为了能使 case 语句的数目较少，可以将 31 天的情况放在 default 部分执行。

程序实现：

```
#include <stdio.h>
int main()
{
    int month,day;
    printf("please input month:");
    scanf("%d",&month);
    switch(month)
    {
        case 4  :
        case 6  :
        case 9  :
        case 11 : day=30;break;
        case 2  : day=28;break;
        default : day=31;
    }
    printf("day=%d\n",day);
    return 0;
}
```

【运行结果】

```
please input month:7
day=31
```

（7）case 后面的常量表达式不能写成区间或逗号表达式，也不能写成关系表达式或者逻辑表达式。下面是比较常见的错误，平时要注意避免。

```
case 7~8 : day=30;break;
case 7,8 : day=30;break;
cash 90<score<=100 : ("grade is A\n" );break;
```

4.6 多重 if 结构和 switch 结构的比较

在很多需要使用多分支语句的地方，既可以使用多重 if 结构（if-else if-else 语句或 if 语句的嵌套），也可以使用 switch 结构。

【例 4.10】 使用 switch 语句，改写例 4.6 中的程序。

算法思路如下。

（1）输入整型变量 score 的值。

（2）令 s=score/10，根据 s 所匹配的常量值，将对应的等级输出。

s=1，2，3，4，5	E
s=6	D
s=7	C
s=8	B
s=9，10	A

程序实现：

```
#include <stdio.h>
int main()
{
   int score,s;
   printf(" score= ");
   scanf("%d",&score);
   s= score/10;
   if(s<0||s>10)
   {
       printf("wrong score!\n ");
   }
   else
   {
      switch(s)
      {
         case 10:
         case 9 : printf("grade is A\n " );break;
         case 8 : printf("grade is B\n " );break;
         case 7 : printf("grade is C\n " );break;
         case 6 : printf("grade is D\n " );break;
         default : printf("grade is E\n " );break;
      }
   }
   return 0;
}
```

例 4.10 中，s 和 score 都是整型变量，score/10 的值也是整数。这个操作将原本的 101 种分数等级（score：0~100）简化成了 11 种（s：0~10）。另外还加入了对不合法的分数的判断和处理，增加了程序的稳健性。

对比例 4.6 和例 4.10 可以看出，多分支结构的程序在很多情况下既可以使用多重 if 结构，也可以使用 switch 结构。从书写和阅读的角度看，switch 结构比多重 if 结构更为清晰、可读性更高；从使用的范围上看，多重 if 结构用途更广泛，例如判断条件可以是含浮点型数据的区间或者表达式。

4.7 条件运算符

条件运算符是 C 语言中唯一的三目运算符，它的形式为：

```
? :
```

条件表达式由条件运算符和 3 个表达式组成，条件表达式的一般形式为：

```
表达式 1?表达式 2:表达式 3
```

上述表达式的运算规则如下。

（1）如果表达式 1 的值为真（非 0），则计算表达式 2 的值（不计算表达式 3 的值），并将表达式 2 的值作为该条件表达式的结果。

（2）如果表达式 1 的值为假（0），则计算表达式 3 的值（不计算表达式 2 的值），并将表达式 3 的值作为该条件表达式的结果。

条件表达式有时可以替代 if-else 条件语句。例如，将 x、y 中的较大值存放在 z 中，可以使用如下 if-else 语句：

```
if(x<y)
{
    z=y;
}
else
{
    z=x;
}
```

也可以使用条件表达式语句达到相同的效果：

```
z = (x < y) ? y : x;
```

需要注意的几点如下。

（1）条件运算符的优先级比较低，几乎低于所有的运算符，仅高于赋值运算符。

因此“z = (x < y) ? y : x”也可以写成“z = x < y ? y : x”。

（2）条件运算符的结合律是从右向左。

因此“5>3 ? 1 : 4 ? 2 : 3”表达式等价于“5>3 ? 1 : (4 ? 2 : 3)”，该条件表达式的值为 1。

【例 4.11】 使用条件表达式改写例 4.2 的分段函数。

程序实现：

```
#include <stdio.h>
int main()
{
    float x,y;
    printf("please input x:\n");
    scanf("%f",&x);
    x<-3 ? y=1 : (x<=3 ? y=x*x+1 : y=x-1);
    printf("y=%f\n",y);
    return 0;
}
```

上面的例子中，条件表达式的各个表达式都是一个赋值表达式，它也可以写成：

```
y=x<-3 ? 1 : (x<=3 ? x*x+1 : x-1);
```

4.8 应用举例

【例 4.12】 某商场节假日商品打折，优惠政策如下。

① 购买商品价值低于 100 元不享受优惠。

② 购买商品价值高于 100 元但低于 300 元，享受九五折优惠。

③ 购买商品价值高于 300 元但低于 500 元，享受九折优惠。

④ 购买商品价值高于 500 元，享受八五折优惠。

要求：编写一个程序，利用键盘输入用户购买商品的总额，在输出窗口显示用户实际支付的金额。

该命题符合多条件多分支的选择结构，使用 if-else if-else 语句或者 if 语句的嵌套都可以实现。以 if-else if-else 结构为例。

程序实现：

```
#include <stdio.h>
int main( )
{
   double totalmoney=0;
   double paymoney=0;
   printf("请输入商品总额: ");
   scanf("%lf",&totalmoney);
   if(totalmoney<100&&totalmoney>=0)
   {
       paymoney=totalmoney;
   }
   else if(totalmoney<300&&totalmoney>=100)
       {
           paymoney=totalmoney*0.95;
       }
       else if(totalmoney<500&&totalmoney>=300)
             {
                paymoney=totalmoney*0.9;
             }
             else if(totalmoney>=500)
                   {
                      paymoney=totalmoney*0.85;
                   }
                   else paymoney=-1;
   if(paymoney==-1)
   {
       printf("输入的金额不正确\n");
   }
   else
   {
       printf("实际需支付商品金额为: %.2lf\n",paymoney);
   }
   return 0;
}
```

【运行结果】

```
请输入商品总额: 399
实际需支付商品金额为: 359.10
```

【例 4.13】 某次抽奖活动中，抽中一等奖的号码是 911，抽中二等奖的号码是 329、96，抽中三等奖的号码是 55、7、726。

要求：编写一个程序，根据用户输入的抽奖号码判断其是否为中奖号码，以及中奖的等级。

该命题符合多条件多分支的选择结构，即判断输入的号码是否等于一个整数，从而输出相应的等级，因此可以使用 switch 语句。

程序实现：

```
#include <stdio.h>
int main()
{
    int number;
    printf("请输入抽奖号码：");
    scanf("%d",&number);
    switch(number)
    {
        case 911 : printf("恭喜，号码%d 获得了一等奖\n",number);break;
        case 329 :
        case 96 : printf("恭喜，号码%d 获得了二等奖\n",number); break;
        case 55 :
        case 7 :
        case 726 : printf( "恭喜，号码%d 获得了三等奖\n",number); break;
        default : printf("抱歉，号码%d 未中奖\n",number);
    }
    return 0;
}
```

【运行结果】

```
请输入抽奖号码：726
恭喜，号码 726 获得了三等奖
```

4.9　本章小结

本章介绍了结构化程序设计中的选择结构以及相应的控制语句，主要讲解了选择结构相关的运算符与关系表达式、3 种 if 语句的形式及其执行过程、if 语句的嵌套、switch 语句实现多分支选择、选择结构程序举例。其中选择结构的运算符与关系表达式包括关系和逻辑两种运算符与表达式；3 种 if 语句分为单 if 语句、if-else 语句、if-else if-else。此外本章还介绍了条件运算符，对比了多重 if 结构和 switch 结构。本章的难点是选择结构的嵌套，需要在实践中多加练习。

与前面学过的顺序结构相比，选择结构中语句不是完全按照语句的顺序执行，而是根据条件来决定程序执行的走向。

其中，条件语句中的 if 语句用于单分支结构，if-else 语句用于双分支结构，if-else if-else 语句和 switch 语句用于多分支结构。此外还可以将这些语句嵌套使用，形成更为复杂的结构形式。

这一章中要特别注意以下几点。

（1）条件表达式通常是关系表达式和逻辑表达式，也可以是具有逻辑值的其他表达式。

（2）使用赋值表达式作为条件表达式时，注意不要混淆“=”和“==”。

（3）条件表达式的值：非 0 为真，0 为假。

（4）if 和 else 的配对原则：else 总是和它上面最近的一个未配对的 if 配对。

（5）switch 后面括号中的表达式应具有整数值，可以是整型、字符型的变量或表达式。

（6）case 后面必须是常量表达式，类型也只能是整型、字符型的常量。

（7）switch 语句中如果希望执行完相应的分支语句后立刻跳出 switch 结构，必须在各个分支最后加上一条 break 语句。

习题

一、选择题

1. 以下关于运算符优先级的描述，正确的是（　　）。

   A. !（逻辑非）>算术运算>关系运算>&&（逻辑与）>||（逻辑或）>赋值运算

   B. &&（逻辑与）>算术运算>关系运算>赋值运算

   C. 关系运算>算术运算>&&（逻辑与）>||（逻辑或）>赋值运算

   D. 赋值运算>算术运算>关系运算>&&（逻辑与）>||（逻辑或）

2. 逻辑运算符的运算对象的数据类型（　　）。

   A. 只能是 0 或 1　　　　B. 只能是 T 或 F

   C. 只能是整型或字符型　　　　D. 可以是任何类型的数据

3. 能正确表示 x 的取值范围在[0,100]和[-10,-5]内的表达式是（　　）。

   A. (x<=-10)||(x>=-5)&&(x<=0)||(x>=100)

   B. (x>=-10)&&(x<=-5)||(x>=0)&&(x<=100)

   C. (x>=-10)&&(x<=-5)&&(x>=0)&&(x<=100)

   D. (x<=-10)||(x>=-5)&&(x<=0)||(x>=100)

4. 判断字符型变量 ch 为大写字母的表达式是（　　）。

   A. 'A'<=ch<='Z'　　　　B. (ch>='A')&(ch<='Z')

   C. (ch>='A')&&(ch<='Z')　　　　D. (ch>='A')AND(ch<='Z')

5. 若有以下函数关系

   $x<0 \rightarrow y=2x$

   $x>0 \rightarrow y=x$

   $x=0 \rightarrow y=x+1$

下面程序段能正确表示以上关系的是（　　）。

A.
```
y=2*x;
if(x!=0)
if(x>0) y=x;
else y=x+1;
```
B.
```
y=2*x;
if(x<=0)
if(x==0) y=x+1;
else y=x;
```
C.
```
if(x>=0)
if(x>0)   y=x;
else y=x+1;
else y=2*x;
```
D.
```
y=x+1;
if(x<=0)
if(x<0) y=2*x;
else y=x;
```

6. 以下不正确的 if 语句形式是（　　）。

   A. if　(x > y &&　x != y) ;

   B. if　(x = = y) x + = y ;

   C. if　(x != y) {scanf ("%d", &x);　else　scanf ("%d", &y);}

   D. if　(x < y) { x++; y++;}

7. 若有定义 char　ch='z'，则执行下面语句后变量 ch 的值为（　　）。

```
ch=("A"<=ch&&ch<="Z")?(ch+32):ch
```

   A. A　　　　B. a　　　　C. Z　　　　D. z

8. 已知 int x=30,y=50,z=80;，以下语句执行后变量 x、y、z 的值分别为（　　）。

```
if (x>y||x<z&&y>z)   z=x; x=y; y=z;
```

A. x=50, y=80, z=80　　B. x=50, y=30, z=30

C. x=30, y=50, z=80　　D. x=80, y=30, z=50

9. 现有C语言中多分支选择结构语句如下：

```
switch (c)
{
    case 常量表达式1:语句1;
    …
    case 常量表达式n-1:语句n-1;
    default          语句n;
}
```

其中括号内表达式c的类型为（　　）。

A. 可以是任意类型　　B. 只能为整型

C. 可以是整型或字符型　　D. 可以为整型或浮点型

二、填空题

1. 在C语言中，对于if-else语句，else子句与if子句的配对原则是________________。

2. 在C语言中提供的条件运算符?:的功能是__________________________________。

3. 用C语言描述下列命题。

（1）a小于b或小于c：_____________________。

（2）a和b都大于c：_____________________。

（3）a或b中有一个小于c：_____________________。

（4）a是奇数：_____________________。

4. 以下两条if语句可合并成一条if语句，合并结果为_______________________________。

```
if(a<=b)
{
    x=1;
}
else
{
    y=2;
}
if(a>b)
{
    printf("* * * * y=%d\n",y);
}
else
{
printf("# # # # x=%d\n",x);
}
```

5. 设有程序片段如下：

```
switch(class)
{
    case  'A':printf("GREAT!\n");
    case  'B':printf("GOOD!\n");
    case  'C':printf("OK! \n");
    case  'D':printf("NO!\n");
    default:printf("ERROR!\n");
}
```

若class的值为'B'，则输出结果是________________。

6. 输入 3 个浮点数 a、b、c，按从大到小的顺序输出这 3 个数。将程序补充完整。

```
int main()
{ float a,b,c,t;
   scanf("%f,%f,%f",&a,&b,&c);
   if (a<b)
      {t=a; ________  b=t;}
   if(______)
      {t=a; a=c; c=t;}
   if(b<c)
      {______ b=c; c=t;}
   printf("%f,%f,%f",a,b,c);
   return 0;
}
```

7. 输入一个字符，如果是大写字母，则把其变成小写字母；如果是小写字母，则将其变成大写字母；如果是其他字符，则不变。将程序补充完整。

```
int main( )
{
   char  ch;
   scanf("%c",&ch);
   if (______________)    ch=ch+32;
   else if(ch>='a'&&ch<='z') ________;
   printf ( "%c\n",ch ) ;
return 0;
}
```

8. 下面程序的输出结果是________。

```
int main( )
{
int x=100, a=10, b=20, ok1=5, ok2=0;
if(a<b)
if(b!=15)
if(!ok1)
     x=1;
else if(ok2) x=10;
x=-1;
printf("%d\n",x);
return 0;
}
```

三、编程题

1. 编写一个程序，要求利用键盘输入 3 个数，让程序判断，若以这 3 个数为边，能否构成一个三角形。如果能，判断该三角形是否为直角三角形。

2. 输入圆的半径 r 和一个整数 k，当 k=1 时，计算圆的面积；当 k=2 时，计算圆的周长，当 k=3 时，既要求圆的周长，也要求出圆的面积。编程实现以上功能。

3. 有一函数，其函数关系如下，试编程求函数值。

$$y=\begin{cases} x^2 & (x<0) \\ -0.5x+10 & (0\leqslant x<10) \\ x-\sqrt{x} & (x\geqslant 10) \end{cases}$$

4. 编写一个程序，输入 a、b、c、d、e 等 5 个数，按从小到大的顺序将它们输出。

5. 编写一个程序，用户输入运算数 1、四则运算符和运算数 2，输出计算结果。例如，输入“4+3”，输出 7。

05

第5章 循环结构

学习目标

- 掌握3种循环结构的语句：while语句、do-while语句和for语句。
- 掌握跳转语句：break语句和continue语句。
- 掌握循环嵌套：循环嵌套的语句形式、执行过程、嵌套的原则。

现实世界中的许多问题都具有规律性，涉及重复操作，如击鼓传花游戏，大家坐成一个圈，鼓声响起的时候将花束按顺序交到下一个人的手里，依次向下传递，当鼓声突然中断时停止传花，花束落在谁的手里谁便成为输家。圈中的每个人都要重复完成相同的任务，即将花束按顺序交到下一个人手里。又如4×100米接力赛跑，第1个人跑完100米后将接力棒传给第2个人，第2个人再跑100米，然后是第3个人，直到第4个人跑完最后100米。这些实际问题都具有这样的共同点：重复完成相同的操作，同时又具有结束条件。相应的操作在计算机程序中就体现为某些语句的重复执行，也就构成了循环结构。

5.1 循环

循环结构是结构化程序设计采用的3种基本控制结构之一，它可以减少编写源程序代码的工作量，通过计算机的反复执行完成大量类似操作。循环结构具有3个基本要素，即循环控制变量、循环体和循环终止条件，通过不断改变循环控制变量的值使循环趋近于终止，而循环过程中反复执行的程序段即循环体。

C语言提供了while语句、do-while语句和for语句来实现循环结构，下面分别介绍这3种语句。

5.2 while语句

while语句的特点是：先判断表达式，后执行语句。一般形式为：

```
while(表达式)
{
   语句
}
```

1. while语句的要求

（1）while后面的括号()不能省略。

（2）while 后面的表达式可以是任意类型的表达式，一般为条件表达式或逻辑表达式，表达式的值是循环的控制条件。

（3）语句部分即循环体，当包含一条以上的语句时应以复合语句的形式出现。

在循环体中，若只有一条语句，花括号可以省略不写。但为保持良好的编程习惯，建议保留花括号，以增强程序的可读性。

2. while 语句的执行过程

当表达式的值为真（非 0）时，执行循环体内的语句，然后判断表达式的值，如果为真，再执行循环体内的语句，如此重复，当表达式的值为假（0）时结束循环。其流程如图 5.1 所示。

【例 5.1】 用 while 语句求幂值 2^{10}。

算法思路如下。

（1）求 2^{10} 即求 10 个 2 相乘的积，定义变量 t 存放累乘积，变量 i 控制幂指数。进行乘积运算时，一般要为存放累乘积的变量赋初值 1，因此 t 的初始值为 1。

（2）i 的初始值为 1，只要关系表达式 i<=10 的值为真，就重复执行循环体，将 2 累乘到 t 中，并使 i 自增 1。

（3）当 i 增至 11，11<=10 的值为假时，退出 while 循环。

（4）输出 t 的值。

用流程表示算法，如图 5.2 所示。

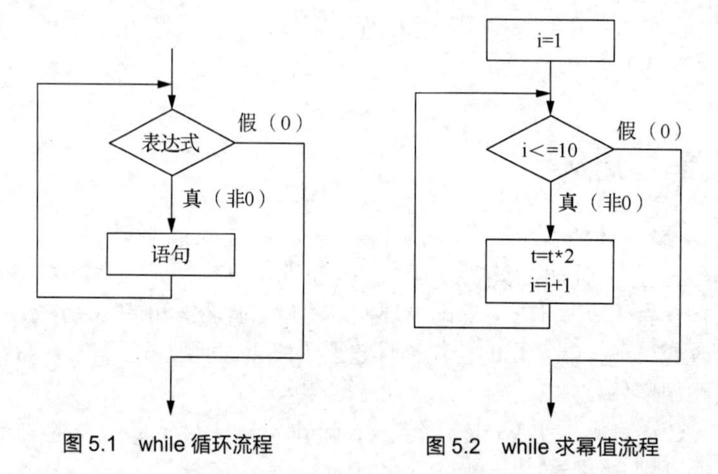

图 5.1 while 循环流程　　图 5.2 while 求幂值流程

程序实现：

```
#include <stdio.h>
int main()
{
    int i, t = 1;
    i = 1;
    while ( i <= 10 )
    {
        t = t*2;
        i++;
    }
    printf("t=%d\n", t);
    return 0;
}
```

【运行结果】

```
t=1024
```

【例 5.2】 用 while 语句分别求 100 以内的奇数之和、偶数之和。

算法思路如下。

（1）定义变量 k 为存储求和过程中的加数，s1 为偶数的和，s2 为奇数的和。进行求和运算时，一般将存放和的变量初始化为 0，因此 s1、s2 的初始值为 0。

（2）k 的初始值为 1，只要关系表达式 k<=100 的值为真，就重复执行循环体。

（3）在循环体中进行判断，若 k 为偶数，则累加到 s1 中，若 k 为奇数，则累加到 s2 中。

（4）当 k 增至 101，101<=100 的值为假时，退出 while 循环。

（5）输出 s1、s2 的值。

程序实现：

```
#include <stdio.h>
int main()
{
      int k = 1, s1 = 0, s2 = 0;
      while (k <= 100)
      {
           if ( k%2 = = 0 )  s1 += k;
           else   s2 += k;
           k++;
      }
      printf("偶数和为%d，奇数和为%d\n",s1,s2);
      retrun 0;
}
```

【运行结果】

```
偶数和为 2550，奇数和为 2500
```

3. while 语句需要注意的用法

（1）程序中需要利用一个变量控制 while 语句表达式的值，这个变量即循环控制变量。如例 5.1 中的 i，例 5.2 中的 k。开始循环前，必须给循环控制变量赋初值，否则使用系统赋予的初始值，会影响最终结果。例如，求 1+2+3+…+100 的值。程序实现：

```
int i, sum = 0;     //应赋 i 的初值为 1
while ( i <= 100 )
{
    sum = sum+i;
    i++;
}
printf("sum=%d\n",sum);
```

【运行结果】

```
sum=-773089064
```

（2）循环体中，必须有改变循环控制变量值的语句，即使循环趋向结束的语句。例如：

```
int a = 1, b = 2;
while (a > 0)  //a 的值始终未变，永远大于 0，此循环为死循环
{
    b++;
}
```

（3）循环体可以为空。例如：

```
while ( (c=getchar())!='\n' ) ;  //键盘输入字符，直至输入换行符停止
```

等价于：

```
c = getchar();
while (c !='\n')
{
    c = getchar();
}
```

5.3 do-while 语句

do-while 语句的特点是：先执行语句，后判断表达式。一般形式为：

```
do
{
    语句
}while(表达式);
```

1. do-while 语句的要求

（1）while 后面的括号( )不能省略。

（2）while 后面的分号;不能省略。

（3）while 后面的表达式可以是任意类型的表达式，一般为条件表达式或逻辑表达式，表达式的值是循环的控制条件。

（4）语句部分即循环体，当包含一条以上的语句时应以复合语句的形式出现。

2. do-while 语句的执行过程

先执行循环体一次，再判断表达式的值，如果为真（非 0），再执行循环体内，如此重复，直到表达式的值为假（0）时结束循环。其流程如图 5.3 所示。

【例 5.3】 用 do-while 语句求幂值 2^{10}。

算法思路如下。

（1）定义变量 t 存放累乘积，变量 i 控制幂指数，t 的初始值为 1，i 的初始值为 1。

（2）执行一次循环体，将第 1 个 2 累乘到 t 中，并使 i 的值自增 1，再判断关系表达式 i<=10 的值，为真，则继续执行循环体。

（3）重复执行循环体直到 i 增至 11，11<=10 的值为假时，退出 do-while 循环。

（4）输出 t 的值。

用流程表示算法，如图 5.4 所示。

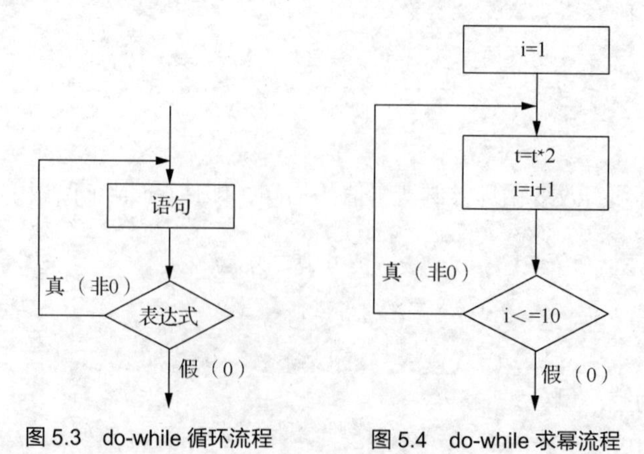

图 5.3 do-while 循环流程　　图 5.4 do-while 求幂流程

程序实现：

```
#include <stdio.h>
int main()
{
    int i, t = 1;
    i = 1;
    do
    {
        t = t*2;
        i++;
    } while ( i <= 10 );
    printf("t=%d\n", t);
    return 0;
}
```

【运行结果】

```
t=1024
```

3. do–while 语句需要注意的用法

（1）do-while 语句对于循环控制变量及循环体的相关约束均与 while 语句相同。但 while 语句中，表达式括号后一般不加分号，若加分号表示循环体为空，而 do-while 语句的表达式括号后必须加分号，否则将产生语法错误。

（2）do-while 和 while 语句一般可以相互转换，转换时可能需要修改循环控制条件。

【例 5.4】 比较以下 while 语句与 do-while 语句，如何修改 do-while 语句使得输出结果相同？

```
#include <stdio.h>
int main()
{
    int s = 0, n = 3;
    while (n--)
    {
      s++;
    }
    printf("s=%d\n",s);
    return 0;
}
```

```
#include <stdio.h>
int main()
{
    int s = 0, n = 3;
    do
    {
      s++;
    } while (n--);
    printf("s=%d\n",s);
    return 0;
}
```

算法思路如下。

这里作为循环控制条件的不是关系表达式，因此需要判断逻辑量 n 的值，非 0 则为真，0 则为假，判断结束再将 n 的值自减 1。

（1）while 语句中 n 从 3 递减至 1，即循环体执行 3 次，直至 n 为 0，结束循环，但注意 n 仍需再减 1，因此循环结束时 s=3，n= −1。

（2）do-while 语句中首先执行一次 s++，再判断 n 的值，循环体执行 4 次，结束循环。循环结束时 s=4，n= −1。

若要使 do-while 循环得到的 s 值与 while 循环的相同，需要通过修改循环控制条件，从而更改循环体的执行次数。这里可以将 do-while 语句的循环控制条件改为--n，每次判断循环控制条件是否成立时，总是先对 n 减 1，再判断 n 的值是否为 0，决定是否再次执行循环体。

5.4　for 语句

for 语句是 C 语言提供的功能更强、使用更广泛的一种循环语句。它的形式多样，用法更加灵活。

5.4.1 基本 for 语句

基本 for 语句的形式为：

```
for ( 表达式 1;表达式 2;表达式 3 )
{
    语句
}
```

1. 基本 for 语句的要求

（1）for 后面的括号( )不能省略。

（2）表达式 1 一般为赋值表达式，通常用来给循环控制变量赋初值，其后的分号;不能省略。

（3）表达式 2 一般为关系表达式或逻辑表达式，作为循环控制的条件，其后的分号;不能省略。

（4）表达式 3 一般为赋值表达式，通常用来修改循环控制变量的值，其后无分号。

（5）语句部分即循环体，当包含一条以上的语句时应以复合语句的形式出现。

2. 基本 for 语句的执行过程

先执行表达式 1，再判断表达式 2，若表达式 2 的值为真（非 0），执行循环体内的语句，接着执行表达式 3，再继续判断表达式 2，如此重复，直到表达式 2 的值为假（0）时结束循环。其流程如图 5.5 所示。

【例 5.5】 用 for 语句求幂值 2^{10}。

算法思路如下。

（1）定义变量 t 存放累乘积，变量 i 控制幂指数，t 的初始值为 1。

（2）i 的初始值为 1，只要关系表达式 i<=10 的值为真，就重复执行循环体，再执行表达式 3，即对 i 加 1。

（3）当 i 增至 11，11<=10 的值为假时，退出 for 循环。

（4）输出 t 的值。

用流程表示算法，如图 5.6 所示。

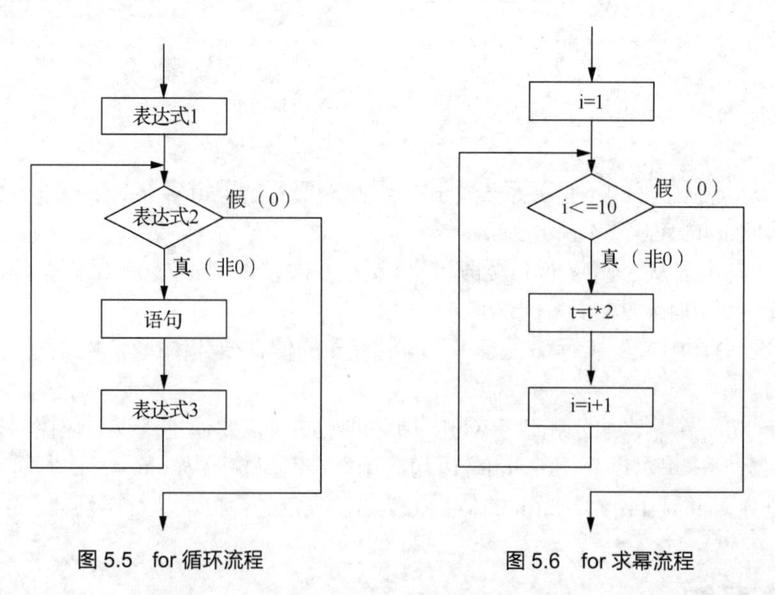

图 5.5 for 循环流程　　图 5.6 for 求幂流程

程序实现：

```
#include <stdio.h>
int main()
```

```
{
    int i, t = 1;
    for ( i = 1; i <= 10; i++ )
    {
        t = t*2;
    }
    printf("t=%d\n", t) ;
    return 0;
}
```

【运行结果】

```
t=1024
```

3. 基本 for 语句需要注意的用法

（1）表达式 1 在进入循环之前求解，通常用来对循环控制变量进行初始化。从流程中可以看出，表达式 1 仅执行 1 次。

（2）表达式 3 可以看成循环体的一部分，因为每次执行完循环体必然要执行一次表达式 3。

（3）表达式 1 和表达式 3 可以是一个简单表达式也可以是逗号表达式。例如:

```
for ( sum=0, i=1; i<=100; i++ )
{
    sum = sum+i;
}
```

或

```
for ( i=0,j=100; i<=100; i++,j-- )
{
        k = i+j;
}
```

（4）表达式 2 一般是关系表达式或逻辑表达式，也可以是数值表达式或字符表达式，只要其值不等于 0 就执行循环体。例如:

```
s = 0;
for ( k=1; k-4; k++ )
{
    s = s+k;
}
```

仅当 k 的值等于 4 时终止循环，k-4 是数值表达式。

5.4.2　各种特殊形式的 for 语句

可以对基本 for 语句进行一些变形，产生各种特殊形式，而每种特殊形式在使用时都有需要注意的用法。

（1）表达式 1 可以移到 for 语句的前面。

```
表达式 1;
for ( ; 表达式 2; 表达式 3 )
{
    语句
}
```

表达式 1 省略时，其后的分号;不能省略，并须在 for 语句前给循环变量赋初值。例如，求 1+2+3+…+100 的和。

```
int i, sum = 0;
i = 1;    //在 for 语句前对循环控制变量赋初值
for ( ; i<=100; i++ )
```

```
{
  sum = sum+i;
}
```

（2）表达式 2 为空。

```
for ( 表达式1; ; 表达式3 )
{
    语句
}
```

表达式 2 为空，但其后分号;不能省略。相当于表达式 2 的值永远为真，即死循环。例如，下面的循环是死循环。

```
for ( a=1; ; a++ )
{
    printf("%d\n",a);
}
```

相当于

```
a=1;
while(1)
{    printf("%d\n",a); a++;
}
```

死循环中，若要结束循环，需要在循环体中引入 break 语句，这将在 5.6 节进行介绍。

（3）表达式 3 可以移到内嵌语句中。

```
for ( 表达式1; 表达式2; )
{
    语句
    表达式3;
}
```

表达式 3 省略时，循环体内应有使循环控制条件改变的语句。例如：

```
for ( k=1; k<=3; )
{
    s = s+k;
    k++;    //k 不断增 1 才能使循环趋近结束
}
```

（4）同时省略表达式 1 和表达式 3，只有表达式 2，相当于 while 语句。

```
for ( ; 表达式2; )
{
    语句
}
```

例如：

```
k = 1;
for ( ;k<=3; )
{
    s = s+k;
    k++;
}
```

相当于

```
k = 1;
while ( k<=3 )
{
    s = s+k;
    k++;
}
```

【例 5.6】 读程序，判断程序的功能。

程序实现：

```
#include <stdio.h>
int main()
{
   char c;
   for ( ; (c=getchar())!='\n'; )
```

```
    {
      putchar(c);
    }
    putchar('\n');
    return 0;
}
```

算法思路如下。

程序中 for 语句省略了表达式 1 和表达式 3，相当于执行一个 while 语句。只要读入的字符不为换行符就输出，直到输入换行符才结束循环。若输入“OK!”，会输出“OK!”。

【运行结果】

```
OK!
OK!
```

注意

getchar()仅当遇到换行符时才开始执行，从键盘缓冲区中取字符。因此屏幕上并非显示“OOKK!!”。

5.5　3 种循环语句的比较

while 语句、do-while 语句和 for 语句都可以用来处理同一问题，一般情况下，它们可以互相代替。其中，while 语句与 do-while 语句的使用更为相似，但相互代替时需注意对循环控制条件的修改。相比较而言，for 语句的功能更强，凡是能用 while 语句完成的，用 for 语句都能实现。下面分别从 3 个方面讨论三者的联系与区别。

1. 循环控制变量及循环控制条件

（1）循环控制变量的初始化

在 while 语句和 do-while 语句中，循环控制变量的初始化应放在循环前进行，而 for 语句可放在循环前，也可作为表达式 1 的一部分。

（2）循环控制变量的修改

在 while 语句和 do-while 语句中，为了使循环能正常结束，应在循环体内包含使循环趋于结束的语句（如 i++等）。for 语句可以在表达式 3 中包含使循环趋于结束的操作，也可以将循环体中的操作全部放在表达式 3 中，同理，也可将表达式 3 中的语句移至内嵌循环体中。

（3）循环控制条件

在 while 语句和 do-while 语句中，循环控制条件都在 while 后的括号内指定，而 for 语句的循环控制条件通常在表达式 2 中指定。

2. 循环体的执行

while 语句先判断条件再执行循环体，因此有可能循环体一次都不执行。而 do-while 语句先执行循环体再判断条件，循环体至少执行一次。例如：

```
int a = 2, s = 0;
while (a>5)
{
    s++;
}
```

本例中 a 的初始值为 2<5，因此条件不成立，循环体一次都不执行。

3. 循环的跳转

在 while 语句、do-while 语句和 for 语句中，都可以使用 break 语句跳出循环，用 continue 语句结束本次循环。通过这两条语句，可以灵活地控制循环的结束时刻，更好地满足程序设计人员的需要。

5.6 break 语句

在选择结构程序设计中，我们学习了 switch 语句，通过 break 语句可以使流程跳出 switch 语句，继续执行 switch 语句后面的语句。实际上，break 语句还可以用于循环结构，即提前结束循环，接着执行循环语句后的第一条语句。break 语句的一般形式为：

```
break;
```

break 语句对循环执行的影响如图 5.7 所示。

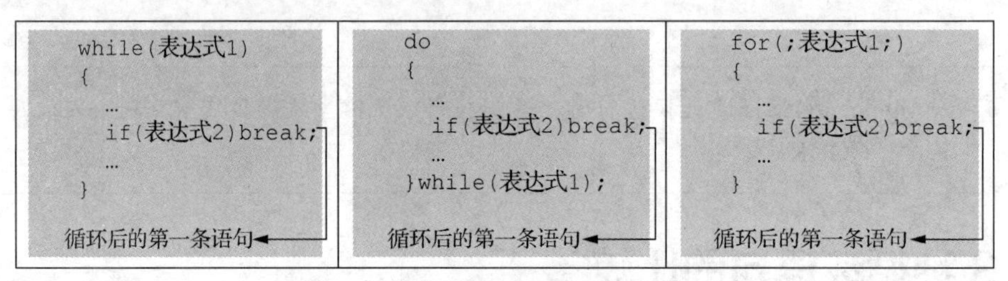

图 5.7 break 语句对循环执行的影响

【例 5.7】 对所有输入的字符进行计数，直到输入的字符为换行符为止。

算法思路如下。

（1）定义字符变量 c 用于存放输入的字符，变量 i 进行计数，i 的初始值为 0。

（2）循环控制条件设置为永远为真（非 0），保证可以不断输入字符。

（3）在循环体中输入一个字符，即进行判断，若不为换行符，则计数器加 1，重复执行循环体。若为换行符，则立即结束循环，因此，通过 break 语句来进行控制。

（4）输出 i 的值。

程序实现：

```
#include <stdio.h>
int main()
{
     char c;
     int i = 0;
     while (1)
     {
       c = getchar();
       if ( c=='\n' )   break;
       else  i++;
     }
     printf("字符数为%d\n",i);
     return 0;
}
```

【运行结果】

```
abcd
字符数为 4
```

在使用 break 语句时，需要注意的用法如下。

（1）break 语句只能用于 while、do-while 或 for 语句构成的循环结构中，以及 switch 结构中。

（2）在嵌套循环中，使用 break 语句只能跳出包含它的最近一层循环。（嵌套循环将在 5.8 节进行介绍）

5.7 continue 语句

不同于 break 语句，continue 语句能在满足某种条件下，不执行循环体中的剩余语句而重新开始新一轮循环；while 和 do-while 语句则可直接判断条件决定是否继续循环；而 for 语句若表达式 3 不为空，则先执行表达式 3 再判断循环控制条件是否成立决定是否继续循环。continue 语句的一般形式为：

```
continue;
```

continue 语句对循环执行的影响如图 5.8 所示。

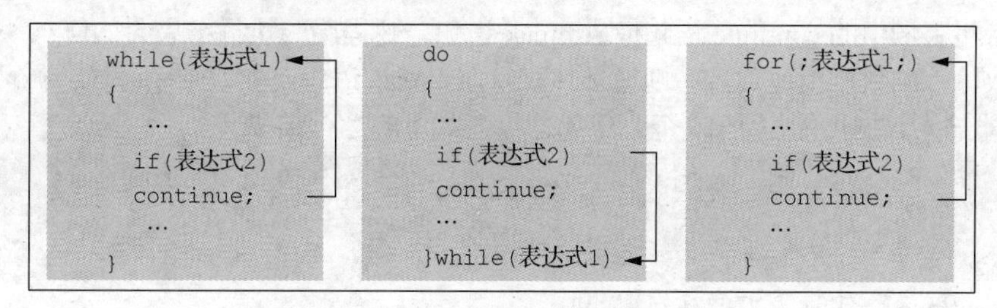

图 5.8　continue 语句对循环执行的影响

【例 5.8】 输入 10 个整数，求其中正整数的个数及平均值，平均值精确到小数点后两位。

算法思路如下。

（1）定义整型变量 count 用来计数，sum 用来存放累加和，i 用来控制输入数据的个数，j 用来存储输入的数据。其中 count 和 sum 的初始值为 0，i 的初始值为 1。

（2）若判断条件 i<=10 成立，进入循环体，输入数据给 j。若 j 为正整数，继续执行循环体；若 j 不为正整数，则结束本次循环，忽略循环体的剩余语句，进入下一次循环。

（3）重复执行循环体直到 i= 11，11>10 时，结束循环。

（4）若计数器 count 不为 0，则输出整数的个数及平均值；若为 0，则输出“输入数据中无正整数”。

程序实现：

```
#include <stdio.h>
int main()
{
  int i, count = 0, j, sum = 0;
  for ( i=1; i<=10; i++)
  {
       printf ("请输入第%d 个数据:",i);
       scanf ("%d", &j);
       if (j<=0)  continue;
       count ++;
       sum += j;
  }
  if ( count )
        printf("正整数的个数:%d,平均值:%.2f\n",count, 1.0*sum/count);
  else  printf("输入数据中无正整数\n");
  return 0;
}
```

【运行结果】

```
请输入第 1 个数据:-2
请输入第 2 个数据:8
```

```
请输入第 1 个数据:-1
请输入第 2 个数据:-2
```

```
请输入第 3 个数据:-53
请输入第 4 个数据:78
请输入第 5 个数据:96
请输入第 6 个数据:23
请输入第 7 个数据:-97
请输入第 8 个数据:-58
请输入第 9 个数据:73
请输入第 10 个数据:88
正整数的个数:6,平均值:61.00
```

```
请输入第 3 个数据:-3
请输入第 4 个数据:-4
请输入第 5 个数据:-5
请输入第 6 个数据:-6
请输入第 7 个数据:-7
请输入第 8 个数据:-8
请输入第 9 个数据:-9
请输入第 10 个数据:-10
输入数据中无正整数
```

思考：若将上例中的 continue 语句换成 break 语句，则程序的执行结果会如何？

若第一次输入的数据出现负数，则循环体执行至 break 语句便立即结束循环，循环结束时 i 可能小于 10，即输入数据可能少于 10 个。例如，可得如下的运行结果：

```
请输入第 1 个数据:10
请输入第 2 个数据:-1
正整数的个数:1,平均值:10.00
```

在使用 continue 语句时，需要注意以下用法。

（1）continue 语句只能用于由 while、do-while 或 for 语句构成的循环结构中。

（2）在嵌套循环中，使用 continue 语句只能对包含它的最近一层循环起作用。

5.8 嵌套循环

一个循环体内包含另一个完整的循环结构，称为嵌套循环。内嵌的循环体中又可以嵌套循环，从而构成多重循环。例如，仅有一层的循环为一重循环，在循环体内还包含一层循环的为二重循环，以此类推。3 种循环可以嵌套自身，也可以互相嵌套，如以下均为二重循环的几种合法形式。

```
while ( )
{   …
    while ( )
    { … }
    …
}
```

```
do
{   …
    do
    { … } while ( );
    …
} while ( );
```

```
for ( ;  ; )
{   …
    for ( ;  ; )
    { … }
    …
}
```

```
do
{   …
    while ( )
    { … }
    …
} while ( );
```

```
while ( )
{   …
    do
    { … } while ( );
    …
}
```

```
for ( ;  ; )
{   …
    while( )
    { … }
    …
}
```

【例 5.9】 输出如下 5 行 8 列的矩形星号图形。

```
********
********
********
********
********
```

算法思路如下。

该图形具有以下特点：图形每行的起始位置相同且每行的字符数相同。对于 8 个星号可以用语句 printf("********");实现，因此只需定义整型变量 row 控制输出的行数，通过一重循环实现。循环体中除了输出星号外，还需要控制换行。

程序实现：

```
#include <stdio.h>
int main()
{
    int row;
    for ( row=1; row<=5; row++ )
    {
        printf("********");
        printf("\n");
    }
    return 0;
}
```

由于每行涉及的星号个数较少，因此通过一重循环，直接输出比较简单。若每行星号个数较多，显然上述方法不太可取。下面换另一种思路。

每行 8 个星号，可以看成是重复输出了 8 次一个星号，因此上例中的 printf("********")；可以用一个一重循环来实现，定义整型变量 col 控制每行输出星号的个数，即正在输出的星号所在的列。上例可转换为以下的二重循环来实现：

```
#include <stdio.h>
int main()
{
  int row, col;
  for ( row=1; row<=5; row++ )
  {
      for ( col=1; col<=8; col++ )
      {
         printf("*");
      }
      printf("\n");
  }
  return 0;
}
```

【例 5.10】 输出如下 5 行 8 列的平行四边形星号图形。

```
    ********
   ********
  ********
 ********
********
```

算法思路如下。

该图形具有以下特点：每行的起始位置不同，但每行的星号数相同。因此必须先找到每行星号前空格数的变化规律。

第 1 行　　4 个空格
第 2 行　　3 个空格
第 3 行　　2 个空格
第 4 行　　1 个空格
第 5 行　　0 个空格

可见，存在这样的规律：行数+相应的空格数=5。若仍用 row 控制行数，则第 row 行星号前有(5－row)个空格，这是一个变化的数据，因此利用一个一重循环实现空格的输出。每次输出一个空格，循环(5－row)次即输出(5－row)个空格，同样可定义 col 控制每行输出空格的个数。图形中每行的输出可分成 3 部分：空格、星号以及换行。星号和换行可采用前面的方法实现。

程序实现：

```
#include <stdio.h>
int main()
{
    int row, col;
    for ( row=1; row<=5; row++ )
    {
      for (col=1; col<=5-row; col++ )
      {
        printf(" ");     // 输出一个空格
      }
      printf("********");
      printf("\n");
    }
    return 0;
 }
```

在使用嵌套循环时，还需要注意以下几点。

1. 正确确定循环体

循环体是循环中重复执行的程序段，对于嵌套循环尤其需要正确确定循环体。一般情况下，通过一对花括号将循环体括起来，从而保证逻辑上的正确性。若未使用花括号，循环体即紧跟其后的完整语句。例如：

```
int i, j = 0, sum = 0;
for ( i=1; i<=10; i++ )
      if ( i%2 = =0 )  j++;
      sum = sum+i;
```

虽然在书写格式上 sum=sum+i;与上一行的 if 语句缩进位置相同，但需要注意，此时的循环体是 if (i%2= =0)　j++;，嵌套循环中也采用同样的方法来处理。

2. 嵌套的循环控制变量不宜相同

从例 5.10 中可以看出，外层循环使用循环控制变量 row，内层循环使用循环控制变量 col。如果两者相同，循环会出现混乱的状况。如输出矩形星号图形时采用如下程序段：

```
for ( row=1; row<=5; row++ )
{
     for ( row=1; row<=8; row++ )
     {
         printf("*");
     }
     printf("\n");
 }
```

（1）外层循环 row=1 时，满足 1≤5 进入循环体。

（2）在内层循环中，row 从 1 循环到 8，输出 8 个星号，结束内循环时 row 为 9，再换行结束第一次的外层循环。

（3）此时 row 再增 1 为 10，10>5，因此结束外层循环。

从分析中可知，最后得到的图形为一行的 8 个星号，不满足题目要求。

3. 内循环变化快，外循环变化慢

可以根据循环中循环控制变量的变化规律确定内循环及外循环，遵循“内循环变化快，外循环变化慢”的规律。例如：

```
for ( i=1; i<=3; i++ )
{
      for ( j=1; j<=i; j++ )
      {
          printf("%d+%d=%2d  ", i, j, i+j );
      }
      printf("\n");
 }
```

上述二重循环的执行过程如表 5.1 所示。

表 5.1　二重循环的执行过程

<table>
<tr><th>外循环控制变量</th><th>外循环控制条件</th><th>内循环控制变量</th><th>内循环控制条件</th><th>内循环循环体</th></tr>
<tr><td rowspan="2">i=1</td><td rowspan="2">1≤3</td><td>j=1</td><td>1≤1</td><td>输出 1+1=2</td></tr>
<tr><td>j=2</td><td>2≤1</td><td>结束内循环</td></tr>
<tr><td rowspan="3">i=2</td><td rowspan="3">2≤3</td><td>j=1</td><td>1≤2</td><td>输出 2+1=3</td></tr>
<tr><td>j=2</td><td>2≤2</td><td>输出 2+2=4</td></tr>
<tr><td>j=3</td><td>3≤2</td><td>结束内循环</td></tr>
<tr><td rowspan="4">i=3</td><td rowspan="4">3≤3</td><td>j=1</td><td>1≤3</td><td>输出 3+1=4</td></tr>
<tr><td>j=2</td><td>2≤3</td><td>输出 3+2=5</td></tr>
<tr><td>j=3</td><td>3≤3</td><td>输出 3+3=6</td></tr>
<tr><td>j=4</td><td>4≤3</td><td>结束内循环</td></tr>
<tr><td>i=4</td><td>4≤3</td><td colspan="3">结束外循环</td></tr>
</table>

可见，内循环的循环控制变量 j 比外循环的循环控制变量 i 的变化快。在循环问题的处理过程中，通过总结出变量之间的变化关系可以确定内、外循环控制变量。

4. 循环控制变量常与求解的问题挂钩

在输出星号的问题中，循环控制变量 row 可以表示求解问题的行，col 可以表示求解问题的列，从命名上就能体现循环的执行过程。

5.9　应用举例

【例 5.11】 编程实现：统计全班某门功课期末考试的平均分和最高分。（设全班人数为 10）

算法思路如下。

要求解平均分，需先将 10 位同学的总分求出。而对于最高分，可以设定某个变量为当前最高分，依次与 10 个成绩进行比较替换以得到。

（1）定义整型变量 score 存储某个学生的成绩，整型变量 max 存储当前最高分，浮点型变量 sum 存储成绩的总和，其中 max 和 sum 的初始值为 0。

（2）定义循环控制变量 i 控制人数，每次输入一个新成绩即进行累加并与当前最高分 max 比较，若 max 小于新的成绩，则更改 max 为新的成绩。循环 10 次即可。

程序实现：

```
#include <stdio.h>
int main()
{
```

```
    int i = 1, score, max = 0;  float sum = 0;
    while ( i<=10 )
    {
     printf("请输入第%d 位同学的成绩:",i);
     scanf("%d",&score);
     sum = sum + score;
     if ( max<=score )  max = score;
     i++;
    }
    printf("平均分为%.1f，最高分为%d\n", sum/10, max);
   return 0;
}
```

【运行结果】

```
请输入第 1 位同学的成绩:70
请输入第 2 位同学的成绩:80
请输入第 3 位同学的成绩:96
请输入第 4 位同学的成绩:56
请输入第 5 位同学的成绩:84
请输入第 6 位同学的成绩:78
请输入第 7 位同学的成绩:65
请输入第 8 位同学的成绩:51
请输入第 9 位同学的成绩:74
请输入第 10 位同学的成绩:63
平均分为 71.7，最高分为 96
```

【例 5.12】 试找出满足下列条件的所有两位数。

（1）其十位数不大于 2。

（2）将个位与十位对换，得到的两位数是原两位数的两倍以上。

算法思路如下。

根据题意，十位数可取 1 或 2，个位数可取 2～9。因此，题目转换为依次判断 12～19、22～29 是否为满足条件的两位数。由变化可知此题用二重循环来进行，个位数变化快于十位数，所以外循环控制十位数，内循环控制个位数。

（1）定义 i 为十位数的取值，j 为个位数的取值，i 从 1 变化到 2，j 从 2 变化到 9。

（2）形成的原两位数即 10*i+j，新两位数为 10*j+i。通过循环依次判断形成的新两位数是否为原两位数的两倍以上，若满足即输出。

程序实现：

```
#include <stdio.h>
int main()
{
  int i, j, n, m;
  for ( i=1; i<=2; ++i )
  {
       for ( j=2; j<=9; ++j )
       {
           n = 10*i+j;
           m = 10*j+i;
           if  (m>=2*n && m<3*n )  printf("%d  ",n);
       }
  }
  printf("\n");
```

```
    return 0;
}
```

【运行结果】

```
13  14  25  26  27  28
```

在程序中，如果需要重复执行某些操作，即需要用到循环结构。比较循环结构和选择结构，虽然两者都用到了条件判断，但条件判断后执行的操作不同，选择结构中的语句只执行一次，而循环结构中的语句可以重复执行多次。

5.10　本章小结

本章主要讨论了循环结构程序设计的有关方法，重点介绍了 3 种重要的循环控制语句：while 语句、do-while 语句及 for 语句。这 3 种语句可以相互转换。它们不但可以单独使用，还可以互相嵌套。设计过程中，不论使用哪种语句，实现的要点在于以下两点。

（1）重复执行的操作——循环体。

（2）重复执行的条件——循环控制条件。

除了通过循环控制条件决定循环的执行次数，本章还介绍了两个用于流程控制的语句——break 语句和 continue 语句。其中，break 语句可以立即结束循环，continue 语句用于结束本次循环，继续执行下次循环。

习题

一、选择题

1. 以下叙述正确的是（　　）。

   A. do-while 语句构成的循环不能用其他语句构成的循环来代替

   B. do-while 语句构成的循环只能用 break 语句退出

   C. do-while 语句构成的循环，在 while 后的表达式为非 0 时结束循环

   D. do-while 语句构成的循环，在 while 后的表达式为 0 时结束循环

2. 循环语句中的 for 语句，其一般形式如下：

```
for(表达式 1;表达式 2;表达式 3)
    语句
```

其中表示循环控制条件的是（　　）。

   A. 表达式 1　　B. 表达式 2　　C. 表达式 3　　D. 语句

3. 设 int a,b;，则执行以下语句后，b 的值为（　　）。

```
a = 1;  b = 10;
do
{    b-=a;
     a++;
}while (b--<0);
```

   A. 9　　B. −2　　C. −1　　D. 8

4. 执行语句 for (i=1;i++<4;); 后，变量 i 的值是（　　）。

   A. 3　　B. 4　　C. 5　　D. 不定值

5. 程序段如下：

```
int k=-20;
while(k=0)  k=k+1;
```

则以下说法正确的是（　　）。

A. while 循环执行 20 次　　B. 循环是无限循环
C. 循环体语句一次也不执行　　D. 循环体语句执行一次

6. 以下循环体的执行次数是（　　）。

```
#include <stdio.h>
void main()
{  int i, j;
   for (i=0,j=1; i<=j+1; i+=2, j--)
       printf ("%d\n", i);
}
```

A. 3　　B. 2　　C. 1　　D. 0

7. 有如下程序段，该程序段的输出结果是（　　）。

```
#include <stdio.h>
void main( )
{  int n=9;
   while (n>6)
   {         n--;
             printf("%d",n);
   }
 }
```

A. 987　　B. 876　　C. 8765　　D. 9876

8. 以下程序的输出结果是（　　）。

```
#include <stdio.h>
void main( )
{  int i;
   for (i=1;i<6;i++)
   {   if (i%2)  { printf("#");continue;}
       printf("*");
   }
   printf("\n");
}
```

A. #*#*#　　B. #####　　C. *****　　D. *#*#*

9. 以下能正确计算 1×2×3×…×10 的程序段是（　　）。

A. do {i=1;s=1; s=s*i;　i++; }　while(i<=10);
B. do {i=1;s=0; s=s*i;　i++; }　while(i<=10);
C. i=1;s=1; do {s=s*i;　i++; }　while(i<=10);
D. i=1;s=0; do {s=s*i;　i++; }　while(i<=10);

10. 运行以下程序后，如果利用键盘输入 china#，则输出结果为（　　）。

```
#include <stdio.h>
void main( )
{  int v1=0,v2=0;  char ch ;
   while ((ch=getchar())!='#')
   switch (ch )
   {  case 'a':
      case 'h':
      default:  v1++;
      case '0':  v2++;
   }
   printf("%d,%d\n",v1,v2);
}
```

A. 2,0　　B. 5,0　　C. 5,5　　D. 2,5

二、填空题

1. C语言中用于实现循环结构的控制语句有________语句、________语句和________语句。

2. while语句的特点是________________，do-while语句的特点是________________。

3. break 语句在循环体中的作用是________________，continue 语句在循环体中的作用是________________。

4. 设i、j、k均为int型变量，则执行完下面的for循环后，i的值为________，j的值为________，k 的值为________。

```
for (i=0, j=10; i<=j; i++,j--)  k=i+j;
```

5. 若输入字符串abcde<回车>，则以下while循环体将执行________次。

```
while((ch=getchar())=='e') printf("*");
```

6. break语句只能用于________语句和________语句中。

7. 循环嵌套是指____。

8. 要使以下程序段输出10个整数，请填入一个整数：

```
for(i=0;i<=______;printf("%d\n",i+=2));
```

9. 下面程序的输出结果是________。

```
#include <stdio.h>
void main()
{    int n=0;
     while (n++<=1);
     printf("%d,",n);
     printf("%d\n",n);
}
```

10. 下面程序的输出结果是________。

```
#include <stdio.h>
void main()
{    int s,i;
     for (s=0,i=1; i<3; i++,s+=i);
     printf("%d\n",s);
}
```

11. 下面程序运行结果是________。

```
#include <stdio.h>
void main( )
{    int i,j;
     for(i=4;i>=1;i--)
     {    printf("*");
          for(j=1;j<=4-i;j++)
               printf("*");
          printf("\n");
     }
}
```

12. 下面程序的输出结果是________。

```
#include <stdio.h>
void main( )
{    int i=10,j=0;
     do
     {    j=j+i; i--;
     }while(i>2);
     printf("%d\n",j);
}
```

13. 以下程序的功能是：利用键盘输入若干个学生的成绩，统计并输出最高成绩和最低成绩，当输入负数时结束输入。请将程序补充完整。

```
#include <stdio.h>
void main( )
{    float x,amax,amin;
     scanf("%f",&x);
     amax=x;
     amin=x;
     while(_______)
     {    if(x>amax)    amax=x;
          if(_______)   amin=x;
          scanf("%f",&x);
     }
     printf("\namax=%f\namin=%f\n",amax,amin);
}
```

14. 下面程序可求出 1～1000 的自然数中的所有完全数（因子和等于该数本身的数）。请将程序补充完整。

```
#include <stdio.h>
void main( )
{    int m, n, s;
     for(m=2;m<1000;m++)
     {    _______
          for(n=1;n<=m/2;n++)
          if(_______)         s+=n;
          if(_______)         printf("%d\n", m);
     }
}
```

三、编程题

1. 编程实现：按如下形式输出九九乘法口诀表。

```
1*1=1
2*1=2   2*2=4
3*1=3   3*2=6    3*3=9
…
9*1=9   9*2=18   9*3=27 …     9*9=81
```

2. 编程计算 1!+2!+3!+…+10!的值。

3. 编写程序，求 1-3+5-7+…-99+101 的值。

4. 一个数如果恰好等于它的因子之和（除自身外），则称该数为完全数，例如 6=1+2+3，6 就是完全数，请编写程序，求出 1000 以内的整数中的所有完全数。

5. 编程输出如下的图案。

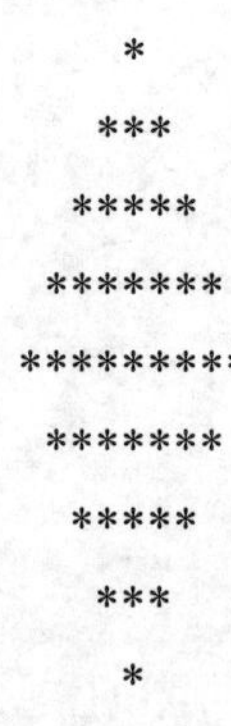

06 第6章　数组

学习目标

- 掌握一维、二维数组的定义、初始化和引用。
- 了解多维数组的定义。
- 掌握字符数组的使用方法。
- 了解字符串处理函数。

本章将介绍一维数组、二维数组和字符数组的定义及使用。通过对本章的学习，读者可以掌握数组的基本概念，一维数组、二维数组的定义和引用；字符数组的定义、引用及处理字符串的常用函数的使用方法。

下面先简单介绍几个基本概念。

（1）数组（Array）：若干个具有相同数据类型的数据的有序集合。

（2）数组元素（Element）：数组中的元素。数组中的每一个数组元素都具有相同的名称和不同的下标，可以作为单个变量使用，所以也称为下标变量。在定义一个数组后，系统在内存中使用一片连续的空间依次存放数组的各个元素。

（3）数组的下标（Index）：数组元素位置的索引或指示。

（4）数组的维数（Dimension）：数组元素下标的个数。根据数组的维数可以将数组分为一维、二维、多维数组，本章主要介绍一维数组和二维数组。

引例：求班级中20个学生的平均成绩和高于平均成绩的人数。

若使用简单变量和循环结构，求平均成绩的程序如下：

```
#include <stdio.h>
int main( )
{
    int mark,k;
    float aver;
    aver=0;
    for(k=1; k<=20; k++)
    {
        printf("输入第%d位学生成绩",k);
        scanf("%d",&mark);
        aver+=mark;
    }
    aver=aver/20;
    printf("平均成绩：%f\n",aver);
    return 0;
}
```

要统计高于平均成绩的人数，此程序无法实现。因为存放成绩的变量mark只能存放一个成绩，输入下一个学生的成绩后，上一个学生的成绩就不存在了，也就不可能与平均成绩比较。要解决这个问题，只能再接着编写程序，重新输入 20 个成绩，这就造成大量重复输入且容易出错。当然定义 20 个不同的变量也不是解决问题的好办法。需要引入一种新的数据结构来存放 20 个数据，这种结构就是数组。数组就是存放相关数据的集合。上述问题用数组就很容易解决，程序如下：

```
#include <stdio.h>
int main( )
{
    int mark[20],k,t=0;             // 定义有 20 个元素的数组 mark
    float aver=0;
    for(k=0; k<20; k++)
    {
         printf("输入第%d 位学生成绩",k+1);
         scanf("%d",&mark[k]);
         aver+=mark[k];
    }
    aver=aver/20;
    for(k=0; k<20; k++)
       if(mark[k]>=aver)            // 让每个成绩与平均成绩比较
           t++ ;
    printf("平均成绩: %f\n",aver);
    printf("高于平均成绩的人数: %d\n",t);
    return 0;
}
```

其中，mark[0]、mark[1]、……、mark[19] 分别表示第 1 个、第 2 个、……、第 20 个学生的成绩。

整型、字符型、浮点型数据类型都是基本数据类型，即它们是不可再分的类型。C 语言还允许将多个数据甚至多种类型的数据组织在一起，用一个名字来代表它们。这个名字就是基本类型或者组合类型的组合，称为构造数据类型。构造数据类型主要有数组类型、结构体类型、共用体类型等。构造数据类型是由基本数据类型的数据按照一定的规则组成的，所以又称为“导出类型”。

单个变量一次只能存放一个数据值。当程序中要处理一组相同类型、彼此相关的一组数据时，就需要使用数组这种数据结构来处理。所谓数组，就是相同数据类型的元素按一定顺序排列的集合，把若干类型相同的变量用一个名字命名，然后用编号区分它们的集合。

6.1 一维数组

一维数组就是具有一个下标的数组。一维数组中的各个数组元素是占用连续内存空间的一组下标变量，用一个统一的数组名来标识，数组元素用一个下标来指示其在数组中的位置。一维数组通常用一重循环来对数组元素进行处理。

6.1.1 一维数组的定义

定义一个数组要有 3 个要素：类型、名称与大小。语法格式为：

```
数据类型  数组名 [常量表达式];
```

其中，“数据类型”确定了该数组元素的类型，可以是一种基本数据类型，也可以是定义的某种数据类型。“数组名”是一个标识符，作为数组变量的名称，按标识符规则命名，但不能与其他变量重名。方括号中的“常量表达式”必须是一个正整数数据，其值为元素的个数，即数组的大小或长度。注意这里的方括号[]表示数组，而不是表示可省略内容。例如，下面程序定义了 3 个不同类型的数组：

```
int a[5];                          //定义一个 int 型数组 a
float b[20];                       //定义一个 float 型数组 b
double c[5];                       //定义一个 double 型数组 c
```

如果一个数组有 n 个元素，那么数组中元素的下标从 0 开始到 $n-1$，一个数组元素相当于一个变量。对于前文的数组 a，元素类型为 int，a 是数组名，方括号中的 5 表示数组的长度，即该数组包含 5 个元素，分别是 a[0]、a[1]、a[2]、a[3]、a[4]，这 5 个元素在内存中是连续的。假设起始地址是 1000，其结构如图 6.1 所示，图中的?表示该数组元素的值暂时未定。

存储器地址	存放内容	数组元素
1000	?	a[0]
1004	?	a[1]
1008	?	a[2]
1012	?	a[3]
1016	?	a[4]

图 6.1　数组 a 在内存中的表示

系统为一个数组分配一块连续的存储空间。该空间的字节大小为 n×sizeof（元素类型），其中 n 为数组的长度。以图 6.1 为例，数组 a 所占内存为 5×4 字节。

定义一维数组时，还需要注意以下几点。

（1）具有相同类型的数组可以在一条说明语句中定义。例如：

```
int a1[5], a2[4];            //定义两个整型数组
```

（2）具有相同类型的单个变量和数组也可以在一条语句中定义。例如：

```
int x, y[20];                //定义整型变量和整型数组
```

（3）一个数组的大小必须在定义时确定，可以用一个整型常量，也可以用符号常量构成的一个表达式。例如：

```
#define m 10
int a[m + 10];               //相当于 int a[20];
```

（4）一个数组的大小不允许用变量来指定。例如：

```
int n;
scanf("%d",&n);
int array[n];
```

n 是一个变量，在程序运行的过程中可以改变其值，C 语言是不允许用变量来确定数组大小的，因为在编译时，C 编译器不能根据未知的数组大小分配内存空间。

6.1.2　一维数组的初始化

数组被定义后，一般需要对数组进行初始化，即给数组元素赋初值，否则数组元素的值不确定。一维数组初始化的形式是：

```
类型  数组名[常量表达式] = {初值表};
```

其中“初值表”是用逗号隔开的一组元素值。值的类型必须与数组元素的类型相兼容。

例如，执行语句 int a[5]={ 1,2,3,4,5 };后，数组 a 在内存中的表示如图 6.2 所示。

存储器地址	存放内容	数组元素
1000	1	a[0]
1004	2	a[1]
1008	3	a[2]
1012	4	a[3]
1016	5	a[4]

图 6.2　数组 a 在内存中的表示

数组初始化有很多形式，效果各有不同，具体如下。

（1）给数组的全部元素赋初值。

例如：

```
int a[10]={1,2,3,4,5,6,7,8,9,10};
float x[5]={2.1,2.2,2.3,2.4,2.5};
```

（2）只给部分元素赋值，按照从前到后的顺序赋初值，其余元素为默认值。如果初始值的个数多于数组元素的个数，则会在编译时提示语法错误。

例如：

```
int b[10]={1,3,5,7,9};       //只给数组 b 的前 5 个元素赋值，后 5 个元素的值为 0
```

（3）对全部数组元素赋初值时，可以不指定数组长度，由给定的元素个数确定数组的长度。

例如：

```
int c[]={2,4,6,8,10};        //数组长度为 5
```

注意

（1）数组如果只定义不初始化，编译器不为数组自动指定初始值，即初值为一些随机值（值不确定）。

（2）数组可以初始化，但是不能被整体赋值。若需要对数组赋值，只能给数组每个元素分别赋值。例如，下述 3 种写法都是错误的。

①

```
int m[5];
m[5] = {1,2,3,4,5};
```

②

```
int m[5];
m[ ]= {1,2,3,4,5};
```

③

```
int m[5];
m = {1, 2, 3, 4, 5};
```

（3）若要将全部元素均初始化为非 0 的同一值，不可简写。

例如：

```
int a[10] = {1,1,1,1,1,1,1,1,1,1};
```

不允许简写为 int a[10]={1};或 int a[10]={1*10};。

6.1.3 一维数组的引用

在定义一个数组之后，就可以引用该数组。用法是：

```
数组名[下标表达式]
```

通过下标访问各元素，其中“下标表达式”可以是任何非负整型数据。通过数组名及下标就可以唯一确定数组中的一个元素。

根据下标的不同类型，有以下几种引用的形式。

（1）下标为常量。

```
a[0]
```

（2）下标为变量。

```
a[i]
```

（3）下标为表达式。

```
a[j+1]
```

关于数组的引用，需要注意以下几点。

（1）C 语言规定，不能整体引用数值数组，只能逐个引用数组元素。

（2）通过下标访问数组元素时，要注意下标不能越界，尤其是使用表达式计算下标时。

数组第一个元素的编号为 0，有 n 个元素的数组，其元素编号为 0、1、2、……、n-1。下标越界就是下标小于 0 或大于 n-1。下标越界访问就是访问邻近的内存单元，不会有错误提示。如果仅读取元素，结果无法预料。如果修改了越界元素，就可能导致严重错误。

（3）下标必须是整数或整型表达式。

例如：

① a[3] += 2;表示将下标为 3 的数组元素的值加 2；

② 若整型变量 x = 1，语句 a[x] = 7;表示将下标为 1 的数组元素赋值为 7；

③ 若整型变量 x = 1，y = 2，语句 a[x + y] = 9;表示将下标为 3 的数组元素赋值为 9。

（4）一个数组元素具有和同类型变量一样的属性，可以对它进行赋值和参与各种运算。

例如 x = c[3] / 2; 表示将下标为 3 的数组元素的值除以 2，然后将该表达式的结果赋值给变量 x。

（5）两个数组之间不能直接赋值，即使类型和长度都相同，也不能直接赋值。

例如：

```
int x[5], y[5] = {2,4,6,10,100};
x = y;                                    //语法错误，将一个数组直接赋值给另一个数组不合法
```

要将数组 y 中的各元素值依次复制到数组 x 中，可用循环语句来实现。

```
for(int k = 0; k < 5; k++)
    x[k] = y[k];
```

（6）两个数组名之间不宜使用关系运算符。即使两者长度、内容都相同，用关系运算符来判断它们也不同。

例如：

```
if (x == y)
```

结果恒为假。这是因为这个表达式在判断两个数组的存储地址是否一样。数组名的本质是数组元素的首地址，详见本书后续内容。

6.1.4 一维数组的程序举例

【例 6.1】 定义一个含 10 个元素的整型数组，利用键盘输入这 10 个元素的值，然后输出到屏幕上。

程序实现：

```
#include <stdio.h>
int main( )
{
    int a[10], i;
    for (i = 0; i < 10; ++i)
    {
        scanf("%d", &a[i]);
    }
    for (i = 0; i < 10; ++i)
    {
        printf("%d ", a[i]);
    }
    printf("\n");
    return 0;
}
```

【运行结果】

```
0 1 2 3 4 5 6 7 8 9
0 1 2 3 4 5 6 7 8 9
```

【例 6.2】 利用键盘输入 10 个整数并将其存入一维数组中，然后将该数组中的各元素按逆序存放后显示出来。例如，原来数组中的存放顺序为 0，1，2，3，4，5，6，7，8，9；按逆序存放后的顺序为 9，8，7，6，5，4，3，2，1，0。

算法思路如下。

要将数组中的各元素按逆序存放，只要分别交换数组中对称位置的各元素，有 n 个元素的数组 a，其对称位置元素的下标为 i 和 n-i-1。

程序实现：

```
#include <stdio.h>
int main( )
{
    int a[10],i,temp;
    printf("输入 10 个整数:");
    for(i=0;i<10;i++) scanf("%d",&a[i]);
    for(i=0;i<10/2;i++)                 //10 个元素只需交换 5 次
```

```
    {
        temp=a[i];                      // a[i]与a[10-i-1]进行交换
        a[i]=a[10-i-1]; a[10-i-1]=temp;
    }
    printf("逆序存放后： ");
    for(i=0;i<10;i++)
        printf("%d ",a[i]);
    putchar('\n');
    return 0;
}
```

【运行结果】

```
输入10个整数:0 1 2 3 4 5 6 7 8 9
逆序存放后： 9 8 7 6 5 4 3 2 1 0
```

【例 6.3】 已知一个含 10 个元素的整型数组，求该数组的最大值、最小值和平均值。

算法思路如下。

求最大值的算法如下。

（1）假设第一个数是最大数，将 max 赋值为第一个数。

（2）将 max 与下一个数比较，如果 max 小于这个数，则将 max 赋值为该数。

（3）重复第二步，直到最后一个数。

同理，求最小值的算法如下。

（1）假设第一个数是最小数，将 min 赋值为第一个数。

（2）将 min 与下一个数比较，如果 min 大于这个数，则将 min 赋值为该数。

（3）重复第二步，直到最后一个数。

求平均数的算法如下。

（1）将 sum 赋值为第一个数。

（2）将 sum 和下一个数相加，结果放到 sum 中。

（3）重复第二步，直到最后一个数。

（4）平均数等于 sum 除以元素个数。

程序实现：

```
#include <stdio.h>
#define SIZE 10
int main( )
{
    //定义并初始化含10个元素的数组
    int a[SIZE] = {9, 9, 8, 3, 7, 15, 6, 1, 3, 2};
    int max, min, sum, i;
    double ave;
    max = min = sum = a[0];
    for (i = 1; i <= SIZE - 1; ++i)
    {
        if (max < a[i])
            max = a[i];
        if (min > a[i])
            min = a[i];
        sum += a[i];
    }
    ave = (double)sum / SIZE;
    printf("The max is %d\n", max);
    printf("The min is %d\n", min);
```

```
    printf("The average is %lf\n", ave);
    return 0;
}
```

【运行结果】

```
The max is 15
The min is 1
The average is 6.300000
```

【例 6.4】 用数组求斐波那契（Fibonacci）数列的前 20 项。

算法思路如下。

斐波那契数列指的是这样一个数列：1、1、2、3、5、8、13、21……这个数列从第三项开始，每一项都等于前两项之和。随着数列项数的增加，前一项与后一项之比逼近黄金分割的数值 0.618，斐波那契数列在现代物理、准晶体结构、化学等领域都有直接的应用。斐波那契数列可以用数学上的递推公式来表示：f1=1，f2=1，fn=fn−1+fn−2。

程序实现：

```
#include <stdio.h>
int main( )
{  int i;
   int f[20]={1,1};
   for(i=2;i<20;i++)
        f[i]=f[i-2]+f[i-1];
   for(i=0;i<20;i++)
   {
        if(i%5==0)
             printf("\n");
        printf("%-12d",f[i]);  //负号表示输出数据左对齐，12 表示数据占用的列数
   }
   printf("\n");
   return 0;
}
```

【运行结果】

```
1          1          2          3          5
8          13         21         34         55
89         144        233        377        610
987        1597       2584       4181       6765
```

【例 6.5】 输入 10 个数，用“冒泡排序”对 10 个数排序（由小到大）。

算法思路如下。

冒泡排序的基本思想是：通过相邻两个数之间的比较和交换，使排序码（数值）较小的数逐渐从底部移向顶部，排序码较大的数逐渐从顶部移向底部。就像水底的气泡一样逐渐向上冒，因此而得名。

冒泡排序的算法描述如下。

（1）比较相邻的元素。如果第一个比第二个大，就交换两个元素。

（2）对每一对相邻元素做同样的工作，从开始的第一对到结尾的最后一对。这一趟，最后的元素会是最大的数。

（3）针对所有的元素重复以上的步骤，除了最后一个。

（4）持续每次对越来越少的元素重复上面的步骤，直到没有任何一对数字需要比较。

以 6 个数 9、8、5、4、2、0 为例：

第 1 趟比较，有 6 个数未排好序，两两比较 5 次（见图 6.3）；

第 2 趟比较，剩 5 个数未排好序，两两比较 4 次（见图 6.4）；

第 3 趟比较，剩 4 个数未排好序，两两比较 3 次；

第 4 趟比较，剩 3 个数未排好序，两两比较 2 次；
第 5 趟比较，剩 2 个数未排好序，两两比较 1 次；
第 6 趟比较，全部排好序，两两比较 0 次。

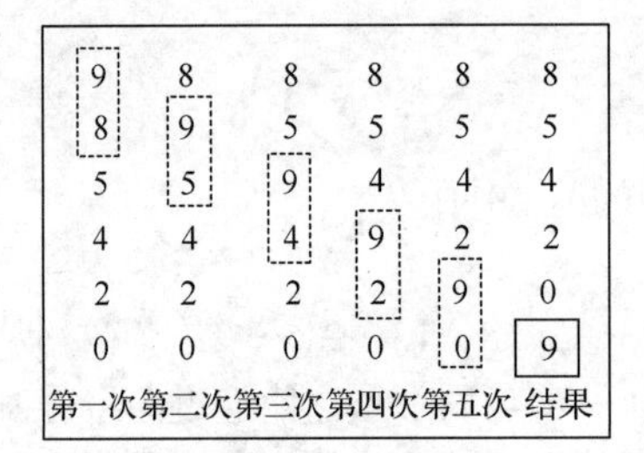

图 6.3　第 1 趟比较

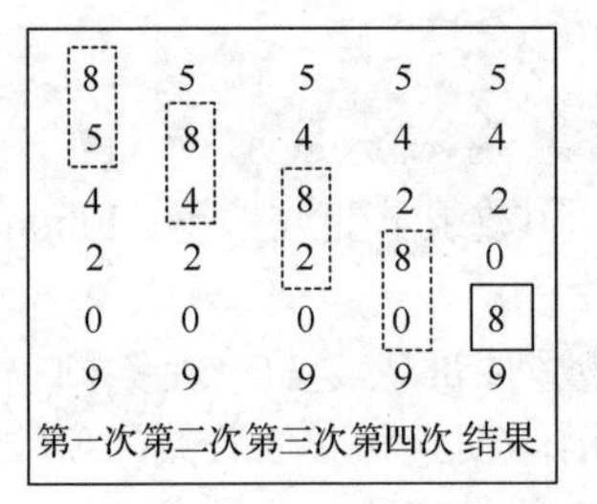

图 6.4　第 2 趟比较

结论：对于 n 个数的排序，需进行$(n-1)$趟比较，第 j 趟比较需进行$(n-j)$次比较。
程序实现：

```
#include <stdio.h>
int main( )
{
     int a[11];                          //用a[1]～a[10]，a[0]不用
     int i,j,t;                          // i、j 作为循环变量，t 作为临时变量
     printf("input 10 numbers:\n");
     for(i=1;i<11;i++)
            scanf("%d",&a[i]);           //输入 10 个整数
     for(j=1;j<=9;j++)                   //第 j 趟比较
           for(i=1;i<=10-j; i++)         //第 j 趟中两两比较(10-j)次
               if(a[i]>a[i+1])           //交换
               {
                      t=a[i];
                      a[i]=a[i+1];
                      a[i+1]=t;
               }
    printf("the sorted numbers:\n");
    for(i=1;i<11;i++)
         printf("%d ",a[i]);
    printf("\n");
   return 0;
}
```

【运行结果】

```
input 10 numbers:
9 8 5 4 2 0 1 7 3 6
the sorted numbers:
0 1 2 3 4 5 6 7 8 9
```

6.2　二维数组

用两个下标来标识元素位置的数组称为二维数组。第一个下标用来标识元素的行，称为行下标；第二个下标用来标识元素的列，称为列下标。注意，行下标从 0 开始，列下标也从 0 开始。例如：

```
int a[3][4];
```

定义了一个 3 行 4 列的整型数组，该数组共有 12 个元素。

此外，用更多下标来标识元素位置的数组称为多维数组。例如：

```
int b[2][3][4];
float c[2][3][4];
```

6.2.1 二维数组的定义

二维数组的定义与一维数组的类似，其语法格式为：

```
数据类型  数组名[常量表达式1][常量表达式2];
```

例如：

```
int a[3][5],b[2][3];          //数组a是int型，3行5列；数组b是int型，2行3列
float score[30][6];           //数组score是float型，30行6列
```

C语言将二维数组看作一种特殊的一维数组。例如：

```
int a[3][3];
```

可以把a看作一个一维数组，它有a[0]、a[1]、a[2]3个元素，每个元素为包含3个元素的一维数组，分别代表二维数组的一行，如图6.5所示。此时，可以把a[0]、a[1]、a[2]看作3个一维数组的名字，上面定义的二维数组可以理解为定义了3个一维数组。

a[0]	→	a[0][0]	a[0][1]	a[0][2]
a[1]	→	a[1][0]	a[1][1]	a[1][2]
a[2]	→	a[2][0]	a[2][1]	a[2][2]

图6.5 二维数组a可看作特殊的一维数组

C语言的这种处理方法在数组初始化和用指针（指针的概念将在第8章中介绍）表示时显得很方便。

C语言规定二维数组按行存放，即先按顺序存放第一行的元素，再存放第二行的元素。（第二维的下标变化较快，第一维的下标变化较慢），如图6.6所示。

存储器地址	存放内容	数组元素
1000	?	a[0] [0]
1004	?	a[0] [1]
1008	?	a[0] [2]
1012	?	a[0] [3]
1016	?	a[1] [0]
1020	?	a[1] [1]
1024	?	a[1] [2]
1028	?	a [1] [3]
1032	?	a[2] [0]
1036	?	a[2] [1]
1040	?	a[2] [2]
1044	?	a[2] [3]

图6.6 二维数组的存储顺序

由于二维数组可被看作一维数组，故二维数组也称为数组的数组。

注意

（1）二维数组中的每个数组元素都有两个下标，且必须分别放在单独的“[]”内。如：a[3,4]是错误的。

（2）二维数组定义中的第1个下标表示该数组具有的行数，第2个下标表示该数组具有的列数，两个下标之积是该数组具有的数组元素个数。

（3）二维数组中的每个数组元素的数据类型均相同。

6.2.2 二维数组的初始化

与一维数组类似，二维数组被定义后，一般要对数组元素进行初始化，初始化的形式有以下几种。

（1）按行给二维数组赋初值。

例如：

```
int a[3][3]={{1,2,3},{4,5,6},{7,8,9}};
```

内层中第一个花括号内的数据赋给第一行的各元素，第二个花括号内的数据赋给第二行的各元素……，即按行赋值。则：

a[0][0]=1，a[0][1]=2，a[0][2]=3

a[1][0]=4，a[1][1]=5，a[1][2]=6

a[2][0]=7，a[2][1]=8，a[2][2]=9

（2）全部数据写在一个花括号内，逐个为数组元素赋值。

例如：

```
int a[3][3]={ 1,2,3,4,5,6,7,8,9 };
```

则：

a[0][0]=1，a[0][1]=2，a[0][2]=3

a[1][0]=4，a[1][1]=5，a[1][2]=6

a[2][0]=7，a[2][1]=8，a[2][2]=9

（3）对部分元素赋初值，其余元素自动初始化为默认值。

例如：

```
int a[3][3]={{1},{2},{3}};
```

则：

a[0][0]=1，a[0][1]=0，a[0][2]=0

a[1][0]=2，a[1][1]=0，a[1][2]=0

a[2][0]=3，a[2][1]=0，a[2][2]=0

（4）如果对全部元素赋初值，则第一维的长度可以不指定，但必须指定第二维的长度。例如：

```
int a[ ][4]={1,2,3,4,5,6,7,8,9,10,11,12};
```

等价于：

```
int a[3][4]={1,2,3,4,5,6,7,8,9,10,11,12};
```

6.2.3 二维数组的引用

二维数组同样用数组名和下标引用元素。引用格式为：

```
数组名[行下标表达式] [列下标表达式]
```

例如 float a[2][3]; 有 6 个元素，按如下方式引用各元素：a[0][0]、a[0][1]、a[0][2]、a[1][0]、a[1][1]、a[1][2]。

二维数组 a[m][n]的每一个维度的第一个元素的下标为 0，下标最大编号为 m-1 和 n-1。例如，数组 float a[2][3]中下标最大编号分别为 1、2。

6.2.4 二维数组的程序举例

【例 6.6】 定义一个 2 行 3 列的整型数组，利用键盘输入 6 个元素的值，然后输出到屏幕上。

程序实现：

```
#include <stdio.h>
int main( )
{
     int a[2][3],i,j;
     for (i = 0; i < 2; ++i)
     {
          for (j = 0; j < 3; ++j)
               scanf("%d", &a[i][j]);
     }
     for (i = 0; i < 2; ++i)
     {
          for (j = 0; j < 3; ++j)
               printf("%d ", a[i][j]);
          printf("\n");
     }
     return 0;
}
```

【运行结果】

```
1 2 3
4 5 6
1 2 3
4 5 6
```

【例 6.7】 求二维数组所有元素的平均值，找出二维数组元素中的最大值及所在位置。

算法思路如下。

（1）求平均值：在遍历二维数组时累加每个元素，最后求平均值。

（2）找最大值：首先把第一个元素 a[0][0]作为临时最大值 max，然后把临时最大值 max 与后续每一个元素 a[i][j]进行比较，若 a[i][j]>max，把 a[i][j]作为新的临时最大值赋给 max，并记录其下标 i 和 j。当全部元素比较完后，max 便是全部数组元素中的最大值。

程序实现：

```
#include <stdio.h>
int main( )
{
    int a[3][3]={{5,63,31},{95,87,56},{45,23,74}};
    int i,j,sum,max,x,y;
    double aver;
    sum=0;
    max=a[0][0];                    //假设 a[0][0]最大
    x=0;                            //x 对应最大值的行号
    y=0;                            //y 对应最大值的列号
    for(i=0;i<3;i++)
       for(j=0;j<3;j++)
       {
           sum+=a[i][j];
           if(max<a[i][j])
           {
              max=a[i][j];
              x=i;
              y=j;
           }
       }
    aver=sum/9.0;
```

```
    printf("平均值 aver=%.2f\n",aver);
    printf("最大元素 a[%d][%d]=%d\n",x,y,max);
    return 0;
}
```

【运行结果】

```
平均值 aver=53.22
最大元素 a[1][0]=95
```

【例 6.8】已知一个 3×4 的矩阵 ***a***，将其转置后输出。

算法思路如下。

矩阵转置就是将矩阵的行列互换。生成一个新的矩阵 ***b***，将矩阵 ***a*** 的 a[i][j]元素变成矩阵 ***b*** 的 b[j][i]元素（见图 6.7）。算法为：b[i][j]=a[j][i]。例如：

矩阵*a*

1	2	3	4
3	4	5	6
5	6	7	8

矩阵*b*

1	3	5
2	4	6
3	5	7
4	6	8

图 6.7　矩阵转置

程序实现：

```
#include <stdio.h>
int main( )
{
    int i,j,a[3][4]={ {1,2,3,4}, {5,6,7,8}, {9,10,11,12} },b[4][3];
    printf("转置前的矩阵 a:\n");
    for(i=0;i<3;i++)
        {
            for(j=0;j<4;j++)
            {
              printf("%5d",a[i][j]);
              b[j][i]=a[i][j];
            }
            printf("\n");
        }
    printf("转置后的矩阵 b:\n");
    for(i=0;i<4;i++)
    {
      for(j=0;j<3;j++)
          printf("%5d",b[i][j]);
      printf("\n");
    }
    return 0;
}
```

【运行结果】

```
转置前的矩阵 a:
    1    2    3    4
    5    6    7    8
    9   10   11   12
转置后的矩阵 b:
    1    5    9
    2    6   10
    3    7   11
    4    8   12
```

6.3 字符数组与字符串

程序中经常要处理各种字符文本数据，如人的姓名、住址、身份证号等。通过前面的学习了解到，字符分为字符常量和字符变量，并且 C 语言有字符串常量，那么有没有字符串变量？C 语言中没有字符串变量，字符串变量是借助字符数组来实现的。

字符数组也分为一维数组和多维数组，一维数组可存放一个字符串，多维数组可存放多个字符串。6.2 节介绍的数组的定义及初始化方法同样适用于字符数组，但字符数组也有其独特性。下面主要介绍一维字符数组的定义、初始化和引用方法。

6.3.1　字符数组的定义

定义字符数组的语法格式与前文数组的定义一样，形式为：

```
char  数组名[常量表达式];
```

其中，“数组名”是标识符，“常量表达式”的值必须是正整数，说明数组的大小，即字符的个数。例如：

```
char s1[5];                    //定义一个一维字符数组 s1
char s2[5][10];                //定义一个二维字符数组 s2
```

其中，s1 数组包含 5 个字符元素；s2 是一个二维数组，可以存放 50 个字符或 5 个字符串。

6.3.2　字符数组的初始化

对字符数组可用字符常量或字符串常量进行初始化。

1. 用字符常量进行初始化

语法格式为：

```
char  数组名[常量表达式 1] = {字符常量初值表};
```

这种方法通过逐个列出各个元素进行初始化。例如：

```
char s1[8] = {'C','o','m','p','u','t','e','r'};
```

字符数组 s1 中的 8 个字符元素都进行了初始化，而且最后一个元素不是 0，那么 s1 不能作为字符串来处理，只能作为字符数组。这是因为每个字符串都要用'\0'来结尾（注意不是字符'0'）。

```
char s2[10] = {'m','o','u','s','e'};
```

初始化数据小于数组长度时，多余元素自动为“空”（'\0'，二进制 0，见图 6.8）。

指定初值时，若未指定数组长度，则长度等于初值个数。

```
char c[ ]={'I',' ','a','m',' ','h','a','p','p','y'};
```

数组长度为 10，包括两个空格。

2. 用字符串常量进行初始化

采用字符串常量初始化字符数组，其格式为：

```
char  数组名[常量表达式] = {字符串常量};
```

例如：

```
char s11[9] = {"Computer"}, s22[ ] = "mouse";
char s33[ ][5] = {"one", ""};
```

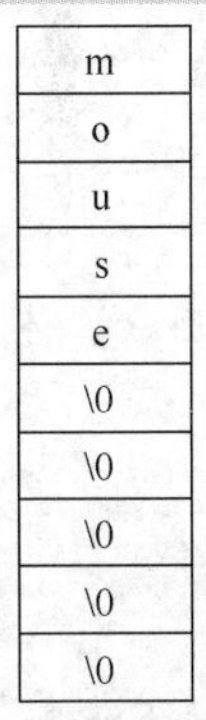

图 6.8　初始化字符数组 s2[10]

注意

（1）用字符串常量初始化时，系统在字符串的末尾自动加上一个“\0”，作为字符串的结束标志。因此字符数组的长度至少要比字符串中的字符个数大 1。

（2）用字符串常量初始化一维字符数组时，可以省略花括号。

（3）字符串常量中可以带有转义字符。例如：

```
char s[10]="ab\ncd";
```

（4）用中文字符进行初始化时，只能用字符串方式，每个中文符号占 2 字节。

（5）不含任何字符的字符串" "称为空串，由于“\0”也要占 1 字节空间，因此空串占 1 字节空间。

（6）字符数组并不要求它的最后一个元素为“\0”，甚至可以不包含“\0”。像以下这种写法是完全合法的：

```
char c[5] = {'a', 'b', 'c', 'd', 'e'};
```

（7）不指定数组长度，逐个进行元素初始化和字符串常量初始化在内存中的存储情况是不一样的。例如：

```
char  ch1[ ]={'c','h','i','n','a'};  //在内存中占 5 字节（见图 6.9）
char  ch2[ ]= 'china';   //在内存中占 6 字节（见图 6.10）
```

因为字符串常量末尾自动带上一个“\0”，所以 ch2 占用内存空间 6 字节，而逐个赋值的 ch1 占用 5 字节。

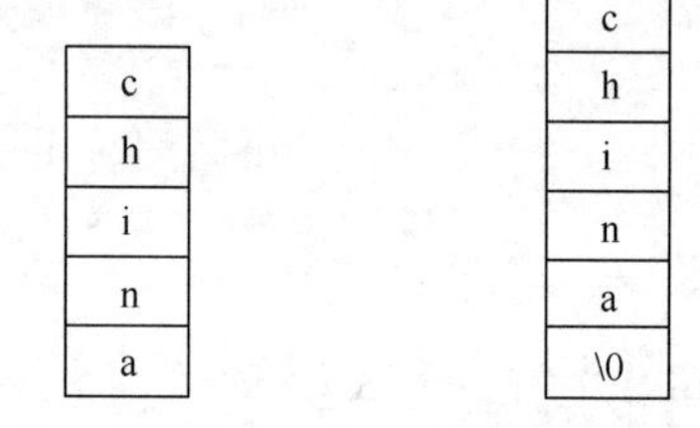

图 6.9　数组 ch1　　　图 6.10　数组 ch2

6.3.3　字符数组的引用

字符数组的引用和一般数组的一样，通过下标引用一个字符变量。因此可以用循环来实现对字符数组的引用。

6.3.4　字符数组的输入输出

字符数组的输入输出有两种方法。

1. 用%c 格式符逐个输入输出

如同一般数组的输入输出。

【例 6.9】 利用键盘输入 5 个字符，并将其输出。

程序实现：

```
#include <stdio.h>
int main( )
{
     char ch[5];
     int i;
     printf("请输入 5 个字符：");
     for (i = 0; i < 5; ++i)
     {
          scanf("%c", &ch[i]);
     }
     for (i = 0; i < 5; ++i)
     {
          printf("%c", ch[i]);
     }
     printf("\n");
     return 0;
}
```

【运行结果】

```
请输入 5 个字符：abcde
abcde
```

2. 用%s 格式符按字符串输入输出

在 C 语言中可以用%s 格式符对字符数组进行整体输入输出，这一点是数值型数组不具备的功能，即数值型数组不能进行整体输入输出。

【例 6.10】 利用键盘输入一个字符串，并将其输出。

程序实现：

```
#include <stdio.h>
int main( )
{
      char ch[10];
      printf("请输入一个字符串：");
      scanf("%s",ch);         //输入字符串
      printf("%s\n",ch);      //输出字符串
      return 0;
}
```

【运行结果】

```
请输入一个字符串：abcde
abcde
```

注意

（1）用%s 格式符输入输出字符串时，scanf()函数的地址列表为字符数组名，且不要加"&"字符；printf()函数的输出列表是字符数组名，而不是元素名。

（2）用%s 格式符输出时，即使数组长度大于字符串长度，遇到\0 也结束。例如：

```
char c[10] = {"China"};
printf("%s",c);    //只输出 5 个字符，而不是 10 个字符
```

（3）用 scanf()函数输入一个字符串时，以空格作为字符串的结束标志。例如：

```
scanf("%s",ch);
printf("%s",ch);
```

如果输入 How are you，输出结果为 How。后面的 are you 不能送入 ch 中。

（4）不能采用赋值语句将一个字符串直接赋给一个数组。例如：

```
char c[10]; c="good"; //错误
```

但是可以初始化。如：

```
char c[ ]="good";
```

字符串输入输出与字符数组的输入输出有一定的区别，用例 6.11 进行对比。

【例 6.11】 采用两种方法输出一个字符串。

程序实现：

```
#include <stdio.h>
int main( )
{
    char c[8]="English";
    int i;
    c[3]='\0';
    for(i=0;i<8;i++)
        printf("%c",c[i]);
    printf("\n");
    printf("%s\n",c);
```

```
    return 0;
}
```

【运行结果】

```
Eng ish
Eng
```

由运行结果可见，用%s 输出时，输出到\0 为止，即使后面还有其他字符也不再输出。

6.3.5 字符串处理函数

为了简化程序设计，C 语言提供了丰富的字符串处理函数，用户在编程时可以直接调用这些函数，这样就大大减少了编程的工作量。用于输入输出的字符串函数，在使用前应包含头文件 stdio.h。用于比较、复制、合并等的字符串函数，则应包含头文件 string.h。对于一般的任务，应当考虑尽量采用库函数来解决问题。C 语言提供的头文件 stdio.h 和 string.h 中给出了这些函数的原型说明。本节只介绍几个常用的字符串处理函数，其他函数可参看 MSDN 或相关文档。

头文件 stdio.h 中的两个字符串函数：puts()和 gets()。

1. 字符串输出函数 puts()

格式：

```
puts(字符数组)
```

功能：输出字符串（以\0 结尾的字符序列），输完换行。

例如：

```
char c[6]="China";
puts(c);              //不需要格式符，且自动换行
```

上述的函数调用与下面的函数调用等价。

```
printf("%s\n",c);    //需要格式符%s
```

2. 字符串输入函数 gets( )

格式：

```
gets(字符数组)
```

功能：输入字符串到相应的字符数组中。

例如：

```
char str[12];
gets(str);
```

如果输入 How are you，gets()函数可以将其全部送入以 str 为首址的内存中，即 gets()函数以回车作为结束输入的标志，而不是空格。

（1）gets()、puts()一次只能输入输出一个字符串。而 scanf()、printf()可以输入输出几个字符串。

（2）gets()函数和使用%s 格式符的 scanf()函数都是从键盘接收字符串，但两者有区别：对于 scanf()函数，回车和空格都是字符串结束标志；而对于 gets()函数，只有回车才是字符串结束标志，空格则是字符串的一部分。

以下为头文件 string.h 中的字符串函数。

---

3. 字符串连接函数 strcat( )

格式：

```
strcat(字符数组1,字符数组2)
```

功能：把字符数组 2 连接到字符数组 1 的后面。从字符数组 1 原来的\0（字符串结束标志）处

开始连接，结果存放在字符数组1中。

例如：

```
char ch1[20]= "computer is";
char ch2[10]= " good!";
printf("%s",strcat(ch1,ch2));
```

输出结果为：

```
computer is good!
```

字符串连接如图6.11所示。

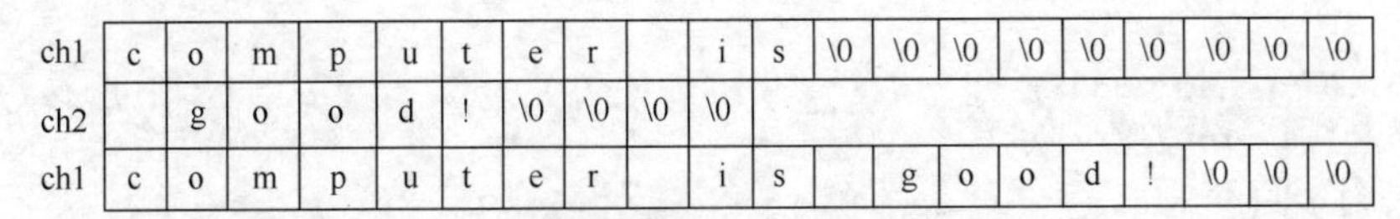

图6.11 字符串连接

字符数组1要有足够的空间，以确保连接字符串后不越界，字符数组2可以是字符数组名、字符串常量或指向字符串的字符指针（地址）。

4. 字符串复制函数strcpy( )

格式：

```
strcpy(字符数组1,字符数组2)
```

功能：将字符数组2的字符串复制到字符数组1中，字符串结束标志\0也一起复制，即把字符数组2的值复制到字符数组1中。

例如：

```
char str1[10],str2[ ]={"china"};
strcpy(str1,str2);
```

（1）str1一般为字符数组，要有足够的空间，以确保复制字符串后不越界；str2可以是字符数组名、字符串常量或指向字符串的字符指针（地址）。

（2）字符串（字符数组）之间不能用赋值运算符赋值，如str1=str2;是错误的。通过此函数，可以间接达到赋值的效果。

5. 字符串比较函数strcmp( )

格式：

```
strcmp(字符数组1,字符数组2)
```

功能：比较字符数组1和字符数组2。

例如：

```
strcmp(str1,str2);
strcmp("China", "Korea");
strcmp(str1, "Beijing");
```

比较规则：逐个字符比较ASCII值，直到遇到不同字符或\0，比较结果是该函数的返回值。

（1）如果两个字符串完全相同，strcmp( )返回值为0。

（2）如果第一个字符串在字典顺序上位于第二个字符串之前，strcmp( )返回值为一个正整数。

（3）如果第一个字符串在字典顺序上位于第二个字符串之后，strcmp( )返回值为一个负整数。

字符串只能用strcmp()函数比较，不能用关系运算符==比较。

例如：

```
if (strcmp(str1,str2) == 0)  printf("yes");
```

而 if (str1 == str2)　printf("yes")是错误的。

6. 求字符串长度的函数 strlen( )

格式：

```
strlen(字符数组)
```

功能：统计字符数组中字符串的长度（不包括字符串结束标志），并将其作为函数值返回。

例如：

```
char str[10]={"Beijing"};
printf("%d",strlen(str));
```

输出结果为 7 而不是 8。

7. 大写字母转换为小写字母函数 strlwr( )

格式：

```
strlwr(字符数组)
```

功能：将字符数组中的大写字母全部转换成小写字母。

例如：

```
char str[10]={"HELLO"};
printf("%s",strlwr(str));
```

输出结果为：

```
hello
```

8. 小写字母转换为大写字母函数 strupr( )

格式：

```
strupr(字符数组)
```

功能：将字符数组中的小写字母全部转换成大写字母。

例如：

```
char str[10]={"hello"};
printf("%s",strupr(str));
```

输出结果为：

```
HELLO
```

在使用这些库函数时，应注意以下几点。

（1）在库函数中字符数组作为形参，一般用字符指针来表示字符数组。

例如：

```
int strlen(const char *string);
```

（2）在调用这些库函数时，要保证数组应足够大，如果一个字符串的长度超过了数组的大小，将导致不可预测的错误。

（3）在调用这些库函数时，要确保调用的是实参而不是空指针 NULL，否则结果难料。

【例 6.12】 依次完成输入字符串 compuTER、输出字符串、计算字符串长度、复制字符串到另一个字符数组中、连接两个字符串、比较两个字符串大小、将字符串中的大写字母转换为小写字母等。

程序实现：

```
#include <stdio.h>
#include <string.h>
int main( )
{
   char str1[30],str2[10];
   int i;
```

```
    gets(str1);               //输入字符串
    puts(str1);               //输出字符串
    i=strlen(str1);           //求字符串长度
    printf("i=%d\n",i);
    strcpy(str2,str1);        // 将 str1 复制到 str2 中
    puts(str2);
    strcat(str1,str2);        // 将 str2 连接到 str1 后面
    puts(str1);               // 输出连接后的 str1
    i=strcmp(str1,str2);      //比较 str1 和 str2 的大小
    printf("i=%d\n",i);
    puts(strlwr(str1));       //将 str1 中的大写字母转换成小写字母
    puts(str1);
   return 0;
}
```

【运行结果】

```
compuTER
compuTER
i=8
compuTER
compuTERcompuTER
i=1
computercomputer
computercomputer
```

6.3.6 字符数组的程序举例

【例 6.13】 输入一行字符，统计其中有多少个单词（单词间以空格分隔）。

算法思路如下。

单词的数目由空格出现的次数决定（连续出现的空格记为出现一次；一行开头的空格不算）。应逐个检测每一个字符是否为空格。如果测出某一个字符非空格，则表示“新的单词开始了”，此时用 num 表示单词数（初值为 0）。word=0 表示前一字符为空格，word=1 表示前一字符不是空格，word 初值为 0。如果前一字符是空格，当前字符不是空格，就说明出现新单词，num 加 1。

程序实现：

```
#include <stdio.h>  //gets()函数在该头文件定义
int main( )
 {
     char string[81] ;
     int i, num = 0, word = 0;
     char c;
     gets(string);
     for(i=0;(c=string[i]) != '\0';i++)
        if (c==' ')          //注意，两个单引号'中间有一个空格符
            word = 0;
        else
          if (word == 0)
          {
                word = 1;
                num++;
          }
     printf("There are %d words in the line\n",num);
    return 0;
}
```

【运行结果】

```
I am a boy
There are 4 words in the line
```

【例 6.14】 输入一串字符，统计大写字母、小写字母、数字等各类符号的个数。

算法思路如下。

读取字符串，依次检测每个字符符合哪一类，统计数字。定义 s 为字符串中的总字符数，c1 为大写字母个数，c2 为小写字母个数，c3 为数字个数，c4 为其他字符个数。

程序实现：

```
#include <stdio.h>
int main( )
{
   char x[80];
   int i,s,c1,c2,c3,c4;
   s=c1=c2=c3=c4=0;                                  //各类统计结果赋初值 0
   gets(x);
   for(i=0;x[i]!='\0';i++)                           //统计到字符串结束
   {
         s+=1;                                       //总字符数加 1
         if(x[i]>='A'&&x[i]<='Z')                    //是大写字母
            c1=c1+1;
         else
             if (x[i]>='a'&&x[i]<='z')               //是小写字母
                 c2++;
             else
                 if(x[i]>='0'&&x[i]<='9')            //是数字
                    c3++;
                 else                                //其他字符
                     c4++;
    }
    printf("s=%d c1=%d c2=%d c3=%d c4=%d\n",s,c1,c2,c3,c4);
    return 0;
}
```

【运行结果】

```
I am a boy.I'm 18 years old.
s=28 c1=2 c2=15 c3=2 c4=9
```

6.4 本章小结

本章主要讲解了一维数组和二维数组的定义、初始化和引用，字符数组的使用，以及字符串处理函数。掌握本章的内容有助于后面课程的学习。

数组是同类型数据的集合。同一个数组的数组元素具有相同的数据类型，可以是整型、浮点型、字符型以及后面介绍的指针型、结构体型等。引用数组就是引用数组的各个元素。通过下标可以引用任意一个数组元素，需要注意的是，数组的下标不能越界，否则会产生意想不到的结果。

数组根据下标的个数可分为一维数组、二维数组、多维数组等。常用的是一维数组和二维数组，二维数组也可以看成特殊的一维数组。

字符数组可以存放字符串。二维字符数组可以存放多个字符串（每行存放一个字符串）。针对数值的赋值、比较等运算符并不适用于字符串。C 语言的库函数提供了专门处理字符串的函数，它为字符串操作提供了方便，应正确掌握和使用。

习题

一、选择题

1. 在 C 语言中，引用数组元素时，其数组下标的数据类型允许是（　　）。

A. 整型常量　　B. 整型常量或整型表达式

C. 整型表达式　　D. 任何类型的表达式

2. 在 32 位计算机系统中，一个 int 型变量占 4 字节的存储单元，若有定义：

```
int x[10]={0,2,4};
```

则数组 x 在内存中占的字节数为（　　）。

A. 3　　B. 6　　C. 12　　D. 40

3. 下列定义数组的程序正确的是（　　）。

A. int a(10);　　B. int n=10,a[n];

C. int n; scanf("%d",&n); int a[n];　　D. #define SIZE 10　　int a[SIZE];

4. 下列定义数组的程序正确的是（　　）。

A. int a[ ]={1,2,3,4,5};　　B. int b[1]={2,5};

C. int a(10);　　D. int 4e[4];

5. 假设 array 是一个有 10 个元素的整型数组，则下列写法中正确的是（　　）。

A. array[0]=10　　B. array=0　　C. array[10]=0　　D. array[-1]=0

6. 若有以下定义：

```
int  a[5]={ 5, 4, 3, 2, 1 } ;
char  b= 'a', c, d, e;
```

则下面表达式中数值为 2 的是（　　）。

A. a[3]　　B. a[d–b]　　C. a[4]　　D. a[c–b]

7. 若有二维数组 a[m][n]，则数组中 a[i][j]之前的元素个数为（　　）。

A. j*m+i　　B. i*n+j　　C. i*m+j+1　　D. i*n+j+1

8. 若 int　a[3][3]={1,2,3,4,5,6,7,8,9},i；则下列语句的输出结果是（　　）。

```
for (i=0;i<=2;i++)  printf("%d  ",a[i][2-i]);
```

A. 3　5　7　　B. 3　6　9　　C. 1　5　9　　D. 1　4　7

9. 以下能正确定义数组并正确赋初值的语句是（　　）。

A. int N=5,b[N][N];　　B. int a[1][2]={{1},{3}};

C. int c[2][]= {{1,2},{3,4}};　　D. int d[3][2]={{1,2},{3,4}};

10. 以下不能对二维数组 a 进行正确初始化的语句是（　　）。

A. int　a[2][3] = {0};　　B. int　a[ ][3]={{1,2},{0}};

C. int　a[2][3]={{1,2},{3,4},{5,6}};　　D. int　a[ ][3]={1,2,3,4,5,6};

11. 以下能对二维数组 a 进行正确定义和初始化的语句是（　　）。

A. int　a( )(3)={ (1, 0, 1), (2, 4, 5) };　　B. int　a[2][ ]={ { 3, 2, 1 }, { 5, 6, 7 } };

C. int　a[ ][3]={ { 3, 2, 1 }, { 5, 6, 7 } };　　D. int　a(2)( )={ (1, 0, 1), (2, 4, 5) };

12. 若 int　a[3][4] = {0};则下面的叙述正确的是（　　）。

A. 只有元素 a[0][0]可以得到初值 0

B. 此说明语句不正确

C. 数组 a 中每个元素均可得到初值 0

D. 数组 a 每个元素均可得到初值，但值不一定为 0

13. 若有 char str[10]，下列语句正确的是（　　）。

A. scanf("%s",&str);　　B. printf("%c",str);

C. printf("%s",str[0]);　　D. printf("%s",str);

14. 下面程序的运行结果是（　　）。

```
char  c[5]={'a', 'b', '\0', 'c', '\0'};
printf("%s",c);
```

A. 'a''b'　　B. ab\0c\0　　C. ab c　　D. ab

15. 若给出以下定义：

```
char x[]="abcdefg";
char y[]={'a','b','c','d','e','f','g'};
```

则正确的叙述为（　　）。

A. 数组 x 和数组 y 等价　　B. 数组 x 和数组 y 的长度相同

C. 数组 x 的长度大于数组 y 的长度　　D. 数组 y 的长度大于数组 x 的长度

16. 设已定义 char s[]="\"Name\\Address\"\n";，则字符串 s 占的字节数是（　　）。

A. 19　　B. 18　　C. 15　　D. 16

17. 判断字符串 a 和 b 是否相等，应当使用（　　）。

A. if (a==b)　　B. if (a=b)　　C. if (strcpy(a,b))　　D. if(strcmp(a,b))

18. 有字符数组 a[8]和 b[10]，则正确的输出语句是（　　）。

A. puts (a,b);　　B. puts(a),puts(b);

C. putchar(a); putchar(b);　　D. printf("%s,%s",a[8],b[10]);

19. 以下不能正确把字符串 program 赋给数组的语句是（　　）。

A. char　a[ ]={'p','r','o','g','r','a','m','\0'};　　B. char　a[10]; strcpy(a, "program");

C. char　a[10]; a="program";　　D. char　a[10]={ "program"};

20. 设有两个字符串 Beijing、China 分别存放在字符数组 str1[10]和 str2[10]中，下面语句中能把 China 连接到 Beijing 之后的为（　　）。

A. strcpy(str1,str2);　　B. strcpy(str1,"China");

C. strcat(str1,"China");　　D. strcat("Beijing",str2);

二、填空题

1. 数组中的每一个元素具有相同的______和不同的______，可以作为单个变量使用。

2. 数组名的命名规则和变量名的命名规则相同，遵循______命名规则。

3. 定义一维数组的格式为“数据类型 数组名[常量表达式]”，其中常量表达式表示数组的长度，可以包括______和______，不能包含______。

4. 定义一维数组时，如果对全部数组元素赋初值，则数组的长度______。

5. 给数组赋值时可以只给一部分元素赋值，其他元素的值为______。

6. 在 C 语言中，引用数组只能通过______数组元素来实现，而不能通过整体引用______来实现。

7. 在 C 语言中，二维数组中元素排列的顺序是______。

8. 定义二维数组时，如果同时对全部数组元素赋初值，则数组______可以省略，而______不能省略。

9. 对数组 a[m][n]来说，使用数组的某个元素时，行下标的最大值是______，列下标的最大值是______。

10. C 语言中没有提供字符串变量，对字符串的处理常常采用______实现。

11. 以下程序的运行结果是______。

```
#include <stdio.h>
void main()
{
   int arr[10], i, k=0;
   for(i=0;i<10;i++)
        arr[i]=i;
   for(i=0;i<10;i++)
        k+=arr[i];
   printf("%d\n",k);
}
```

12. 以下程序的运行结果是______。

```
#include <stdio.h>
void main()
{
   int a[3][3]={{1,2},{3,4},{5,6}},i,j,s=0;
   for(i=1;i<3;i++)
        for(j=0;j<i;j++)
             s+=a[i][j];
   printf("%d",s);
}
```

13. 以下程序的运行结果是______。

```
#include <stdio.h>
void main( )
{
   int i,j,a[3][4]={1,2,3,4,5,6,7,8,9,10,11,12}, b[4][3];
   for(i=0;i<3;i++)
        for(j=0;j<4;j++)
             b[j][i]=a[i][j];
   for(i=0;i<4;i++)
   {
        for(j=0;j<3;j++)
             printf("%d  ",b[i][j]);
        printf("\n");
   }
}
```

14. 以下程序的运行结果是______。

```
#include <stdio.h>
void main( )
{
     char a[5][5],i,j;
     for(i=0;i<5;i++)
         for(j=0;j<5;j++)
              if(i= =j||i+j= =4)
                   a[i][j]='*';
              else
                   a[i][j]=' ';
         for(i=0;i<5;i++)
         {
              for(j=0;j<5;j++)
                   printf("%c",a[i][j]);
              printf("\n");
         }
}
```

15. 以下程序的运行结果是______。

```
#include <stdio.h>
void main( )
```

```
{
    char i,str[ ]="a1b2c3d4e5";
    for(i=0;str[i]!='\0';i++)
        if(str[i]>='a'&&str[i]<='z')
            printf("%c  ",str[i]);
        printf("\n");
}
```

16．完成下面的程序，以每行 4 个数据的形式输出 a 数组。

```
#include <stdio.h>
void main( )
{
    int a[20],i;
    for(i=0;i<20;i++)
        scanf("%d",__________);
    for(i=0;i<20;i++)
    {
      if  (__________)
            __________
      printf("%3d",__________);
    }
    printf("\n");
}
```

17．完成以下程序，求出所有水仙花数（各位数字的立方和等于其本身的三位数，如 $153=1^3+5^3+3^3$）。

```
#include <stdio.h>
void main( )
{
   int  x, y ,z, a[10], m, i=0;
   printf("shui xian huan shu :\n");
   for(__________;m<1000;m++)
   {
       x=m/100;
       y=__________;
       z=m%10;
       if(m==x*x*x+y*y*y+z*z*z)
       {
           ____________;
           i ++;
       }
   }
   for( x=0;x<i ; x++)
   printf("%6d",a[x] ) ;
}
```

18．完成以下程序，用冒泡排序方法让 10 个数由小到大排序。

```
#include <stdio.h>
void main( )
{
    int a[10],i,j,t;
    printf("input 10 numbers: \n");
    for(i=0; __________;i++)
        scanf("%d",__________);
    printf("\n");
    for(i=0;i<9;i++)
```

```
            for(j=i+1;j<10;j++)
                if(a[i]>a[j])
                {
                    ____________
                    a[i]=a[j];
                    a[j]=t;
                }
    printf("the sorted numbers:\n");
    for(i=0;i<10;i++)
        printf("%d  ",__________);
}
```

19. 完成以下程序，有一个3×4的矩阵，要求输出其中值最大的元素，以及它的行号和列号。

```
#include <stdio.h>
void main( )
{
    int max,i,j,r,c;
    r=0; ____________
    int a[3][4]={{123,94,-10,218},{3,9,10,-83},{45,16,44,-99}};
    ____________
    for(i=0;i<3;i++)
      ____________
       if (a[i][j]>max)
       {
        max= a[i][j];
        ____________
        c=j;
       }
    printf("max=%d , row =%d , colum=%d \n",max , r, c);
}
```

20. 完成以下程序，求矩阵 ***a***、***b*** 的和，将结果存入矩阵 ***c*** 中并按矩阵形式输出。

```
#include <stdio.h>
void main( )
{
  int a[3][4] = { { 7, 5, -2, 3 },{ 1, 0, -3, 4 },{ 6, 8, 0, 2 } };
  int b[3][4] = { { 5, -1, 7, 6 },{ -2, 0, 1, 4 },{ 2, 0, 8, 6 } };
  int i, j, c[3][4];
  for ( i=0; i<3; i++ )
    ____________
       c[i][j] = __________ ;
  ____________
  {
   for ( j=0; j<4; j++ )
      printf ( "%3d", c[i][j] ) ;
   ____________;
  }
}
```

三、编程题

1. 已知一个整型数组{3, 7, 8, 9, 10, 4, 5}，求该数组中所有值为偶数的元素的和。
2. 利用键盘输入10个整数并保存到数组，输出10个整数中的最大值及其下标、最小值及其下标。
3. 已经有一个排好序的数组，要求输入一个数后，按原来排序的规律将它插入数组中。
4. 利用键盘输入3×3的二维数组，将该数组行列交换输出，并求两条对角线元素之和。
5. 编程利用键盘输入一行字符串，统计其中英文字符、数字、空格和其他字符的个数。

07 第 7 章 函数

学习目标

- 理解函数的基本概念及分类。
- 掌握函数的定义、类型和返回值。
- 掌握形式参数与实际参数的区别、参数值的传递。
- 掌握函数的一般调用，了解函数的嵌套调用、递归调用。
- 掌握变量的作用域和生存期。

在前文的程序例子中，整个程序中基本上只有一个函数，即主函数（main()函数）。对于具有功能的一个程序来说，无论大小，都可以在一个主函数中完成全部代码的编写，但是这样做并不明智。一个过于庞大的主函数往往只能由一个程序员负责编写和维护，因为其他人不容易对其进行添改，即使添改了也容易出错。这种程序称为无结构的程序。它的缺点如下。

（1）不稳定。代码太长，变量太多，难免会相互影响，一处错误可能会牵连到多处问题，调试不易。

（2）不精炼。有些代码经常使用，因此会反复出现在程序中，使得程序更加冗长，而且要修改这段代码，也将带来很大的工作量。

（3）不利于团队合作。现在团队都希望能通过合作来提高工作效率。多人无法对无结构的程序实现分工合作，这必然造成工期漫长。

（4）不易升级。用户的需求会经常改变，要求程序能随时进行升级更新。代码过多时，一处改动可能导致程序多处变化，使修改者无从下手。

因此，为程序设计一个好的结构，是编写一个好程序的必要保证。

大多数的编程语言（包括 C 语言）都提供了一种方法，将程序切割成多段，每段都可以独立编写。在 C 语言中，这些段称为函数，它是进行结构化程序设计的重要工具。一个较大的程序可以分为若干个程序模块，每个模块用来实现一个特定的功能。函数是完成一个特定工作的独立程序模块。一个 C 语言程序由一个主函数和若干个其他函数构成。程序的执行总是从主函数开始，最后到主函数结束。同一个函数可以被主函数或者其他多个函数调用任意次，但主函数不能被调用。

【例 7.1】 编写一个程序，计算两个数的平均值，并将计算过程用上下两排“*”进行分隔。

算法思路如下。

该问题可以划分为 3 个功能模块，通过以下 3 个函数来实现。

（1）ave()函数：计算两数平均值。

（2）main()函数：用来输入两个计算数，使用 ave()函数计算出结果，并将结果输出。

（3）star()函数：用来输出两排“*”以分隔计算过程。

程序实现：

```
#include <stdio.h>
float ave(float num1,float num2)
{
    float answer;
    answer = (num1+num2)/2;
    return answer;
}

void star()
{
    printf("\n********************\n");
}

int main()
{
    float a,b;
    float c;
    star();
    printf("please input the two numbers:\n");
    scanf("%f%f",&a,&b);
    c=ave(a,b);
    printf("(%f+%f)/2=%f",a,b,c);
    star();
    return 0;
}
```

【运行结果】

```
********************
please input the two numbers:
3.2 4.6
(3.200000+4.600000)/2=3.900000
********************
```

表面上看，这个程序中有 3 个函数，问题似乎变复杂了。事实上，程序中的 3 个函数功能定位明确，每个函数简短且易于编写和修改，必要的时候还可以将一个函数多次调用（如 star()函数），因此更适合复杂问题的程序设计。该程序的执行过程如图 7.1 所示。

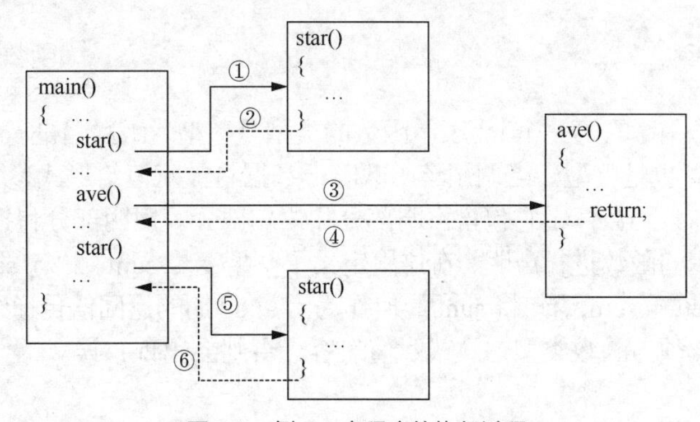

图 7.1　例 7.1 中程序的执行过程

由图 7.1 可以看出，程序中的函数具有以下特点。

（1）一个源程序文件由一个或者多个函数组成，其中包含一个 main()函数和若干其他函数。

（2）C 语言程序编译时是以源程序为单位进行的，而不是以函数为单位进行的。

（3）C 语言程序执行时是从 main()函数开始的，最后在 main()函数结束，中间可以调用多次、多个其他函数。一个个函数的调用构成了程序。

（4）所有函数在定义时都是独立的，不允许函数嵌套定义。函数之间可以相互调用，只是不能调用 main()函数。main()函数只能由系统调用。

本章将介绍函数的定义和使用，以及变量和函数的关系。

7.1 函数的定义与分类

7.1.1 函数的定义

从函数的接口形式上看，根据函数是否有参数、是否有返回值，可以将函数分为有参函数和无参函数、有返回值函数和无返回值函数。

1. 定义有参函数

当用函数实现计算功能时，C 语言中的函数与数学上的函数概念十分接近。如 answer = (num1+num2)/2，可以写成数学函数的形式：answer = f(num1,num2)。num1 和 num2 在数学函数中称为变量，在 C 语言中称为函数参数。f(num1,num2)计算后的结果值，在 C 语言程序中称为返回值，必然为某一数据类型，则称其为函数类型。

定义有参函数的形式为：

```
函数类型 函数名(形式参数表)              //函数首部
{

    声明部分
    语句部分                             //函数体
}
```

函数首部定义了函数的名称、函数的参数和函数的返回值类型。函数体决定函数对传给它的值执行什么操作。

例如，定义一个求和函数：

```
int add(int x,int y)
{
    int sum;
    sum=x+y;
    return sum;
}
```

在这个函数中，第一行的第一个 int 表示函数的类型是整型，函数名是 add。括号中有两个形式参数 x、y，它们的类型也是整型。当调用该函数时，数据将被赋值给形式参数 x 和 y，带入函数体中参与操作。花括号内为函数体，它包含声明部分和语句部分。声明部分包括对函数中用到的变量进行定义以及对要调用的函数进行声明，在这里定义了整型变量 sum。语句 sum=x+y;将 x 和 y 的和赋值给 sum。最后用 return sum;语句将 sum 的值作为函数 add()的返回值传递给主调函数。sum 作为函数返回值，其类型必须与函数类型一致或赋值兼容，否则会出现错误。

2. 定义无参函数

定义无参函数的形式为：

```
函数类型 函数名()                              //函数首部
{
    声明部分
```

```
    语句部分                                    //函数体
}
```

无参函数的形式参数表部分是空的。例7.1中的star()就是一个无参函数。

7.1.2　函数的分类

除了main()函数调用时有所不同，其他所有函数都是独立且平等的。从用户的角度可以对程序中的函数进行分类。

1. 库函数

前面我们在例题中用到了printf()、scanf()函数，它们都是ANSI C标准定义的库函数。在程序中仅使用ANSI C库函数的程序，能够在所有支持ANSI C的编译器中编译运行，而且具有良好的移植性。

使用ANSI C库函数，只要在程序开头把该函数所在的头文件包含进来即可。如在例7.1中要用到printf()、scanf()函数，就需要在程序开头加上#include <stdio.h>。

除了ANSI C库以外，还有大量的函数库提供更为专业的功能函数，如微积分运算、网络、图形界面、数据库等，它们有些是可免费下载的，也有些是收费的。

2. 自定义函数

自定义函数则是由用户自己编写，用来完成所需功能的函数。main()函数就是自定义函数。用户也可以编写一批具有同类功能的自定义函数，集合在一起成为一个库函数，以供反复使用。

7.1.3　函数的参数和返回值

函数与外界之间存在特殊的接口，用来进行数据的传递。类似于数学函数的运算过程，C语言的函数在调用的时候，数据通过参数传入，运行结果通过返回值带回。

1. 形式参数和实际参数

在定义函数时，函数名后面括号中的变量名称为形式参数；在调用函数时，函数名后面括号中的变量名称（可以是一个表达式）为实际参数。

【例7.2】 输入长方体的长、宽、高，计算它的体积，并在主函数中输出此值。试分析调用函数时数据传递的过程。

算法思路如下。

该程序可以分成两个功能函数，一个是求体积的vol()函数，可以对传入的长、宽、高数据进行运算，计算出长方体的体积，并返回给主调函数，即main()函数。另一个是main()函数，用来输入长方体的长、宽、高数值，调用vol()函数，并输出vol()函数的返回值。

程序实现：

```
#include <stdio.h>
//定义main()函数
int main()
{
    float a,b,c,d;
    float vol(float x,float y,float z);          //声明将要调用的函数
    printf("请输入长方体的长、宽、高:\n");
    scanf("%f%f%f",&a,&b,&c);
    d=vol(a,b,c);                                 //a、b、c为实际参数
    printf("vol=%f\n",d);
    return 0;
}
```

```
//定义 vol()函数
float vol(float x,float y,float z)                          //x、y、z 为形式参数
{
     float v;
     v = x*y*z;
     return v;
}
```

【运行结果】

```
请输入长方体的长、宽、高:
1.2 2.1 3.0
vol=7.560000
```

在这个程序中，main()函数是主调函数，vol()函数是被调函数。main()函数先定义，vol()函数后定义。因此要在 main()函数中事先声明 vol()函数，目的是告知系统将 vol()函数调入内存。程序中形参和实参具有如下关系。

（1）a、b、c 是 main()函数中的实参，它们在 main()函数中通过输入语句获得值。x、y、z 是 vol()函数中的形参。调用 vol()函数时，a、b、c 将值赋给 x、y、z，代入 vol()函数中进行运算；得到运算结果后使用 return 语句将结果返回到 main()函数。参数的传递过程如图 7.2 中的实线所示。

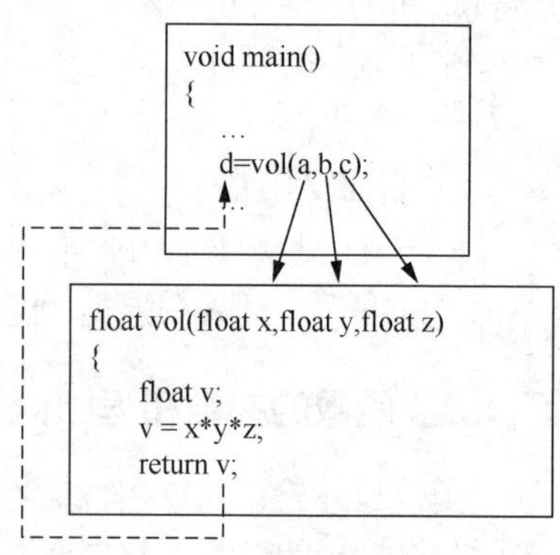

图 7.2　参数的传递过程

（2）实参必须有确定的值，它可以是变量、常量或者表达式。本程序中的实参都是变量，如 a、b、c。

（3）形参必须有确定的类型。实参与形参必须类型相同或者赋值兼容，且个数相同。整型和字符型在此可以通用。若实参与形参类型不兼容，实参的值自动按形参类型转换。例如实参为浮点型数 2.5，形参为整型，调用时实参要将 2.5 转换成整数 2，再赋值给形参。

（4）在函数未被调用时，函数中的形参并不占用内存空间。只有当该函数被调用，其形参才会被分配内存单元。函数调用完毕，形参所占内存单元立即被释放。

（5）函数调用时，实参和形参分别占用不同的内存单元，数据传递时按照“单向值传递”的方式进行，只能由实参传给形参，形参不能传给实参。在具体情况下，实参和形参可能会重名，因为它们分属不同的函数，且占用各自的内存单元，所以不会造成错误。

【例 7.3】 实参和形参同名的例子。

程序实现：

```
#include <stdio.h>
int sum(int a,int b)
{
a=a+b;
   b=a+b;
   return a;
}
int main()
{
      int a=1,b=3,c;
      c=sum(a,b);
      printf("%d,%d,%d\n",a,b,c);
      return 0;
}
```

【运行结果】

```
1,3,4
```

在上面的程序中，实参和形参同名，但两组a、b分属不同函数。在main()函数中，a赋初值为1，b赋初值为3，并作为实参赋给sum()函数的形参a、b。在sum()函数中，形参a经过运算，值变成4，并被作为返回值返回到main()函数中，赋值给变量c。此时，在main()函数中，只有变量c经过赋值后发生改变，而a、b两个变量值不变。所以最终的输出结果为1,3,4。

形参和实参占用各自的存储单元，数据传递时按照“单向值传递”，如果形参在运算中值发生改变，对应的实参不会受到影响。下面的例子可以很好地说明这一点。

【例7.4】 定义一个函数，交换两个形参的值，并在主函数中调用它。

程序实现：

```
#include <stdio.h>
int main()
{
    int x=7,y=11;
    int swap(int a,int b);
    printf("x=%d,\ty=%d\n",x,y);
    printf("swapped:\n");
    swap(x,y);
    printf("x=%d,\ty=%d\n",x,y);
    return 0;
}
int swap(int a,int b)
{
    int temp;
    temp=a; a=b; b=temp;
}
```

【运行结果】

```
x=7,    y=11
swapped:
x=7,    y=11
```

例7.4在调用swap()函数时，实参x和y将7和11分别传递给形参a和b，a和b在函数体执行过程中进行了交换。但它们的交换并没有影响到对应的实参x和y，从运行结果就可以看出。这个例子充分说明，形参与实参变量被分配了不同的存储单元。

2. return语句

参数能从主调函数将数值传递到被调函数，同时希望通过函数调用使主调函数获得一个有用的值，这就是函数的返回值。函数的返回值是由函数的类型决定的，可以是char、short、int、long、float等。如果在定义函数时不指定函数类型，C语言编译系统会默认函数类型为int型。如果没有返回值，则将函数类型定义为void。函数的返回值由返回语句获得。

返回语句的格式为：

```
return(表达式);
```

或

```
return 表达式;
```

或

```
return;
```

第一种和第二种语句的功能相同，将表达式的值返回给主调函数，并立即停止该函数的执行。例如，x是一个int型变量，值为10，那么return x;的返回值是10；return x*2+3;的返回值是23；return 123;的返回值是123。

第三种为无返回值的 return，用来停止所在函数的执行，并返回到主调函数。例如：

```
void notice()
{
    printf("周末愉快！");
    return;
    printf("周末加班！");
}
```

当这个 notice()函数执行的时候，“周末加班!”这条输出语句不会被执行。

在使用 return 语句的时候，要注意以下几点。

（1）如果需要从被调函数带回一个函数值给主调函数，被调函数必须包含 return 语句。如果不需要从被调函数带回函数值，可以不要 return 语句。

一个函数中可以有一条或多条 return 语句，执行到哪一条 return 语句，哪一条语句就起作用。由于函数的返回值只能有一个，因此最终会被执行的 return 语句只有一条。例如：

```
int max(int a,int b)
{
    if(a>=b)
        return a;
    else return b;
}
```

这个函数中有两条 return 语句，由选择语句控制执行其中一条。有时函数产生了多个运算结果，但是无法用 return 语句全部传回。例如，求一元二次方程的函数，不能用 return 返回两个根。后面会介绍使用全局变量或者指针实现将方程的多个结果返回。

（2）当 return 语句的表达式类型与函数类型不一致时，以函数类型为准。如将例 7.1 中的函数简化后代码如下：

```
ave(int num1,int num2)
{
    return (num1+num2)/2.0;
}
```

因为函数 ave()的返回值类型省略，所以是 int 型。返回值用表达式(num1+num2)/2.0 表示，它的值为 double 型，这时 return 语句的表达式类型与函数类型不一致。则系统自动将返回值转换为 int 型。运行此程序，输入 12 和 13，则 ave()函数的返回值为 12，main()函数的输出结果为 12.000000。

注意，当 return 语句的表达式类型与函数类型不一致时，程序编译时会给出“警告”，但是程序依然可以运行，只是结果可能不准确。

（3）如果函数类型为 void，表示函数不会有返回值。这时函数中一定不能出现带返回值的 return 语句，但可以使用不带返回值的 return 语句。

7.2 函数的调用

7.2.1 函数调用的形式

定义一个函数以后就可以在程序中调用这个函数了。在 C 语言中，调用标准库函数时，只需要在程序的最前面用#include 命令包含相应头文件；调用自定义函数时，程序中必须有与调用函数相对应的函数定义。

（1）由于无参函数没有参数，因此调用时不必向参数传递值。无参数函数的调用格式是：

```
函数名();
```

如果无参数函数没有返回值，调用该函数仅执行函数体中的代码。

如果无参数函数有返回值，例如：

```
char c;
c = getchar();
```

该调用过程不仅要执行函数体中的代码，而且主调函数会得到 getchar()函数的返回值。

但是，主调函数也可以忽略函数返回值，例如下面的调用也是合法的：

```
getchar();
```

这时该函数可以用来接收利用键盘输入的字符，而不对该字符做任何处理。

（2）有参函数的调用格式是：

```
函数名(实参列表);
```

实参可以是常量、变量或表达式。例如，调用例 7.2 中的求长方体体积的 vol()函数，以下写法都是正确的：

```
v = vol(2,3,4);    v = vol(a,b,c);    v = vol(a+2,5,c*2);
```

不论是有参函数还是无参函数，按照函数在程序中出现的位置来分，可以有以下 3 种函数调用方式。

① 把函数调用作为一条语句。如 printf()函数，还有例 7.1 中的 star()函数，只要求它们完成一定的操作，而不要求有返回值。

② 函数的调用出现在表达式中，叫作函数表达式。这时被调函数要带回一个确定的值以参加表达式的运算。例如：

```
e = ave(a,b)*100;
```

③ 函数的调用还可以作为函数的实参。例如：

```
m = max(max(a,b),c);
```

这个函数调用的效果，相当于求数据 a、b 和 c 的最大值。又如：

```
printf("%c",getchar());
```

这个函数调用相当于先用 getchar()函数接收利用键盘输入的字符，再用 printf()函数将其输出。

以上两个实例一个是把函数调用作为相同函数的实参，另一个是作为其他函数的实参，具体使用时并无区别。

7.2.2　对被调函数的声明

函数必须先定义后调用，将主调函数放在被调函数的后面，就像变量先定义后使用一样。如果自定义函数在主调函数的后面，就需要在主调函数中声明被调用的函数。声明的作用是把函数名、函数参数的个数和参数类型等信息通知编译系统，以便在遇到函数调用时，编译系统能正确识别函数并检查函数调用是否合法。

【例 7.5】 输出 4 之内的数字金字塔。要求定义和调用函数 pyramid (int n)输出数字金字塔。

程序实现：

```
#include <stdio.h>
int main ()
{
    void pyramid (int n);                       //函数声明
    pyramid(4);                                 //调用函数，输出数字金字塔
    return 0;
}
void pyramid (int n)                            //函数首部
{
    int i, j;
    for (i = 1; i <= n; i++)                    //需要输出的行数
```

```
    {
        for (j = 1; j <= n-i; j++)
           printf(" ");                          //输出每行左边的空格
        for (j = 1; j <= i; j++)
           printf("%d ", i);                     //输出每行的数字
        putchar ('\n');                          //每个数字后有一个空格
    }
}
```

【运行结果】

```
   1
  2 2
 3 3 3
4 4 4 4
```

在上面的程序中，main()函数的定义在 pyramid()函数的定义之前，如果 main()函数中缺少了“函数声明”，编译就不会成功。因为没有对函数的声明，编译器在遇到 pyramid()函数调用的时候，无法判断 pyramid()是否为正确的函数名，也无法判断参数的类型和个数是否正确。因此只有在函数调用之前进行了函数声明，编译器才能根据函数的原型对函数调用的合法性进行检查。

函数声明的一般形式为：

```
函数类型  函数名(参数类型 1 参数名 1,参数类型 2 参数名 2,…,参数类型 n 参数名 n);
```

很容易发现，函数声明与函数首部基本相同，只是多一个分号。因此函数声明又称为函数原型。编写程序的时候，可以直接按照函数首部来书写函数声明，这样不易出错。

由于编译系统并不检查参数名，只检查参数类型，因此参数名是什么无所谓，甚至可以不写。下面是函数声明的简单形式：

```
函数类型  函数名(参数类型 1,参数类型 2,…,参数类型 n);
```

关于函数的声明，有以下几点需要注意。

（1）被调函数的定义出现在主调函数之前时，声明可以省略。因为编译系统已经了解已定义函数的信息，会根据函数首部提供的信息对函数的调用做正确性检查。例 7.1 就是这种情况。

（2）函数的声明不一定要放在主调函数中，更好的办法是放在源文件的开头，即所有函数定义的前面。函数声明的作用域从其声明处开始，一直到源文件结尾。这样无论函数的定义放在何处，任何函数都可以调用它。例如：

```
#include <stdio.h>
int max(int x,int y);                         //在源文件开头部分声明函数 max()
int add(int a,int b);                         //在源文件开头部分声明函数 add()

int main()                                    //定义 main()函数
{
    …
}

int max(int x,int y)                          //定义 max()函数
{
    …
}

int add(int a,int b)                          //定义 add()函数
{
    …
}
```

无论在什么地方调用，都把函数的声明放在程序的源文件开头。这有助于使程序整洁、易读，还可以更好地避免函数调用出错。这样的写法在大型程序中比较常见。

7.3 函数的嵌套调用和递归调用

7.3.1 函数的嵌套调用

一个C语言程序的所有函数之间，除了调用与被调用之外都是平等关系。C语言中的函数不允许嵌套定义，即在一个函数内再定义一个函数。但是，C语言中的函数允许嵌套调用，即主函数调用甲函数，甲函数调用乙函数，乙函数调用丙函数等。函数的这种嵌套调用不受到层数限制。

【例7.6】 计算 $s=1^k+2^k+3^k+\cdots+n^k$。使用函数的嵌套调用。

算法思路如下。

将计算分成两个步骤，先设计函数power()计算 n 的 k 次方；再设计函数total()，通过调用power()，求 $1^k+2^k+3^k+\cdots+n^k$ 的结果。最后定义main()函数，调用total()，输出运算结果。

程序实现：

```
#include <stdio.h>
#define k 4
#define n 5
long power(int n,int k);
long total(int n,int k);
int main()
{
printf("k=%d,n=%d\n",k,n);
     printf("s=%ld\n",total(n,k));                    //调用total()函数
     return 0;
}
long power(int n,int k)                               //计算n的k次方
{
     long power=n;
     int i;
     for(i=1;i<k;i++)power*=n;
     return power;
}
long total(int n,int k)                               //计算1到n的k次方之累加和
{
    long sum=0;
    int i;
    for(i=1;i<=n;i++)sum+=power(i,k);                 //调用power()函数
    return sum;
}
```

【运行结果】

```
k=4,n=5
S=979
```

该程序中函数嵌套调用的过程如图7.3所示。

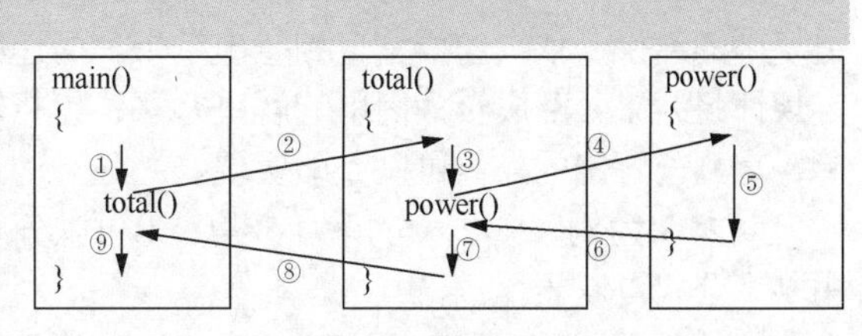

图7.3 嵌套调用的过程

从这个例子可以看出，函数的结构特点是：函数的调用与返回。当一个函数在运行期间调用另一个函数，则暂停当前函数的执行，转而执行被调函数。这时要为被调函数的形参分配存储单元，并将

实参和返回地址（即下一条指令的地址）等信息传递给被调函数保存。当被调函数执行结束或者遇到 return 语句时，返回到主调函数。并从先前保存的返回地址开始继续执行主调函数。使用这种结构有利于多人分工协作完成一个大项目，提高程序的开发效率。由于函数功能相对简单，易于编写、修改和维护，因此能提高程序的可靠性。

7.3.2 函数的递归调用

函数与函数之间可以相互调用，还可以嵌套调用，那么一个函数可以调用它自身吗？这种做法是存在的。一个函数直接或间接地调用自身，称为函数的递归调用。直接调用时称为直接递归，间接调用时称为间接递归，如图 7.4 所示。

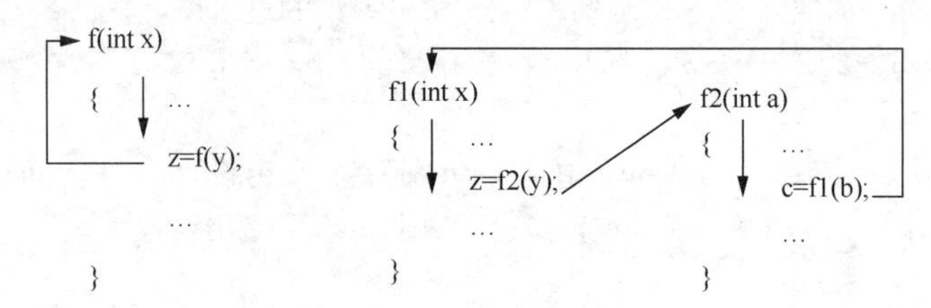

图 7.4 直接递归和间接递归

递归调用的函数称为递归函数。在递归调用中，调用函数又是被调函数。函数将反复调用其自身，每调用一次就进入新的一层。

小时候听过一个故事："从前有座山，山里有座庙，庙里有个老和尚，他在干什么？在讲故事。讲什么？从前有座山，山里有座庙，庙里有个老和尚，他在干什么？在讲故事。讲什么？从前有座山，山里有座庙……"在故事里面又讲到本故事，符合递归的特点，因此是一个递归的故事。下面的函数形式可以描述这个故事：

```
void story()
{
    if(老和尚不想讲了) return;
    从前有座山，山里有座庙，庙里有个老和尚，他在干什么？在讲故事。讲什么？
    story();
}
```

在这个例子中，story()函数在定义时调用了 story()函数，属于直接递归。而 if 语句用来结束函数，否则，这个 story()函数会无限制地递归调用下去，不会终止。在实际情况中不应出现这样不会终止的递归调用。为了防止递归调用无终止地进行，必须在函数内有终止递归调用的手段。常用的办法是加条件判断，满足某种条件后就不再做递归调用，然后逐层返回。一般可以用 if 语句来控制，只有在某一条件成立时才继续执行递归调用，否则就不再继续。

【例 7.7】 用递归的方法求 n!。

算法思路如下。

在数学里面求 n!通常用递推法，即从 1 开始，乘 2、乘 3、乘 4……一直乘到 n。递推法的特点是，从问题最初、最简单的点开始，按照一定规律推出较复杂的结果，再从这个较复杂的结果推出更复杂的结果，依次递推，直到得出结果。而递归的过程相反，它是从最复杂的结果入手，按照一定规律将结果分解成较为简单的解决办法，再将较为简单的解决办法按照同样规律分得更细、更简单，直到分解出的操作可以立即实现。

以求 5!为例。5!可以分解为 5×4!；4!可以分解为 4×3!……最后分解得到的 1!为 1，分解终止。用以下公式可以表示：

$$\text{fun}(n)=\begin{cases}1 & n=0\text{或}1\\ n\times(n-1)! & n>1\end{cases}$$

程序实现：

```
#include <stdio.h>
int main()
{
    long fun(int n);
    int n;
    long y;
    printf("please input n:");
    scanf("%d",&n);
    y=fun(n);
    printf("%d!=%ld\n",n,y);
    return 0;
}

long fun(int n)                              //定义递归函数
{
    long f;
    if(n<0)                                  //递归出口 1：n 值不合法
        printf("data error!");
    else if((n==1)||(n==0))                  //递归出口 2：n 为 0 或者 1
          f=1;
        else f=n*fun(n-1);                   //递归运算式
    return f;
}
```

【运行结果】

```
please input n:5
5!=120
```

按照分析的公式很容易写出程序。但是有一处 f=n*fun(n-1);，容易直接照搬公式写成 f(n)=n*fun(n-1);，这点要特别注意。

其实前面可以用循环解决的很多问题，都可以用递归来解决。例如：

问题 1：求前 n 个自然数的和。

分析：求前 n 个自然数的和可以分解成，n 和前 $n-1$ 个自然数的和，即用下面公式可以表达。

$$\text{sum}(n)=\begin{cases}1 & n=1\\ n+\text{sum}(n-1) & n>1\end{cases}$$

问题 2：求 x^y 的值。

分析：x^y 可以分解成 $x\times x^{y-1}$，因此可以用下面公式表示。

$$\text{pow}(x,y)=\begin{cases}x & y=1\\ x\times\text{pow}(x,y-1) & y>1\end{cases}$$

最后总结一下，设计递归程序，一般可分为如下两个步骤：

（1）确定递归终止的条件（递归出口）；

（2）确定将一个问题转换成另一个问题的规律，即找到前后两项之间的规律，例如，求 $n!$，前后两项之间的规律就是 $n!=n\times(n-1)!$。

7.4 数组作为函数的参数

数组用作函数参数有两种形式：一种是把数组元素（又称下标变量）作为实参使用；另一种是

把数组名作为函数的形参和实参使用。

7.4.1 数组元素作为函数的参数

数组元素就是下标变量，它与普通变量并无区别。数组元素只能用作函数实参，其用法与普通变量完全相同：在进行函数调用时，把数组元素的值传送给形参，实现单向值传递。

【例 7.8】 输入一个字符串，计算出其中字母的个数。

算法思路如下。

定义函数 isalp()，用来判断一个字符是否为字母，如果“是”则返回 1，否则返回 0。定义 main()函数，用来输入和保存用户输入的字符串，并调用 isalp()函数依次判断字符串中的字符并计数。最后输出字母个数。

程序实现：

```
#include <stdio.h>
int main()
{
     int isalp(char c);
     int i,num=0;
     char str[255];
     printf("Input a string: ");
     gets(str);
     for(i=0;str[i]!='\0';i++)
          if (isalp(str[i]))
               num++;
     printf("num=%d\n",num);
     return 0;
}

int isalp(char c)
{
     if(c>='a'&&c<='z'||c>='A'&&c<='Z')
          return  1;
     else
          return  0;
}
```

【运行结果】

```
Input a string: hello world!
num=10
```

用数组元素作实参时，只要数组类型和函数的形参类型一致即可，并不要求函数的形参也是下标变量。换句话说，对数组元素的处理是按普通变量对待的。传值的时候仍然是单向值传递。

7.4.2 数组名作为函数的参数

数组名作函数参数时，既可以作形参，也可以作实参。

数组名作函数参数时，要求形参和相对应的实参都必须是类型相同的数组（或指向数组的指针变量），用一维数组作形参时，可以不限定数组元素的个数。

【例 7.9】 输入一组（10 个以内）整型数据，将其逆序存放。要求使用数组名作为函数的参数。

算法思路如下。

定义函数 reverse()，以数组名 p 和数组长度 n 为形参，实现对数组 p 的逆序排列。定义 main()函数，输入 n 值和所有 n 个整型数据，调用 reverse()函数对输入的数据实现逆序排列，并输出逆序排列结果。

程序实现：

```
#include <stdio.h>
int main()
{
     int i,a[10],n;
     void reverse(int p[],int n);          //函数声明
     printf("Enter n:");
     scanf("%d",&n);
     printf("Enter %d integers:\n",n);
     for(i=0;i<n;i++)
          scanf("%d",&a[i]);
     reverse(a,n);                         //调用函数
     for(i=0;i<n;i++)
          printf("%d\t",a[i]);
     printf("\n");
    return 0;
}
void reverse(int p[],int n)
{    int i,j,t;
     for(i=0,j=n-1;i<j;i++,j--)
     {
          t=p[i];p[i]=p[j];p[j]=t;         //实现数组元素位置的交换
     }
}
```

【运行结果】

```
Enter n:5
Enter 5 integers:
1       2       3       4       5
5       4       3       2       1
```

用数组名作为函数参数，并不是将数组中的全部元素传递给对应的形参。由于数组名代表数组的首地址，因此只是将数组的首个元素的地址传递给对应的形参。

用数组名作为函数参数，应该在主调函数和被调函数中分别定义数组，且类型必须一致，否则会出错。

由于 C 语言编译系统不对形参数组大小做检查，因此形参数组可以不指定大小。如果指定形参数组的大小，则实参数组的大小必须大于等于形参数组的，否则会因形参数组的部分元素没有确定值而导致计算结果错误。如果不指定形参数组的大小，在定义形参时，数组名后面必须跟一个空括号，如 p[]。

7.5　变量的作用域和生存期

变量可以使用的范围叫作变量的作用域，而变量存在的时间叫作变量的生存期。这两个属性叫作变量的存储属性。

7.5.1　变量的作用域

在一个函数内部定义的变量只在本函数范围内有效，称为内部变量或者局部变量。而在函数外部定义的变量是外部变量，也称为全局变量。

1. 局部变量

本书到此处的所有例子，在程序中使用的变量都定义在函数的内部，它们的有效范围被局限在所在函数内部，因此都是局部变量。局部变量的使用有以下特点。

（1）main()函数中定义的变量只在 main()函数中有效，main()函数也不可以使用其他函数中定义的变量。例如：

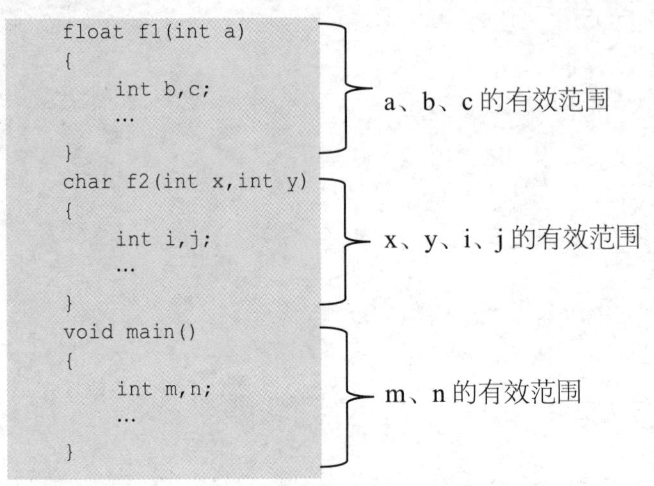

（2）不同函数中可以使用相同名字的变量，它们代表不同的存储空间，互不干扰。

【例 7.10】 不同函数中使用相同名字变量示例。

程序实现：

```
#include <stdio.h>
int main()
{
    int a,b;
    void sub();
    a=3;
    b=4;
    printf("main:a=%d,b=%d\n",a,b);
    sub();
    printf("main:a=%d,b=%d\n",a,b);
    return 0;
}
void sub()
{
    int a,b;
    a=6;
    b=7;
    printf("sub:a=%d,b=%d\n",a,b);
}
```

【运行结果】

```
main:a=3,b=4
sub:a=6,b=7
main:a=3,b=4
```

上面的程序中有 3 条 printf 语句，都输出变量 a、b 的值。其中第一条和第三条 printf 语句输出的是 main()函数中的 a、b 变量值 3 和 4，第二条输出的是 sub()函数中 a、b 变量的值 6 和 7，因此得到上面的输出结果。

（3）形式参数也是局部变量。例如第（1）点中的形参 a、x、y 都是局部变量。

（4）在程序中用花括号括起来的区域叫作语句块。无论函数体、循环体还是分支都是语句块。每个语句块的头部都可以定义变量。每个变量仅在定义它的语句块（包含下级语句块）内有效，并且拥有自己的内存空间。例如：

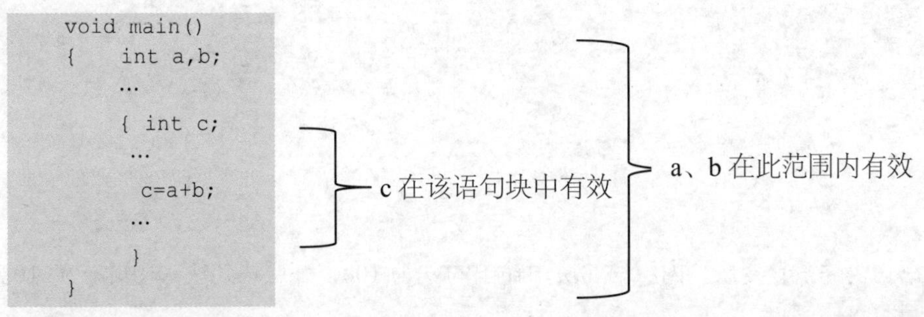

上述语句块中的变量 c 只在内层语句块中有效，一旦语句块结束，c 的存储空间就被释放，c 为无效变量。

【例 7.11】 循环语句块中的局部变量示例。

程序实现：

```
#include <stdio.h>
int main()
{
     int count1=1;
     do
     {
          int count2=0;
          ++count2;
          printf("\ncount1=%d count2=%d",count1,count2);
     }while(++count1<=8);
     printf("\ncount1=%d\n",count1);
    return 0;
}
```

【运行结果】

```
count1=1 count2=1
count1=2 count2=1
count1=3 count2=1
count1=4 count2=1
count1=5 count2=1
count1=6 count2=1
count1=7 count2=1
count1=8 count2=1
count1=9
```

上面的 main()函数中的变量 count1 在整个函数中有效，变量 count2 在 do-while 循环语句块中有效。count1 从 1 变化到 8，使循环运行 8 次，count1 为 9 时，循环结束。而 count2 在每次循环中先被定义且赋值为 0，执行自增运算为 1，然后被释放。因此 count2 被反复定义而后被释放了 8 次，每次的值只能从 0 变化到 1。

（5）语句块出现在函数体中，语句块中可以包含语句块，即语句块的嵌套。在嵌套的语句块中，若第 n 层局部变量的名字与第 n-1 层中的局部变量名字相同，则第 n-1 层同名的变量在第 n 层中暂时失效，离开第 n 层后才恢复有效性。

【例 7.12】 嵌套语句块中的重复变量。

程序实现：

```
#include <stdio.h>
int main()
```

```
    {
        int y=10;
        {
           int y=100;
           printf("y=%d\n",y);
        }
        printf("y=%d\n",y);
        return 0;
    }
```

【运行结果】

```
y=100
y=10
```

y 为嵌套语句块的重复变量。内层语句块中输出的 y 为 100，外层语句块输出的 y 为 10。两个 y 分别占用不同的内存空间。

2. 全局变量

局部变量保证了函数的独立性，但设计程序有时要考虑不同函数之间的数据交流，当一些变量需要被多个函数使用时，参数传递虽然是办法之一，但是必须通过函数调用才能实现，并且函数返回值只有一个。为了解决多个函数间的变量共用需求，可以使用全局变量。

全局变量定义在函数外部，不属于任何函数。它可以在程序头部，也可以在两个函数中间，还可以在程序尾部。全局变量的作用范围从定义位置开始，到源文件结束。一般情况下，程序员会把全局变量定义在程序最前面，即所有函数之前。

和局部变量不同，在声明全局变量时如果没有为其赋初始值，系统会自动为其赋一个默认的初始值。例如数值型全局变量，默认初始值为 0。

【例 7.13】 定义一个函数，求一组（不多于 10 个）数据的最大值、最小值和平均值，使用全局变量实现。

算法思路如下。

定义一个函数，通过参数引入数组数据和数组长度。在函数内部使用循环语句分别完成求最大值、求最小值和求平均值的运算。最终结果有 3 个，使用 return 语句返回平均值，最大值和最小值只能用全局变量来保存了。因此在程序开头定义全局变量 Max、Min，在定义函数时直接使用这两个变量保存运算结果。

程序实现：

```
#include <stdio.h>
float Max,Min;                                   //定义的全局变量
float average(float array[], int n)
{    int i;
     float sum=array[0];
     Max=Min=array[0];                           //使用全局变量
     for(i=1;i<n;i++)
     {
       if(array[i]>Max)  Max=array[i];
           else if(array[i]<Min)  Min=array[i];
           sum+=array[i];
     }
     return(sum/n);
}

int main()
{    int i,n;
     float ave,score[10];
```

```
    printf("请输入这组数据的个数：\n");
    scanf("%d",&n);
    printf("请依次输入%d 个数据：\n",n);
    for(i=0;i<n;i++)
        scanf("%f",&score[i]);
    ave=average(score,n);
    printf("max=%6.2f\nmin=%6.2f\naverage=%6.2f\n",Max,Min,ave);//输出全局变量
    return 0;
}
```

【运行结果】

```
请输入这组数据的个数：
4
请依次输入 4 个数据：
2 6 5 1
max=  6.00
min=  1.00
average=  3.50
```

从这个程序可以看出，全局变量应该在使用它的函数之前定义好，所有函数使用时无须再定义即可使用。全局变量就像一个公用变量，按照各函数使用它的顺序，依次改变其值。

如果在一个源文件中全局变量和局部变量同名，则在局部变量的作用范围内，全局变量暂时失效。例如：

```
#include <stdio.h>
int x;                                      //定义全局变量 x
int f();
int main()
{
    int a=10;
    x=a;                                    //对全局变量赋值
    a=f();
    printf("a=%d x=%d\n",a,x);              //输出全局变量 x
    return 0;
}
int f()
{
    int x=4;                                //x 为局部变量，本函数内部全局变量 x 失效
    return x;
}
```

【运行结果】

```
a=4 x=10
```

需要注意的是，全局变量的存在减少了函数参数的个数和数据传递的时间消耗，但要避免随意、过量使用全局变量，原因如下。

（1）局部变量在函数结束会释放存储空间，而全局变量在程序的全部执行过程中都占用存储空间，存在存储空间上的浪费。

（2）函数之间除了通过参数进行联系外，基本是封闭的个体，这样程序的移植性和可读性都比较高。而使用了全局变量后，函数通用性会降低，太过依赖全局变量使得进行函数移植的时候容易出错。

（3）全局变量可以被任何函数修改，过多使用全局变量的程序容易出错，也不利于团队开发。

7.5.2　变量的存储类别和生存期

为了正确、有效地使用变量，除了要了解变量的作用域，还要清楚变量的生存期。变量存在的

时间，即变量的生存期。变量的作用域是从空间角度来看，变量的生存期是从时间角度来看。有的变量在程序运行的整个过程都是存在的，而有的变量只在调用它所在函数中时，才被临时分配存储单元，且函数调用结束后就马上释放了，即变量消失。因此变量的存储有两种不同的方式：静态存储方式和动态存储方式。静态存储方式是程序运行期间由系统分配固定存储空间。而动态存储方式是在程序运行期间根据需要动态地分配存储空间。

在内存中存放数据的区域分为静态存储区和动态存储区。全局变量存放在静态存储区中，在程序开始执行时给全局变量分配固定的存储单元，直到程序结束才释放空间。在动态存储区中存放了以下 3 类数据。

① 函数的形参。调用函数时给形参分配存储空间。

② 自动变量。函数中未加 static 声明的变量。

③ 函数调用时的现场保护和返回地址。

以上 3 类数据在函数调用开始时分配动态存储区，函数结束时释放存储空间。在程序执行过程中这种分配和释放是动态的，意味着若一个函数先后被调用两次，分配给函数中局部变量的存储空间可能是不同的。

每个变量不仅具有数据类型的属性（如 int、float），还具有数据存储类别的属性（如静态存储或动态存储）。下面分别介绍局部变量和全局变量的存储类别。

1. **局部变量的存储类别**

在 C 语言中，对局部变量的存储类型的说明有以下 3 种：自动变量、静态变量、寄存器变量。

（1）自动（auto）变量：按动态方式分配内存，其特点是每次分配给同一变量的内存地址可能是变化的。

局部变量默认是 auto 变量，操作系统以动态方式为其分配内存，书写时 auto 可以省略。下列两种定义局部变量的写法是等价的：

```
auto int x;
int x;
```

函数中的形参和在函数中定义的变量都属于此类。程序中大多数变量都属于 auto 变量。

（2）静态（static）变量：按静态方式分配内存，其特点是每次分配给同一变量的内存地址是不变的。

对于 static 变量，操作系统按照静态方式分配内存，在静态存储区内分配存储单元。书写的方法是：

```
static int x;
static float y;
```

static 变量在编译时就被赋初值，且只能赋一次初值。以后每次调用函数时不再重新赋初值，只是保留上次函数调用结束时的值。如果在定义时没有赋初值，编译时会自动为其赋值 0（数值型）或者空字符（字符型）。虽然 static 变量在函数调用结束后仍然存在，但是其他函数不能使用它，因为它是局部变量，只能被本函数使用。

【例 7.14】 用以下程序演示 auto 变量和 static 变量的区别。

程序实现：

```
#include <stdio.h>
void caution();
int main()
{
     caution();
     caution();
     caution();
```

```
    return 0;
}
void caution()
{
    int b=0;
    static int c=3;
    b=b+1;
    c=c+1;
    printf("b=%d,c=%d\n",b,c);
}
```

【运行结果】

```
b=1,c=4
b=1,c=5
b=1,c=6
```

在上例中，当操作系统将代码读入内存时，发现变量 c 是 static 变量，就为 c 分配了内存，并赋值 3。当调用函数 caution()时，不再为 c 分配内存，调用完毕后也不会释放 c 的内存。当 caution()函数被调用 3 次，c 的值进行 3 次加法运算，值依次从 4 到 6。但是 b 变量为 auto 变量，当调用函数 caution()时，b 被分配内存，执行完后又释放 b 的内存。因此每次 caution()函数被调用，b 的初值都是 0，执行加法运算后都是 1。所以输出 b 和 c 值时，b 每次都是 1，而 c 会依次递增。

（3）寄存器（register）变量：不给变量分配内存，而是把中央处理器（Central Processing Unit，CPU）的寄存器分配给变量。

register 变量的定义方法如下。

```
register int x;
```

CPU 从寄存器中读取数据比从内存中读取数据要快，因此当 CPU 经常需要反复读取、操作一个变量中的数据时，可以将该变量定义为 register 变量。由于寄存器的长度是有限的，能表达的数据范围有限，所以通常仅用于定义 char 型和 int 型的变量。寄存器的个数也有限，不能定义太多的 register 变量。当寄存器空闲的空间不足时，register 变量一律按照自动变量处理。

2. 全局变量的存储类别

对于全局变量，操作系统是以静态方式分配内存空间的。全局变量不能是 auto 变量。全局变量的作用域从变量的定义处开始，到本程序文件的末尾。在此作用域内，全局变量可以被程序中各个函数所引用。

如果在全局变量的作用域外还要使用全局变量，则应事先用 extern 说明。使用 extern 说明可以扩展全局变量的作用域。扩展全局变量作用域的方式可以分成两种：一是在同一文件内扩展全局变量作用域；二是将一个文件中的全局变量作用域扩展到另一个文件。

（1）同一文件内扩展全局变量作用域。

在同一文件中，由于全局变量不是在文件开头就定义的，因此如果想在全局变量定义之前的函数中使用全局变量，就应在函数中用 extern 加以说明。

【例 7.15】 前面介绍过使用参数和返回值不能将两个变量进行交换，下面使用全局变量实现两个变量值的交换。

程序实现：

```
#include <stdio.h>
void swap();
int main()
{   extern int x,y;              //声明全局变量，说明变量 x、y 在后面有定义
    x=7;                         //对全局变量 x 赋初值
    y=14;                        //对全局变量 y 赋初值
```

```
    printf("before: x=%d,b=%d\n",x,y);
    swap();
    printf("after: x=%d,y=%d\n",x,y);
    return 0;
}

int x,y;                        //定义全局变量 x 和 y
void swap()
{
    int temp;
    temp=x;                     //交换全局变量 x 和 y 的值
    x=y;
    y=temp;
    printf("inswap(): x=%d,y=%d\n",x,y);
}
```

【运行结果】

```
before: x=7,b=14
inswap(): x=14,y=7
after: x=14,y=7
```

上述程序中，虽然全局变量 x 和 y 的定义在主函数的后面，但由于在主函数中用 extern 声明了变量 x 和 y 是外部变量，因此，将全局变量 x 和 y 的作用域扩展到了主函数，这样在主函数中就可以对全局变量 x 和 y 进行操作（赋值、输出）。

（2）将一个文件中的全局变量作用域扩展到另一个文件。

当需要在一个源程序文件中使用另一个源程序文件中定义的全局变量时，也可以用 extern 对全局变量进行声明。例如，在下列程序中，两个函数分别存放在两个文件中。

```
//file1.c 文件
#include <stdio.h>
#include "file2.c"                //将源程序文件 file2.c 包含到当前文件中来
int x,y;                          //定义全局变量
int main()
{   x=7;
    y=14;
    printf("before: x=%d,b=%d\n",x,y);
    swap();
    printf("after: x=%d,y=%d\n",x,y);
    return 0;
}
```

```
//file2.c 文件
extern  int x,y;                  //声明全局变量
void swap()
{   int temp;
    temp=x;
    x=y;
    y=temp;
    printf("inswap(): x=%d,y=%d\n",x,y);
}
```

在主函数所在的文件 file1.c 中定义了全局变量 x 和 y，在函数 swap()所在的文件 file2.c 中将 x 和 y 声明为外部变量，这样在函数 swap()中就可以使用文件 file1.c 中定义的全局变量 x 和 y 了。

用 extern 声明全局变量时，由于不是定义变量，所以类型名可以写也可以不写，如 extern int x,y;或者 extern x,y;都是正确的。

此外，如果想使在当前文件中定义的全局变量不被其他文件使用，就可以在定义全局变量时，将其定义成 static 外部变量。例如：

```
//file1.c
static int A;
int main()
{
 …
}
```

```
//file2.c
extern A;        //编译时会提示此处变量未定义
void fun(int n)
{    …
     A=A*n;
     …
}
```

file1.c 中用 static 声明全局变量 A，因此变量 A 只能用于本文件。file2.c 文件使用 extern A 时，编译系统会认为 A 在本文件中未定义，不能扩展使用。

在此需要注意的是，使用 static 声明局部变量和全局变量的目的是不同的。对于局部变量，使用 static 声明将改变变量的存储区域类型（从动态存储区改为静态存储区）。对于全局变量，它本身就位于静态存储区，使用 static 声明可以使该变量的作用域只限于本文件中。表 7.1 所示为局部变量和全局变量的存储特性。

表 7.1　局部变量和全局变量的存储特性

<table>
<tr><th>变量类别</th><th colspan="3">局部变量</th><th colspan="2">全局变量</th></tr>
<tr><td>存储类别</td><td>auto</td><td>register</td><td>static</td><td>static</td><td>普通</td></tr>
<tr><td>存储方式</td><td colspan="2">动态</td><td>静态</td><td colspan="2">静态</td></tr>
<tr><td>存储空间</td><td>动态存储区</td><td>寄存器区</td><td>静态存储区</td><td colspan="2">静态存储区</td></tr>
<tr><td>生存期</td><td colspan="2">从函数调用开始到结束</td><td>程序整个运行期间</td><td colspan="2">程序整个运行期间</td></tr>
<tr><td>作用域</td><td colspan="3">定义变量的函数或者语句块中</td><td>本文件</td><td>可以所有文件</td></tr>
<tr><td>赋初值</td><td colspan="2">每次函数调用时</td><td colspan="3">编译时赋初值，只有一次机会</td></tr>
<tr><td>未赋初值</td><td colspan="2">值不确定</td><td colspan="3">自动赋值为 0 或者空字符</td></tr>
</table>

7.6　本章小结

本章主要讲解了 C 语言中的函数，包括函数的定义和声明、函数的调用、局部变量、全局变量以及变量的作用域等。通过对本章的学习，读者能掌握模块化思想，熟练封装功能代码，并以函数的形式进行调用，从而简化代码，提高代码可读性。

习题

一、选择题

1. 下面叙述中正确的是（　　）。

   A. 对于用户自己定义的函数，在使用前必须加以说明

B. 函数可以返回一个值，也可以什么值也不返回

C. 说明函数时必须明确其参数类型和返回类型

D. 空函数不完成任何操作，所以在程序设计中没有用处

2. 下面叙述中错误的是（　　）。

A. 主函数中定义的变量在整个程序中都是有效的

B. 在其他函数中定义的变量在主函数中都不能使用

C. 形式参数也是局部变量

D. 复合语句中定义的函数只在该复合语句中有效

3. 下面叙述中正确的是（　　）。

A. 全局变量在定义它的文件中的任何地方都是有效的

B. 全局变量在程序全部执行过程中一直占用内存单元

C. 同一文件中的变量不能重名

D. 使用全局变量有利于程序的模块化和可读性的提高

4. 若函数的类型和 return 语句中表达式的类型不一致，则（　　）。

A. 编译时出错

B. 运行时出现不确定结果

C. 不会出错，且返回值的类型以 return 语句中表达式的类型为准

D. 不会出错，且返回值的类型以函数的类型为准

5. 在函数的说明和定义时若没有指出函数的类型，则（　　）。

A. 系统自动认为函数类型为整型　　B. 系统自动认为函数类型为浮点型

C. 系统自动认为函数类型为字符型　　D. 编译时会出错

6. C 语言中若不特别声明，则变量的类型被认为是（　　）。

A. extern　　B. static　　C. register　　D. auto

7. 在函数调用语句 fun1(fun2(x,y),(x,y),z=x+y);中，fun1 的实际参数的个数是（　　）。

A. 3　　B. 7　　C. 4　　D. 5

8. 对函数的调用不可以出现在（　　）。

A. 对一个变量赋初值　　B. 调用函数时传递的实际参数

C. 函数的形式参数　　D. 引用数组元素[ ]的运算符中

9. 若用数组名作为函数调用的实参，传递给形参的是（　　）。

A. 数组的首地址　　B. 数组第一个元素的值

C. 数组中全部元素的值　　D. 数组元素的个数

10. 在下面的函数声明中，存在语法错误的是（　　）。

A. BC(int a, int);　　B. BC(int,int);　　C. DC(int,int=5);　　D. BC(int x, int y);

二、填空题

1. 一个函数直接或间接地调用自身，称为函数的__________。在 C 语言中，某函数在一个程序中被调用的次数是_________限制的。

2. 在 C 语言中，编译是以________为单位的，一个 C 语言程序可以由一个或多个__________组成。

3. C 语言中，唯一不能被别的函数调用的函数是__________。

4. 从用户的角度看，C 语言中的函数有两种，即__________和_________。

5. 在定义函数时，函数名后面括号中的变量名称为__________，在调用函数时，函数名后面括号中的变量名称为___________。

6．在函数内部定义的只在本函数内有效的变量是______________，在函数外定义的变量是____________。

7．在 C 语言中，一个函数一般由两个部分组成，分别是_________和__________。

8．下面程序的运行结果是_____。

```
void main( )
{
int a=2, i;
for(i=0;i<3;i++)
     printf("%4d",f(a) );
}
f( int a)
{
     int b=0;
     static  int c=3;
     b++;  c++;
     return (a+b+c);
}
```

9．以下程序可计算 10 名学生 1 门功课成绩的平均分，请填空。

```
float average( float array[10] )
{
     int i;
     float aver, sum=array[0];
     for ( i=1; _____;i++)
     sum+=___________;
     aver=sum/10;
     return(aver);
}
void main( )
{
     float score[10], aver ;
     int i ;
     printf("\ninput  10 scores:");
     for(i=0; i<10;i++)  scanf("%f",&score[i] );
     aver =_________;
     printf("\naverage score is %5.2f\n", aver);
}
```

10．下面程序的运行结果是________。

```
void main( )
{
int i=5;
printf("%d\n", sub(i) ) ;  }
sub ( int n )
{
int  a ;
if ( n==1)  a=1;
else a=n+sub(n-1);
return( a ) ; }
```

11．下面程序的运行结果是__________。

```
int f(int x,int y)
{ return((y-x)*x); }
void main( )
{
int a=3,b=4,c=5,d;
```

```
    d=f(f(3,4),f(3,5));
    printf("%d\n",d);
    }
```

三、编程题

1. 已有函数调用语句 c=add (a,b);，编写 add()函数，计算两个浮点数 a 和 b 的和，并返回和值。

2. 有一个数组，内放 10 个学生的英语成绩，编写一个函数，求出平均分，并且输出高于平均分的英语成绩。

3. 编写一个函数计算任意一个整数的各位数字之和，完成 int count(int x)函数的编写，其中 x 代表一个任意整数。

4. 已有变量定义语句 double a=5.0; int n=5;和函数调用语句 mypow (a, n);，求 a 的 n 次方。编写 double mypow (double x, int y)函数。

5. 用函数的递归调用计算 1+2+3+⋯+n 的结果，完成 int sum(int n)函数的编写。

08 第 8 章　指针

学习目标

- 理解指针的概念，掌握指针变量的定义方法和初始化。
- 掌握指针变量的运算和引用。
- 掌握指针与数组、指针与字符串、指针与函数。

第 6 章介绍了数组在定义时必须确定数组的长度，但在实际编程工作中往往无法事先确定需要处理的数据数量；第 7 章介绍了函数调用时可以通过 return 语句返回一个结果，但如果需要返回一个以上的结果该如何处理？以上这些问题都可以通过指针来解决。

8.1　指针的概念

指针是 C 语言中一个非常重要的概念，也是 C 语言的特色之一。利用指针变量可以表示各种数据结构，方便地使用数组和字符串，动态地分配内存，得到多个函数返回值，并能像汇编语言一样处理内存地址。

1. 变量的地址

在计算机中，为了方便管理和存放数据，可将内存划分为若干存储单元，每个单元可以存放 8 位二进制数，即 1 个字节。每个字节有一个编号，这个编号就称为“地址”。例如，把内存看作一条长街上的一排房屋，每间房子都可以容纳一定数量的人，并通过一个门牌号来标识。

在 C 语言中，如果定义了一个变量，在编译时系统会根据该变量的类型给它分配相应大小的内存单元。例如，在 Dev-C++环境下，short 型变量分配 2 字节的内存单元，float 型变量分配 4 字节的内存单元。不同的编译系统为相同类型的变量分配的字节数也可能不同，这一点在前文中已经介绍过。变量的地址就是系统为变量分配的内存单元的首地址，即分配给变量的第一个内存单元的地址。例如：

```
short a;      float b;
a=3;          b=5;
```

程序在运行时，系统将会给变量 a 和 b 分别分配 2 字节和 4 字节的内存单元（Dev-C++环境下），假设给变量 a 分配的存储单元地址为 3AB0 和 3AB1，给变量 b 分配的存储单元地址为 3AB8、3AB9、3ABA 和 3ABB，则起始地址 3AB0 就是变量 a 在内存中的地址，而起始地址 3AB8 就是变量 b 在内存中的地址，如图 8.1 所示。

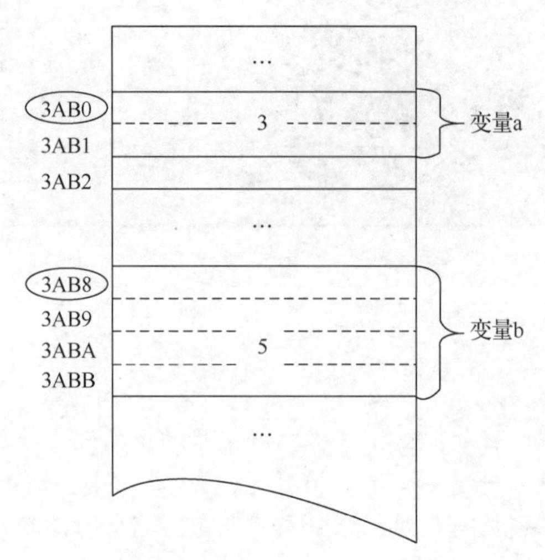

图 8.1　变量 a 和 b 对内存的占用情况

内存单元的地址和内存单元的内容同样是数据，但是它们是两个完全不同的概念。在图 8.1 中，变量 a 的地址是 3AB0，内容是 3；变量 b 的地址是 3AB8，内容是 5。对变量值的存取都是通过地址进行的。

2. 指针变量

变量的访问方式有直接访问和间接访问两种，而指针变量就是为变量的间接访问方式服务的。

（1）变量的访问方式。

① 直接访问方式。直接访问方式按变量名（即变量的地址）存取变量值。例如在图 8.1 所示的例子中要计算 a+b 的值，系统通过一张变量名与地址对应关系表，分别找到 a 的地址 3AB0，将 3AB0～3AB1 中的数据 3 读出，找到 b 的地址 3AB8，将 3AB8～3ABB 中的数据 5 读出，再对它们进行算术运算。这个过程就是变量的直接访问。

② 间接访问方式。间接访问方式将变量的地址放在另一个内存单元中，先到另一个内存单元中取得变量的地址，再由变量的地址找到变量并进行数据存取。打个比方，某谍报组织有一个重要信息——密电码存放在银行的一个保险箱 A 中，由于不知道保险箱 A 的编号，所以不能直接获得密电码，但知道保险箱 A 的编号存在另一个保险箱 B 中，因此只要知道 B 的编号，就可以通过 B 找到 A 中的密电码。例如在图 8.2 所示的例子中，定义变量 p 存放变量 a 的地址，若要得到变量 a 的值，可以先访问变量 p 得到 a 的地址，再通过其地址找到值。这个过程就是变量的间接访问。

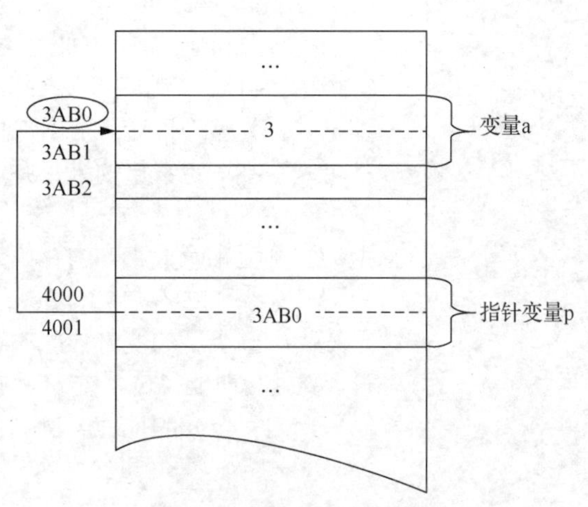

图 8.2　变量的间接访问方式

（2）指针变量的概念。

在内存中可以根据存储地址准确地找到该内存单元，因此给变量的地址一个特殊的名称“指针”。也就是说，指针实际上就是内存地址，变量的地址就是该变量的指针，存放指针的变量就是指针变量。指针变量是一种特殊的变量，它是专门用来存放另一个变量的地址的。例如，在图 8.2 中变量 a 的指针就是 3AB0，变量 p 中存放 a 的指针，因此变量 p 为指针变量，也称指针变量 p 指向整型变量 a。

8.2 指针变量的定义与引用

8.2.1 指针变量的定义

前面讲过，变量必须先定义再使用，指针变量作为一种特殊的变量，同样遵循这个原则。

1. 定义方法

指针变量定义的一般形式为：

```
类型名 *变量名;
```

- 类型名：该指针变量所指向的内存中存放的数据的类型。
- *：指针变量的定义符，表明后面的变量是指针变量。
- 变量名：指针变量的名称，必须是合法的标识符。

例如，有如下指针变量的定义：

```
int      *p1,*p2;
char     *ps;
float    *pf;
```

表示定义了指针变量 p1、p2、ps、pf，其中 p1 的值是某个整型变量的地址，或者说 p1 指向一个整型变量。同理可以理解其他几个变量的含义。

定义指针变量时需要使用指针变量的定义符*，但该符号并不是指针的组成部分，即定义 int *p;说明 p 是指针变量，而非*p。

2. 指针变量的赋值

指针变量的值是指针，即地址，是一个无符号整数，但不能直接将整型常量赋给一个指针变量。指针变量不同于其他类型的普通变量，指针变量在定义后必须赋予具体的值，否则指针变量所指向的位置不确定，在后续操作中可能会导致系统的重要数据遭到篡改，从而导致系统的运行出现问题。指针变量的赋值可以通过以下方法实现。

（1）用变量的地址给指针变量赋值。

C 语言中提供的地址运算符&可以用来取得变量的地址，将该地址赋予一个指针变量，需要注意，变量的类型必须与指针变量的类型相同。

例如：

```
int a, *p;
p=&a;                    //p 指向整型变量 a
```

（2）用相同类型的指针变量赋值，如图 8.3 所示。

例如：

```
int a;   int *p1,*p2;
p1=&a;   p2=p1;          //p1 和 p2 都指向整型变量 a
```

p1
&a
p2
&a
a
*p1, *p2

图 8.3　用相同类型的指针变量赋值

（3）赋空值 NULL。

例如：

```
int *p;
p=NULL; (或 p=0;)  //表示空指针，即该指针不指向任何内存单元
```

因此，可以得到指针变量初始化的方法：

- 赋空值 NULL；
- 用已定义的变量的地址。

例如：

```
int a,*p1=NULL;   int *p2=&a;
```

等价于：

```
int a,*p1,*p2;
p1=NULL;
p2=&a;
```

p=NULL 与未对 p 赋值具有不同的含义，p=NULL 是合法的，但定义指针变量后未对其赋值是非常危险的。

8.2.2 指针变量的引用

当一个指针指向一个变量时，程序就可以利用这个指针间接引用这个变量。在指针变量的引用中有两个相关的运算符，下面介绍这两个运算符的作用及运算规则。

1. 运算符

（1）取地址运算符&。

作用：位于变量名之前，表示该变量的存储地址。

例如：a 为一个整型变量，&a 表示变量 a 所占据的内存空间的首地址。

（2）指针运算符*。

作用：位于指针变量名之前，获取该指针所指单元的值。

在下例中，p 为一个指针变量，*p 表示指针变量 p 所指向的内存中的数据，即*p 的值为 5。

```
int a=5,*p;
p=&a;
```

（3）运算符的应用。

通过指针变量访问所指变量，先利用取地址运算符将指针变量指向被访问的变量，再利用指针运算符访问所指变量。

例如：

```
int a=5, *p, b;
p=&a;
b=*p;
*p=100;
```

若*p 出现在=的右边或其他表达式中，则为取内容，上例中的指针变量 p 指向变量 a，因此*p 的值为 5，b=*p 即取出变量 a 的值赋给变量 b；若*p 出现在=的左边，则为存内容，上例*p=100 是将 100 赋给（存入）指针变量 p 所指向的变量，如图 8.4 所示。

p　a
&a → 5　*p
*p=100;
p　a
&a → 100　*p

图 8.4　指针运算符的使用

【例 8.1】 取地址运算符和指针运算符的使用。

程序实现：

```
#include <stdio.h>
int main()
{
     int a=5,b=3;
     int *p;                              //定义指针变量 p
     p=&a;                                //把变量 a 的地址赋给 p，即 p 指向 a
     printf("a=%d,*p=%d\n", a,*p);
     b=*p+5;                              //取内容，取出 p 所指向变量的值，与 5 相加后将结果赋给 b
     printf("b=%d\n",b);
```

```
    *p=4;                                //存内容，对p所指向的变量赋值，相当于对a赋值
    printf("a=%d,*p=%d\n",a,*p);
    return 0;
}
```

【运行结果】

```
a=5,*p=5
b=10
a=4,*p=4
```

2. 运算规则

*和&优先级相同，且与++、--、!等单目运算符优先级相同，结合性为右结合。由结合性可知，&*p 等价于 p，*&a 等价于 a。

如何理解上述的等价情况？假设有指针变量 p 和整型变量 a，且 p 指向 a，由结合性可知&*p，先考虑*p 即 a，而&a 就是 p，因此&*p 等价于 p；同理，在*&a 中先考虑&a 即 p，而*p 就是 a，因此*&a 等价于 a。

【例 8.2】 读下面的程序，分析通过键盘输入 2 和 3 得到的结果。

程序实现：

```
#include <stdio.h>
int main()
{
    int a,b,c;
    int *pa, *pb, *pc;
    pa=&a,  pb=&b,  pc=&c;
    scanf("%d,%d",pa,pb);
    c=a+b;              printf("c=%d\n",*pc);
    *pc=a+*pb;          printf("c=%d\n",c);
    c=++*pa+(*pb)++;    printf("c=%d\n",c);
return 0;
}
```

【运行结果】

```
2,3
c=5
c=5
c=6
```

程序分析如下。

（1）定义整型变量 a、b、c 和指针变量 pa、pb、pc，并将 pa、pb、pc 分别指向 a、b、c。

（2）scanf("%d,%d",pa,pb);等价于 scanf("%d,%d",&a,&b);，即通过键盘对 a 和 b 赋值，则得到 a 为 2，b 为 3。

（3）由于 pc 指向 c，则*pc 的值即变量 c 的值；同理，*pc=a+*pb 等价于 c=a+b。

（4）*与++、--、!等单目运算符优先级相同，结合性为右结合，则++*pa 等价于++(*pa)，即++a，(*pb)++即 b++，表达式 c=++*pa+(*pb)++等价于 c=++a+b++，根据自增运算符的运算规则可得 c=6。

从例 8.2 可以看出，对*pa、*pb、*pc 的操作即对变量 a、b、c 的操作。因此可以利用指针变量实现变量间的很多操作。

【例 8.3】 利用指针变量实现变量 a、b 的值的交换。

算法思路如下。

（1）利用指针变量解决该问题，应先定义指针变量 pa、pb 并将其分别指向变量 a、b，则*pa 即 a，*pb 即 b。

（2）实现 a、b 的交换，通常采用第三变量实现，这里只需将交换语句中的 a、b 替换为*pa、*pb 即可。

程序实现：

```
#include <stdio.h>
int main()
{
    int a=5,b=8,t;
    int *pa=&a,*pb=&b;
    printf("a=%d,b=%d\n",a,b);
    t=*pa;  *pa=*pb;  *pb=t;
    printf("a=%d,b=%d\n",a,b);
    return 0;
}
```

【运行结果】

```
a=5,b=8
a=8,b=5
```

【例 8.4】 输入两个数，利用指针变量实现按从大到小的顺序输出。

算法思路如下。

（1）定义指针变量 p1、p2 并将其分别指向变量 a、b。

（2）要求按从大到小的顺序输出，因此要比较 a、b 的大小，并将 p1 指向两者中较大的变量，将 p2 指向较小的变量。定义第三个指针变量，实现 p1 和 p2 中内容的交换，最后按*p1、*p2 的顺序输出。

程序实现：

```
#include <stdio.h>
int main()
{
   int *p1,*p2,*p,a,b;
   scanf("%d,%d",&a,&b);
   p1=&a;p2=&b;
   if(a<b)
      {  p=p1;   p1=p2;   p2=p;    }
   printf("a=%d,b=%d\n",a,b);
   printf("max=%d,min=%d\n",*p1,*p2);
   return 0;
}
```

【运行结果】

```
5,8
a=5,b=8
max=8,min=5
```

程序分析如下。

通过 p=p1;、p1=p2;、p2=p;这 3 条语句实现的是交换指针变量内容，使得 p1 指向 b、p2 指向 a，如图 8.5 所示。

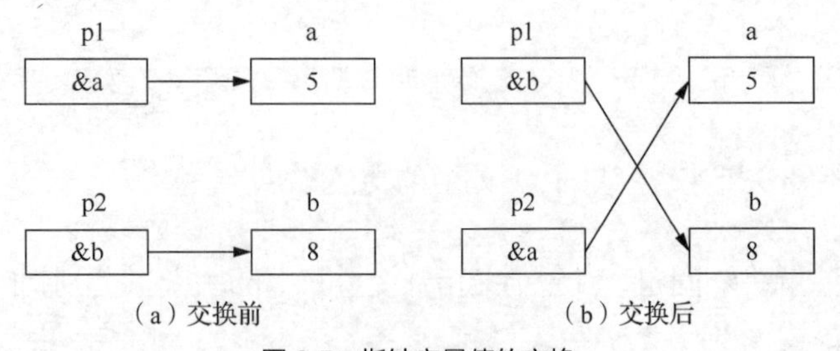

图 8.5　指针变量值的交换

8.3　指针与数组

在第 6 章中，我们认识到数组是内存中连续的一片存储单元，数组中每个数组元素都是相同类型的，因此所占用的存储单元也是相同的，对数组元素的访问通过数组名加下标的方式实现。8.1 节中讲到指针就是内存的地址，它可以指向任何数据类型的存储单元，如果把一个数组的起始地址或某个数组元素的地址赋给某一指针变量，再利用指针变量的地址运算功能，就可以对整个数组元素进行访问了。

8.3.1　指向一维数组的指针

数组的基地址是在内存中存储的数组起始位置，也是数组中第一个元素（下标为 0）的地址，而数组名代表了数组首元素的地址，因此，数组名本身也是一个指针。这里有几个概念需要注意。

- 数组的指针：数组的起始地址（即数组名）是一个固定值指针。
- 数组元素的指针：数组元素的首地址。
- 指向数组的指针变量：用于存放数组的起始地址或某一数组元素地址的变量。

1. 数组元素的指针

数组名是数组的起始地址，也就是数组的指针，可以利用“数组名+偏移量”来引用数组元素。一般而言，如果 i 是 int 型变量，那么 a+i 是距数组 a 的基地址的第 i 个偏移，与&a[i]等价，即 a+i 是数组元素 a[i]的指针。例如，定义一个整型一维数组 int a[10]，则各元素的指针表示如图 8.6 所示。

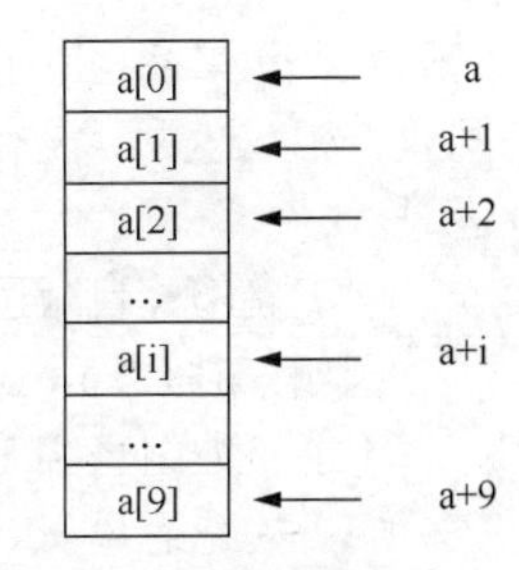

图 8.6　数组元素的指针

需要注意的是 a+i 的 i，当 i 为 1 时并不表示地址值加 1（一字节），而是加一个数组元素所占用的字节数，假设整型元素占两字节，a+1 意味着使 a 加两字节，以使它指向第二个元素。同理，每次数组元素的指针递增 1，则表示指向下一个元素。

2. 指向数组的指针变量

指向数组的指针变量是用于存放数组的起始地址或某一数组元素地址的变量。指向数组的指针变量的定义方法与一般指针变量的定义方法相同。例如，指针指向某一维数组的首地址，可以表示为：

```
int a[10];
int *p;
p=a;//或 p=&a[0];
```

因为一维数组 a 的首地址既可用&a[0]表示，也可用 a 表示，所以 p=&a[0]和 p=a 等价，都表示把数组 a 的首地址赋给指针变量 p。若要将 p 指向数组中下标为 i 的某个元素，可以表示为 p=&a[i]。与数组元素的指针类似，指针变量表示数组各元素的地址，如图 8.7 所示。

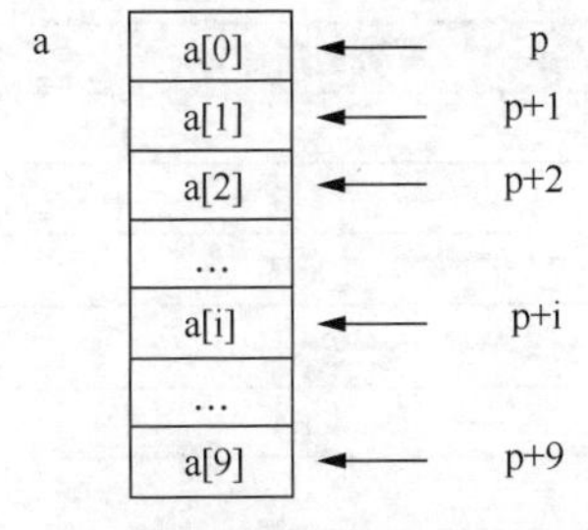

图 8.7　指向数组的指针变量

数组名 a（数组的指针）与指向数组首地址的指针变量 p 不同，a 是常量，p 是变量，指针变量 p 的初始值可以是数组中任意一个元素的地址。

3. 指针的运算

指针是地址，是无符号的整型数据。数据都可以进行算术运算，那么指针可以进行哪些运算？联系前面学习过的知识，可以得到以下几种指针运算的规则。假设有 int x,a[10]，*p;。

（1）赋值运算。

例如：p=&x; 或 p=a; 或 p=NULL;。

（2）加减运算。

例如：a+i、p+i。

指针变量 p 可以使用加减法运算使其指向后面或前面的元素，能用于数组元素的引用，注意下标的有效范围。

（3）指针相减运算：求两地址的间距，从而得到两指针间元素的个数。

例如：p−a。

要求两个指针的类型相同，并指向同一连续的存储区域。上面的示例中，如果 p 指向数组 a 中的第 6 个元素，a 指向数组 a 的第 1 个元素，则 p−a 结果为 5。需要注意的是，两个同类型的指针之间只有相减运算，没有相加运算，两个地址相加没有意义。此外，不同类型指针之间不能进行相减运算。

（4）自增、自减运算（++、--）。

例如：p++、p--。

不能对数组名实施该运算。

（5）关系运算。

例如，p1、p2 为两个指针变量。

p1= =p2　　表示 p1 和 p2 指向同一内存单元

p1>p2　　表示 p1 处于高地址位置

p1<p2　　表示 p1 处于低地址位置

4. 通过指针引用数组元素

引用数组元素除了可以在数组中用下标表示的形式，如 a[i]，还可以表示为*(a+i)或*(p+i)。其中 a 是数组名，p 指向数组的首元素。另外，还可以通过指针的运算来进行处理，取得数组元素的值。

设有：int a[10],*p=a;。

数组指针、指针变量与数组元素之间的关系，在表示地址时，如表 8.1 所示，在表示内容时，如表 8.2 所示。

表 8.1　地址关系

指针变量 p	数组指针 a	数组元素
p	a	&a[0]
p+1	a+1	&a[1]
p+2	a+2	&a[2]
…	…	…
p+i	a+i	&a[i]
…	…	…
p+9	a+9	&a[9]

表 8.2　内容关系

指针变量 p	数组指针 a	数组元素
*p	*a	a[0]
*(p+1)	*(a+1)	a[1]
*(p+2)	*(a+2)	a[2]
…	…	…
*(p+i)	*(a+i)	a[i]
…	…	…
*(p+9)	*(a+9)	a[9]

【例 8.5】 通过键盘输入数组 a 的内容并输出。

算法思路如下。

数组元素的输入输出通过循环结构处理，输入语句中元素的地址可以通过取地址符取得，也可以通过数组的指针或指向数组的指针变量取得。以下几种方法都可以实现。

（1）通过取地址符找到数组元素，再用数组元素的下标找出元素的值。

```
for(i=0;i<10;i++)
{    scanf("%d",&a[i]);
     printf("%d",a[i]);
}
```

（2）通过数组的指针表示数组元素地址，再在地址前加*找出元素的值。

```
for(i=0;i<10;i++)
{    scanf("%d",a+i);
     printf("%d",*(a+i));
}
```

（3）通过指针变量指向数组，再用数组元素的下标找出元素的值。

```
for(p=a,i=0;i<10;i++)
{    scanf("%d",&p[i]);
     printf("%d",p[i]);
}
```

（4）通过指针变量指向数组，并把指针变量作为循环变量，再在指针变量前加*找出元素的值。

```
for(p=a;p<a+10;p++)
{    scanf("%d",p);
     printf("%d",*p);
}
```

（5）通过指针变量指向数组，每次循环改变指针变量的地址，再在指针变量前加*找出元素的值。

```
for(p=a,i=0;i<10;i++)
{    scanf("%d",p+i);
     printf("%d",*(p+i));
}
```

【例 8.6】 将数组 a 的数据复制到数组 b 中并输出。

算法思路如下。

（1）利用指针实现该问题首先要定义两个指针变量，分别指向数组 a 和 b 的首元素，如图 8.8 所示。

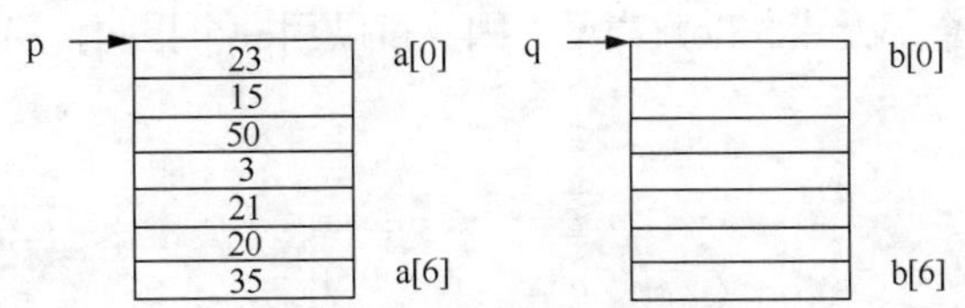

图 8.8　指针位置初始化

（2）两个指针变量 p、q 同时递增，利用*q=*p 实现数据的复制。

程序实现：

```
#include <stdio.h>
#define  M  7
int main()
{
     int i, a[M]={23,15,50,3,21,20,35},b[M];
     int *p=a,*q=b;
     for(i=0;i<M;i++)
     {      *q=*p;  q++;      p++;      }
            printf("Output these numbers:\n");
            for(i=0;i<M;i++)
            printf("%d  ",b[i]);
            printf("\n");
     return 0;
}
```

【运行结果】

```
Output these numbers:
23  15  50  3  21  20  35
```

程序分析如下。

输出语句还可以改为利用指针变量输出，即：

```
for(i=0;i<M;i++,q++)
    printf("%d  ",*q);
```

或

```
for(i=0;i<M;i++)
    printf("%d  ",*q++);
```

但在进行此操作前要加上 q=b;这条语句，因为在前面的循环执行结束时 q 已经指向 b 数组后面的单元，需要对其重新赋值，才能保证 b 数组的正确输出。另外，第二种写法用到了*q++，由于*和++同优先级，结合性是右结合，因此等价于*(q++)，在这里先引用 q 的值，实现*q 的输出，再使 q 自增。如果写成*(++q)则不正确，此时需要先对 q 自增，再实现*q 的输出，这样第一个元素就不能输出了。

8.3.2 指向多维数组的指针

前面讨论了指向一维数组的指针，同样，指针变量也可以用来指向多维数组，引用多维数组元素，这里以二维数组为例进行讲解。二维数组既可以按其在内存中的存储方式看成一维数组，又可以按照行的顺序利用行指针变量来访问。

1. 利用指向数组元素的指针变量访问多维数组

当指针指向某个多维数组的某个单元时，其引用该单元的方式同引用一维数组的方式相同。

【例 8.7】 用指针变量输出二维数组元素的值。

算法思路如下。

由于二维数组的元素在内存中是按行顺序存放的，即存放完序号为 0 的行中的全部元素后，接着存放序号为 1 的行中的全部元素，以此类推。因此可以用一个指向普通变量的指针变量，依次指向各元素进行输出。

程序实现：

```
#include <stdio.h>
int main()
{
```

```
    int a[2][4]={ {1,3,5,7},{9,11,13,15} },i,j;
    int  *p;
    p=&a[0][0];                          //p 指向二维数组的第一个元素
    for(i=0;i<2;i++)                     //i 控制行数
    {    for(j=0;j<4;j++)                //j 控制列数
         {     printf("a[%d][%d]=%2d  ",i,j,*p);
               p++;                      //p 指针往下一个元素移动
         }
         printf("\n");
    }
    return 0;
}
```

【运行结果】

```
a[0][0]= 1  a[0][1]= 3  a[0][2]= 5  a[0][3]= 7
a[1][0]= 9  a[1][1]=11  a[1][2]=13  a[1][3]=15
```

程序分析如下。

输出语句还可以写成 printf("a[%d][%d]=%2d ",i,j,*(p+i*4+j));，当指针 p 指向这个二维数组时，p 就相当于一个一维数组，因此访问二维数组中的元素分别用 p[0]、……、p[7]或*(p+0)、……、*(p+7)来表示，如图 8.9 所示。

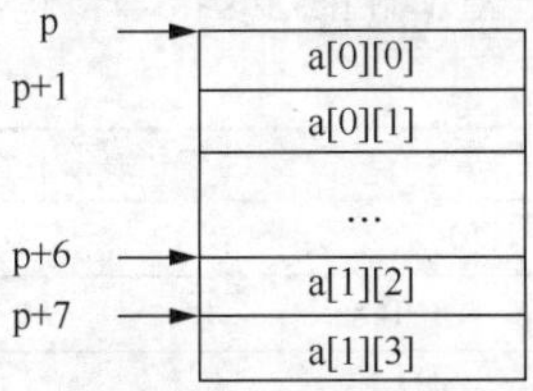

p →	a[0][0]
p+1 →	a[0][1]
	…
p+6 →	a[1][2]
p+7 →	a[1][3]

图 8.9　指向多维数组元素的指针变量

2. 利用行指针变量访问多维数组

（1）二维数组的行地址和列地址。

二维数组是“数组的数组”，例如：

```
int a[3][4]={{1,3,5,7},{2,4,6,8},{9,1,0,1}};
```

二维数组 a 是由 3 个一维数组组成的，其逻辑结构如图 8.10 所示。

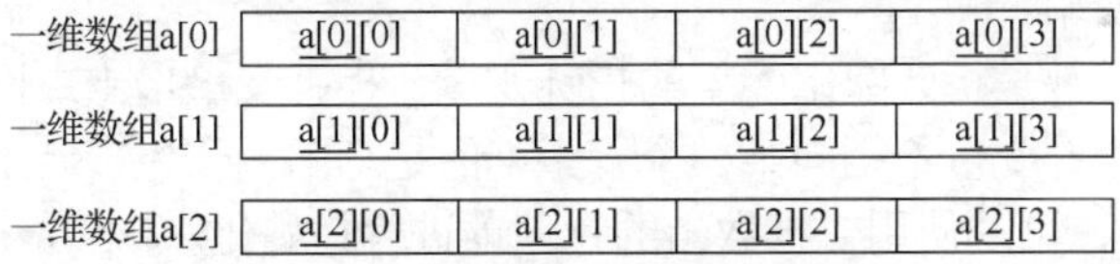

一维数组a[0]	a[0][0]	a[0][1]	a[0][2]	a[0][3]
一维数组a[1]	a[1][0]	a[1][1]	a[1][2]	a[1][3]
一维数组a[2]	a[2][0]	a[2][1]	a[2][2]	a[2][3]

图 8.10　二维数组 a 的逻辑结构

可以将二维数组 a 看成由 a[0]、a[1]、a[2]这 3 个元素组成的一维数组，a 是该一维数组的数组名，代表该一维数组的首地址，即第一个元素 a[0]的地址（&a[0]）。根据一维数组与指针的关系可知，表达式 a+1 表示首地址所指元素后面的第一个元素的地址，即表示元素 a[1]的地址（&a[1]）。同理，表达式 a+2 表示元素 a[2]的地址（&a[2]）。通过地址可以引用各元素的值，如*(a+0)或*a 即元素 a[0]，*(a+1)即元素 a[1]，*(a+2)即元素 a[2]。

不要把&a[i]理解为 a[i]单元的物理地址，因为 a[i]不是一个变量，&a[i]和 a[i]的值是相等的，但含义不同。那这两者的区别是什么？从图 8.10 可以看出，a[0]、a[1]、a[2]这 3 个元素又分别看成由 4 个整型元素组成的一维数组的数组名。例如，a[0]可看成由 a[0][0]、a[0][1]、a[0][2]和 a[0][3]这 4 个整型元素组成的一维数组。a[0]是这个一维数组的数组名，也是一个地址常量，代表该一维数组的首地址，即第一个元素 a[0][0]的地址（&a[0][0]），表达式 a[0]+1 表示下一个元素 a[0][1]的地址（&a[0][1]），表达式 a[0]+2 表示元素 a[0][2]的地址（&a[0][2]），表达式 a[0]+3 表示元素 a[0][3]的地址（&a[0][3]）。再通过地址引用各元素的值，*(a[0]+0)即元素 a[0][0]，*(a[0]+1)即元素 a[0][1]，*(a[0]+2)即元素 a[0][2]，*(a[0]+3)即元素 a[0][3]。因此，可以得到&a[i]或 a+i 为第 i 行的首地址，a[i]为列地址，即 a[i]+0 为第 i 行 0 列的地址（&a[i][0]）。

根据上述，可以得出二维数组的行地址和列地址之间的联系，如图 8.11 所示。

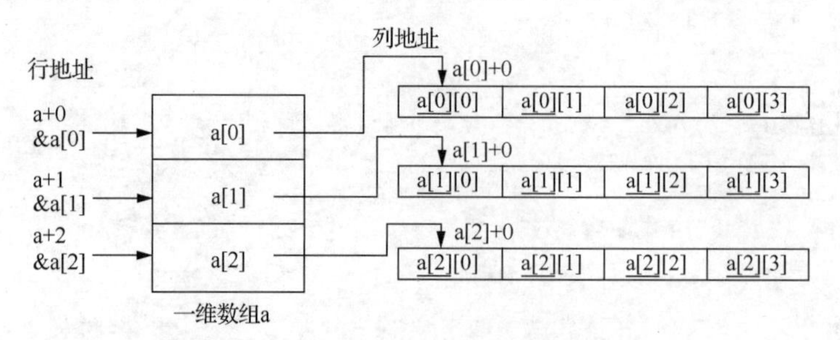

图 8.11　二维数组行地址和列地址之间的联系

此外，还可以看出 a[0]（或 a[0]+0）是列地址，而&a[0]是行地址；行指针 a、a+1、a+2 分别指向“一维数组 a”的 3 个元素 a[0]、a[1]、a[2]（列地址），前面讲过用指针引用所指向的元素前面加*号，因此*a、*(a+1)、*(a+2)即 a[0]、a[1]、a[2]。因此，可以得出如下结论：行指针前加*转为列指针，列指针前加&转为行指针。由此不难理解表 8.3 所示的数组的指针及其含义。

表 8.3　数组 a 的部分指针及其含义

表示形式	含义
a，&a[0]	二维数组名，指向一维数组 a[0]，即 0 行首地址
a[0]，*(a+0),*a	0 行 0 列元素地址
a+1，&a[1]	1 行首地址
a[1]，*(a+1)	1 行 0 列元素 a[1][0]的地址
a[1]+2，*(a+1)+2，&a[1][2]	1 行 2 列元素 a[1][2]的地址
(a[1]+2)，(*(a+1)+2)，a[1][2]	1 行 2 列元素 a[1][2]的值

（2）行指针变量的使用。

前面所讲的指针变量都是指向数组元素的指针变量，指针变量增 1 可以使其指向下一个元素。在二维数组中，可以使指针变量不指向某一个元素，而是指向一个包含若干个元素的一维数组，这样的指针称为“行指针”，可以使用二维数组的行地址进行初始化。

行指针是一种特殊的指针变量，它专门用于指向一维数组，其定义形式如下：

```
类型符  (*行指针变量名)[常量表达式];
```

- 类型符：行指针变量指向的一维数组的元素类型。
- *行指针变量名：*和行指针变量名是一个整体，用括号括起来，否则[]的优先级高于*，会有不同的含义。
- 常量表达式：行指针所指向的一维数组的长度，即二维数组第二维的长度。

行指针在使用时只能赋予二维数组的行地址，行指针的使用和二维数组的行地址的使用方法基本相同。对行指针进行增 1 或减 1，每次移动的是一行数据所占的字节数。

【例 8.8】 利用二维数组的行指针实现二维数组元素的输出。

算法思路如下。

（1）使用行指针变量，在定义时必须指定所指向的一维数组的长度，即二维数组第二维的长度。

（2）用 p 表示行指针，初始化为二维数组 0 行首地址，i 和 j 分别代表数组元素的下标，则 p+i 是行标为 i 的行首地址，根据前面讲述的行列指针转换原则，可知数组元素可以表示为*(*(p+i)+j)。

程序实现：

```
#include <stdio.h>
int main()
```

```
{
     int  a[3][4]={1,3,5,7,9,11,13,15,17,19,21,23};
     int   (*p)[4],i,j;
     p=a;
     for(i=0;i<3;i++)
     {      for(j=0;j<4;j++)
                 printf("a[%d,%d]=%2d  ",i,j,*(*(p+i)+j));
            printf("\n");
     }
     return 0;
}
```

【运行结果】

```
a[0,0]= 1  a[0,1]= 3  a[0,2]= 5  a[0,3]= 7
a[1,0]= 9  a[1,1]=11  a[1,2]=13  a[1,3]=15
a[2,0]=17  a[2,1]=19  a[2,2]=21  a[2,3]=23
```

行地址只能赋予行指针，不能赋予某个指向数组元素的指针。例如：

```
int a[3][4]={{1,3,5,7},{2,4,6,8},{9,1,0,1}};
int *p;
p=a[0];          //正确，a[0]是列地址
p=a;             //错误，a 是行地址
```

8.3.3　指针数组和数组指针

1. 指针数组

所有元素都是指针型数据的数组称为指针数组，即数组的每一个元素都相当于一个指针变量，存放一个地址。一维指针数组的定义形式如下：

```
类型名  *数组名[数组长度];
```

其中，类型名指定数组元素所指向的变量的类型。例如：

```
int *p[5];
```

由于[]比*优先级高，因此 p 先与[5]结合，形成 p[5]数组的形式，它有 5 个元素，再与 p 前面的“*”结合，使每个数组元素都指向一个整型变量。

【例 8.9】 利用指针数组求一维数组的最大值。

算法思路如下。

指针数组的每个元素相当于一个指针变量，存储的是地址，因此每个指针数组中的元素存放一维数组的数组元素的地址。

程序实现：

```
#include <stdio.h>
int  main()
{
     int  a[5]={20,56,80,70,90},i,max;
     int  *p[5];
     for(i=0;i<=4;i++)
         p[i]=&a[i];
     max=*p[0];
     for(i=1;i<=4;i++)
         if(*p[i]>max)       max=*p[i];
     printf("max=%d\n",max);
     return 0;
}
```

【运行结果】

```
max=90
```

指针数组中需要注意字符指针数组的处理，每个指针数组元素存储一个字符指针，用于存放字符数据单元的地址。例如：

```
char  *color[5]={"red","blue","yellow","green","black"};
```

每个元素 color[i]指向一个字符串，存储字符串的首地址，如图 8.12 所示。因此，可以使用语句 printf("%s\n",color[i]);输出 color[i]所指向的字符串。

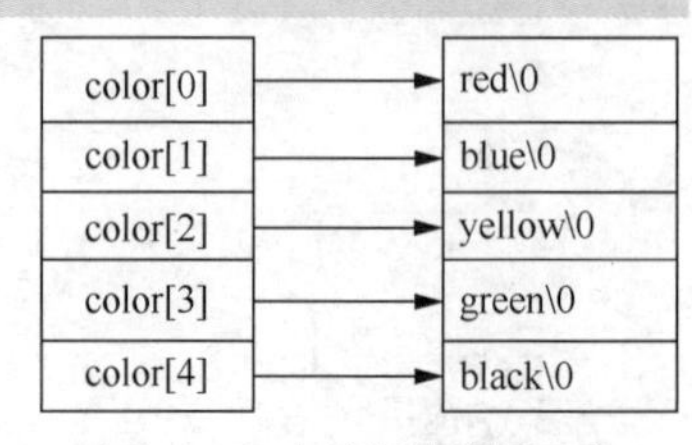

图 8.12　字符指针数组示意

2. 数组指针

数组指针是指向数组地址的指针，它是一个指针变量，它指向一个数组。指向一维数组的数组指针的定义形式如下：

```
类型名  (*数组名)[数组长度];
```

定义中的数组长度应该与所指向的一维数组的长度相等。例如：

```
int (*p)[5];
```

此时指针的增量以它所指向的一维数组长度为单位，在上例中 p 增 1 代表加 10 字节的内存单元（TC 2.0 环境下）。

【例 8.10】 利用数组指针输出二维数组的元素。

算法思路如下。

数组指针作为一个指针变量用于输出二维数组，相当于二维数组的行指针，因此数组指针的长度应等于二维数组的列数。此外，数组指针在赋值时，初始情况应使指针指向二维数组的第一行。

程序实现：

```
#include <stdio.h>
int  main()
{
    int a[3][4]={1,2,3,4,5,6,7,8,9,10,11,12},i,j;
    int (*p)[4];
    p=a;
    for(i=0;i<3;i++)
    {     for(j=0;j<4;j++)
          {      printf("%2d ",p[i][j]);
          }
          printf("\n");
    }
    return 0;
}
```

【运行结果】

```
1   2   3   4
5   6   7   8
9  10  11  12
```

8.4 指针与字符串

第 2 章中介绍过字符串的知识，它是一串以\0 为结束符的字符序列。在 C 语言中并不存在字符串这种数据类型，字符串必须存放于字符数组中。字符串的指针就是字符数组的首地址。

1. 字符串指针变量的定义

与一般指针变量的定义类似，字符串指针变量的定义形式如下：

```
char *指针变量名;
```

对字符串指针变量赋值时，可以直接赋予字符串的首地址，也可以赋予字符数组的首地址。例如：

```
char *p,*q="Language";
p="This is a book.";
```

或

```
char *p,c[10];
p=c;
```

注意

p、q指向字符串的第一个元素，存放的是地址，不是存放字符串。

2. 字符串指针变量的应用

对于字符数组，在程序中既可以逐个引用字符串中的单个字符（数组元素），也可以一次引用整个字符串（数组）。同样，利用指针变量引用字符串，既可以逐个引用字符，也可以整体引用。

【例 8.11】 用字符串指针变量实现逆序输出字符串 Language。

算法思路如下。

（1）定义两个字符指针变量 p、q，分别指向字符串的头和尾。

（2）寻找字符串的尾，可以利用字符串的结束标志进行判别，当指针指向的内存单元为\0 即找到串尾。

（3）利用串尾指针往前移动逆序输出字符串，直到 q<p 为止。

程序实现：

```
#include <stdio.h>
int main()
{
    char *q,*p="Language";
    for(q=p;*q!='\0';)      q++;
    for(q--;q>=p;q--)       putchar(*q);
    putchar('\n');
    return 0;
}
```

【运行结果】

```
egaugnaL
```

程序分析如下。

寻找字符串的尾，除了采用上述指针移动的方法找到字符串结束标志外，还可以利用字符串处理函数 strlen()处理。例如，n=strlen(p);和 q=p+n;。

【例 8.12】 用字符串指针变量整体引用字符串。

程序实现：

```
#include <stdio.h>
int main()
{
    char *p="I am a student";
    printf("%s\n",p);
    return 0;
}
```

【运行结果】

```
I am a student
```

程序分析如下。

%s 是输出字符串时所用的格式符，用%s 输出一个字符数组，输出项是数组名，此处为字符指针，因此输出项为字符指针变量名。系统在处理这种情况时，首先将指针指向的第一个字符输出，然后自动使指针加 1，使之指向下一个字符，再输出这个字符，以此类推，直到遇到字符串结束标志\0 为止。

通过字符数组名或字符指针变量可以整体输出字符串，但对于其他类型则不具备这个特点。

3. **字符数组与字符指针变量的比较**

字符数组和字符指针变量都能实现字符串的处理，有时还可以实现通用。例如，引用数组中的数组元素可用数组名加下标的形式，若字符指针变量指向字符串的首元素，也可以用指针变量加下标的形式来引用。当然，两者之间仍存在很多不同的地方。

（1）存储的内容不同。

字符数组可以存字符串，存的是字符；字符指针变量存的是字符串在内存的首地址。

（2）赋值方式不同。

字符数组只能对单个元素赋值，整体赋值只能在初始化时进行；字符指针变量只赋值一次，赋的是字符串的首地址。

例如：

```
char a[10],*p;
p="China";          //正确，p 中存放的是字符串 China 的首地址
a="Hello";          //错误，不能整体赋值，a 是字符数组名，常量不能改变
```

（3）初始化的要求不同。

字符数组一旦被定义，在编译时即分配内存单元，有确定的地址，可以不进行初始化；字符指针变量是一种特殊的指针变量，使用前必须对其初始化，否则会很危险。

（4）指针变量的值可以改变，数组名的值不能改变。

字符数组名不是变量，不能改变其值；字符指针变量可以改变其值，可以使用自增自减运算改变指针的位置。

例如：

```
char a[10],*p;
a++;                //错误
p++;                //正确
```

（5）字符数组的元素内容可以更改，字符指针变量指向的字符串内容不可以更改。

字符数组中各元素的值可以改变，利用赋值语句重新赋值；字符指针变量指向的字符串的内容不可以被改变，因其指向的是一个字符串常量。

8.5 指针与函数

在 C 语言中，用程序解决复杂问题时，可以根据功能分别编写若干个函数，这种做法具有模块化的特点。指针作为 C 语言的特色，与函数结合起来能够使更多复杂问题简单化。

8.5.1 指针变量作为函数参数

函数间传递参数的形式包括值传递和地址传递，如果传递的是值，则是单向值传递，被调用函

数的执行不会影响调用函数的实参；如果传递的是地址，形参对应单元内容的更改就会影响实参内容的更改，因为两者是同一内存单元。

【例 8.13】 编写一个函数实现两个数的交换。

（1）错误方法。

程序实现：

```
#include <stdio.h>
void swap(int x,int y)
{    int t;
     t=x;     x=y;     y=t;
}
int main()
{    int a=3,b=5;
     swap(a,b);
     printf("%d %d",a,b);
     return 0;
}
```

【运行结果】

```
3 5
```

程序分析如下。

函数的实参是整型变量 a、b，因此传递的是值，且是单向的，因此 x 和 y 的交换不会影响 a 和 b 内容的改变。

（2）正确方法。

程序实现：

```
#include <stdio.h>
int swap(int *x,int *y)
{
     int t;
     t=*x;    *x=*y;    *y=t;
     return 0;
}
int main()
{
     int a=3,b=5;
     int *p1=&a,*p2=&b;
     swap(p1,p2);
     printf("%d %d\n",a,b);
     return 0;
}
```

【运行结果】

```
5 3
```

程序分析如下。

函数的实参是指针变量，其中存储的是地址，函数调用时，将实参的值传递给形参，相当于 int *x=p1; int *y=p2;，也可以改写为 int *x=&a; int *y=&b;。这样 x 和 y 即分别指向 a 和 b，实现*x 和*y 的交换也就实现了 a 和 b 的交换。

8.5.2　数组的指针作为函数参数

第 7 章讲过，数组名作为函数的实参，形参为对应的存储情况相同的数组，如果形参数组中各元素的值发生改变，实参数组元素的值也随之改变。由于数组名代表的是数组的首地址，而形参接收从实参传递过来的数组首元素的地址，因此形参应该是一个指针变量。而实际上 C 语言编译时都是将形参数组名作为指针变量来处理的。

用数组的指针即数组名作为函数的实参，有图 8.13 所示的几种形式，形式（1）在第 7 章中已经介绍过，在其他方法中（2）、（3）两种形式用得较多。

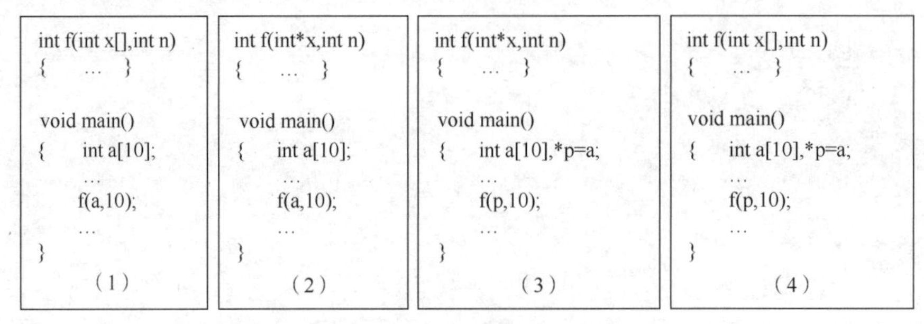

图 8.13　数组的指针作为函数的实参

【例 8.14】 编写函数求一维数组中的最大元素及其下标。

① 图 8.13 中的形式（2）。

程序实现：

```
#include <stdio.h>
int max_array(int *p, int n)
{
     int k=0,max=*p,i;
     for(i=0;i<n;i++)
          if(*(p+i)>max){max=*(p+i);k=i;}
     return k;
}
int main()
{
     int a[10]={23,43,52,23,5,22,33,35,96,34};
     int i,k;
     k=max_array(a,10);
     printf("\nmax=a[%d]=%d\n",k,a[k]);
     return 0;
}
```

② 图 8.13 中的形式（3）。

程序实现：

```
#include <stdio.h>
int max_array(int *q, int n)
{
     int k=0,max=*q,i;
     for(i=0;i<n;i++)
          if(*(q+i)>max){max=*(q+i);k=i;}
     return k;
}
int main()
{
     int a[10]={23,43,52,23,5,22,33,35,96,34};
     int i,k,*p=a;
     k=max_array(p,10);
     printf("\nmax=a[%d]=%d\n",k,*(p+k));
     return 0;
}
```

【运行结果】

```
max=a[8]=96
```

指针变量作实参，必须使指针变量有确定值，即指向一个已定义的单元。

8.5.3　指向函数的指针

1. **函数指针的概念**

指针变量可以指向整型变量、字符串、数组，也可以指向一个函数。一个函数在编译时被分配一个入口地址，这个入口地址就称为函数的指针。可以用一个指针变量指向函数，然后通过该指针变量调用此函数。其定义的格式如下：

```
类型名  (*指针变量名)(参数列表);
```

其中，“类型名”是函数指针所指向的函数返回值的类型；“*指针变量名”两侧的括号不可省略，否则成为返回指针值的函数（即指针函数，后面会介绍）；“参数列表”列出函数指针所指向函数的形参的数据类型，如果函数有形参，则定义时带上形参类型，如果没有形参，则定义时可省略。

例如：

```
int (*p)(int,int);
```

或

```
int (*p)(int a,int b);
```

上例表示定义一个指向函数的指针变量 p，但它并不是固定地指向某一个函数，程序中把哪个函数的地址赋给它，它就指向哪个函数。但要注意这个函数的返回值必须是整型，且有两个整型的参数。若上例指针变量指向某函数 max()，则此时 p 和 max()都指向函数的开头，如图 8.14 所示，调用*p 就是调用 max()函数。

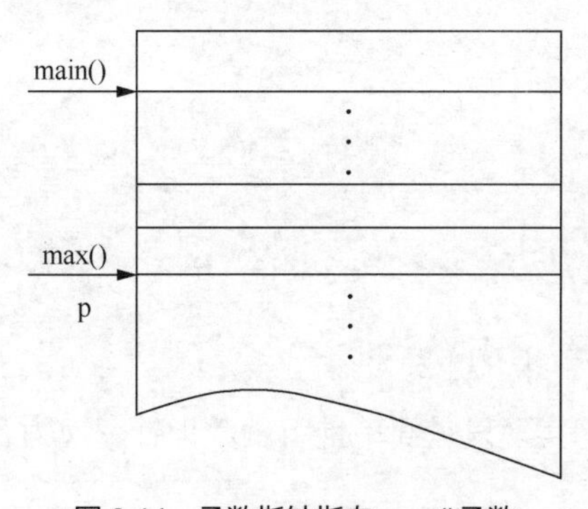

图 8.14　函数指针指向 max()函数

函数指针 p 只能指向函数的入口，不可能指向函数中间的某一条指令，因此对函数指针变量 p 进行 p++、p+n、p--等运算无意义。

2. **函数指针的应用**

用函数指针调用函数，必须先使指针变量指向该函数，再用(*p)代替函数名。用函数名调用函数，只能调用所指定的一个函数，而通过指针变量调用函数比较灵活，可以根据不同情况调用不同的函数。

【例 8.15】 求两个整数的和、差以及乘积。

算法思路如下。

利用函数指针指向不同的函数，即将不同的函数名赋予函数指针。

程序实现（1）：

```
#include <stdio.h>
int main()
{
     int add(int,int);
     int sub(int,int);
     int pro(int,int);
     int a,b,c,(*p)( int,int);
     scanf("%d,%d",&a,&b);
     p=add;
     c=(*p)(a,b);
     printf("max=%d\n", c);
     p=sub;
     c=(*p)(a,b);
     printf("sub=%d\n", c);
     p=pro;
     c=(*p)(a,b);
     printf("product=%d\n", c);
     return 0;
}
int add(int x,    int y)
{
     int z;
     z=x+y;
     return(z);
}
int sub(int x,    int y)
{
     int z;
     z=x-y;
     return(z);
}
int pro(int x,    int y)
{
     int z;
     z=x*y;
     return(z);
}
```

程序分析（1）：上述程序的实现只是简单地将函数指针替换为各函数名，还不足以说明函数指针的优点，可以修改成如下形式。

程序实现（2）：

```
#include <stdio.h>
int main()
{
     int add(int,int);
     int sub(int,int);
     int pro(int,int);
     void process(int,int,int (*p)(int,int));
     int a,b,c;
     scanf("%d,%d",&a,&b);
     process(a,b,add);
     process(a,b,sub);
```

```
    process(a,b,pro);
    return 0;
}
int process(int x,int y,int (*p)(int,int))
{
    int result;
    result=(*p)(x,y);
    printf("%d\n", result);
    return 0;
}
int add(int x,    int y)
{
    int z;
    z=x+y;
    printf("add=");
    return(z);
}
int sub(int x,    int y)
{
    int z;
    z=x-y;
    printf("sub=");
    return(z);
}
int pro(int x,    int y)
{
    int z;
    z=x*y;
    printf("product=");
    return(z);
}
```

【运行结果】

```
5,3
add=8
sub=2
product=15
```

程序分析（2）：用函数指针变量作为参数，修改调用语句中参数的名字即实现不同函数的调用。

8.5.4　返回指针值的函数

函数返回值的类型除了可以是整型、浮点型、字符型等基本数据类型外，还可以是指针类型，即函数可以返回一个地址。这种返回指针值的函数称为指针函数，定义的格式如下：

```
类型名  *函数名(参数列表);
```

与函数指针不同，此处的*和函数名不能加括号。例如：

```
int *a(int x, int y);        //该函数返回一个指向整型数据的指针
```

【例 8.16】 输入一个字符串和一个字符，如果该字符在已知字符串中，从该字符第一次出现位置开始输出字符串中的剩余部分。

算法思路如下。

（1）逐个比较从而在字符串中找到输入的字符，返回字符所在的位置（即地址）。

（2）定义一个字符指针变量指向初始位置，利用%s 格式符输出。

（3）若该字符不在已知字符串中，返回空指针，输出“字符不在已知字符串中”字样。

程序实现：

```
#include <stdio.h>
int main()
{
     char *match(char *s, char ch);
     char ch,str[20],*p;
     p=NULL;
     printf("请输入字符串");
     scanf("%s",str);
     getchar();                                //跳过输入字符串和字符之间的分隔符
     printf("请输入一个字符");
     scanf("%c",&ch);
     if((p=match(str,ch))!=NULL)               //调用函数 match()
          printf("%s\n",p);
     else
          printf("字符不在已知字符串中\n");
     }
     char *match(char *s, char ch)             //函数返回值的类型是字符指针
     {
          while(*s!='\0')
          {    if(*s==ch)    return s;         //若找到字符 ch，返回该字符的地址
               else          s++;              //若没有找到字符 ch，继续在下一个单元寻找
     }
     return 0;
}
```

【运行结果】

```
请输入字符串 student
请输入一个字符 u
udent

请输入字符串 student
请输入一个字符 a
字符不在已知字符串中
```

8.6　指向指针的指针

指针变量用于存放变量、函数等的地址，这种指针称为一级指针。如果指针变量中存放一级指针变量的地址，则称这种指针为二级指针，也称为指向指针的指针。指向指针的指针的定义形式如下：

```
类型名  **变量名;
```

例如：

```
int a;
int *p1;      p1=&a;
int **p2;     p2=&p1;
```

指针变量 p1 指向 a，为一级指针；指针变量 p2 指向 p1，为指向指针的指针，如图 8.15 所示。可以直接引用变量 a 的值，也可以通过一级指针引用*p1，或者通过指向指针的指针引用**p2。

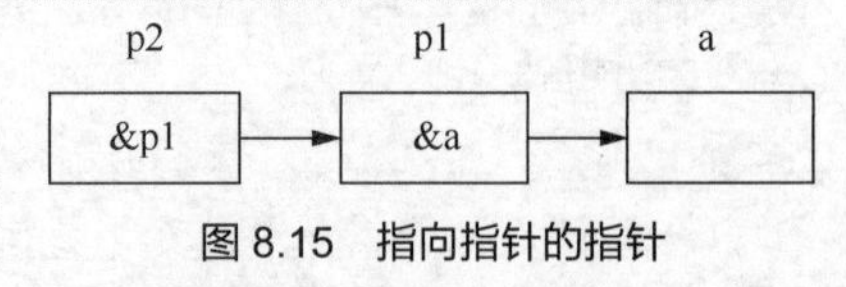

图 8.15　指向指针的指针

在 8.3.3 节中讲到字符指针数组，每个指针数组元素存储一个字符指针，用于存放字符数据单

元的地址。例如：

```
char  *color[5]={"red","blue","yellow","green","black"},**p;   p=color;
```

每个元素 color[i]指向一个字符串，用于存储字符串的首地址。由于 color[i]是一个地址，也就是指针，可以再用一个变量存放这个指针，而存放指针的这个变量就是指向指针的指针。如图 8.16 所示，这里的指针 p 就是指向指针的指针。

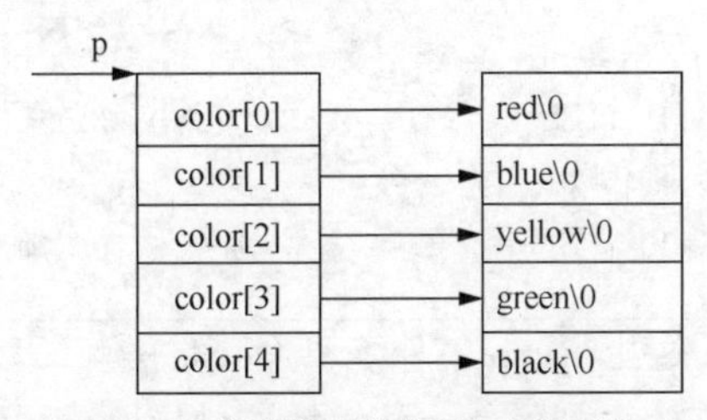

图 8.16　指向指针的指针与指针数组

【例 8.17】 用指向指针的指针处理字符串。

程序实现：

```
#include <stdio.h>
int main()
{
     char *color[5]={"red","blue","yellow","green","black"};
     char **p;
     int i;
     for (i=0;i<5;i++)
     {      p=color+i;
            printf("%s\n",*p);
     }
     return 0;
}
```

【运行结果】

```
red
blue
yellow
green
black
```

程序分析如下。

（1）定义一个指向指针的指针 p 和字符指针数组 color。

（2）指针 p 首先指向指针 color[0]，即字符串 red 的地址。

（3）利用 p=color+i 改变 p 的指向，移到下一个元素。也可以利用 p++;实现，但需要对 p 进行初始化。

（4）以%s 格式符输出，后面对应该字符串的首地址，即*p。

8.7　指针与动态内存分配

数组的元素存储于内存中连续的位置上，当一个数组被定义后，需要的内存在编译时即被分配。然而数组的长度常常在运行时才知道，因为它需要的内存空间取决于输入的数据。例如，一个用于计算某个班平均分的程序需要存储一个班级所有学生的数据，但不同班级的学生数量可能不同，如果仅仅靠定义一个较大的数组来处理，又可能会导致空间浪费。因此，需要动态内存分配来解决。

动态内存分配是指在程序运行期间，根据程序的实际需要来分配一块大小合适的连续内存单元。通过系统提供的库函数来实现对内存的动态分配，主要有 malloc()、calloc()、realloc()、free()这 4 个函数。

1. malloc()函数

malloc()函数原型为：

```
void *malloc(unsigned int size);
```

作用是在内存的动态存储区中分配一个长度为 size 的连续空间。若系统不能提供足够的内存单元，函数将返回空指针（NULL）。例如：

```
malloc(100);        //开辟 100 字节的存储单元，返回第一个字节的地址
```

（1）指针的基类型为 void，即不指向任何类型的数据，只提供一个地址。

（2）malloc()前必须要加上一个指针类型转换符，如(int *)，因为 malloc()返回值是空类型的指针，要与左边的指针变量类型一致。

（3）malloc()的参数可以直接用数字表示，也可以写成：分配数量*sizeof(类型符)。

2. calloc()函数

calloc()函数原型为：

```
void *calloc(unsigned int n, unsigned int size);
```

作用是在内存的动态存储区分配 n 个长度为 size 的连续空间，分配成功，返回指向起始位置的指针；分配不成功，返回 NULL。例如：

```
calloc(50,sizeof(int));
```

上例表示分配 50×4 字节（Dev-C++环境下）的存储单元，返回第一个字节的地址。指针类型的转换和 malloc()做同样的处理。

3. realloc()函数

realloc()函数原型为：

```
void *realloc(void *p, unsigned int size);
```

作用是修改一个原先已经分配的内存块的大小，将 p 所指向的动态空间的大小改为 size。例如：

```
realloc(p,50);          //将 p 所指向的已分配的动态空间改为 50 字节
```

4. free()函数

free()函数原型为：

```
void free(void *p);
```

其作用是释放由指针变量 p 所指向的动态空间，使这部分空间能被其他变量使用。free()函数无返回值。例如：

```
free(p);                //释放指针变量 p 指向的已分配的动态空间
```

【例 8.18】 输入学生人数及每位学生的成绩（成绩为整数），输出学生的平均分、最高分和最低分，要求用动态内存分配实现。

算法思路如下。

（1）定义变量 num、max、min、sum、ave 分别代表学生人数、最高分、最低分、总和以及平均分。

（2）根据学生人数为学生成绩动态分配内存单元，由于成绩为整数，利用 calloc(num, sizeof(int))实现。

（3）为分配的内存单元输入数据再进行计算。

程序实现：

```
#include <stdio.h>
#include <malloc.h>
#include <stdlib.h>
int main()
{
    int num,i,max,min;
    int *p;
    float sum,ave;
    printf("请输入学生人数：");
    scanf("%d",&num);
    if(num<=0)   exit(0);                        //退出程序
    else  p=(int *)calloc(num,sizeof(int));  //为学生成绩动态分配内存单元
    if(p==NULL)   {    printf("空间不足！\n");      exit(0); }
    printf("请输入学生成绩：");
    for(i=0;i<num;i++)
        scanf("%d",p+i);
    max=min=p[0];
    sum=p[0];
    for(i=1;i<num;i++)                           //通过循环比较求最高分和最低分
    {     if(p[i]>max)       max=p[i];
          if(p[i]<min)       min=p[i];
          sum=sum+p[i];
    }
    printf("平均分为%f，最高分为%d，最低分为%d\n",sum/num,max,min);
    free(p);                                     //释放动态分配的内存空间
    return 0;
}
```

运行结果如图 8.17 所示。

```
请输入学生人数：10
请输入学生成绩：90 80 70 86 78 76 89 98 60 45
平均分为77.199997，最高分为98，最低分为45
```

图 8.17 运行结果

程序分析如下。

本例为学生成绩动态分配内存空间的语句使用了 calloc()函数。还可以利用 malloc()函数实现，如 p=(int *)malloc(num*sizeof(int));，如果分配不成功，则退出程序；分配成功，则利用循环输入学生成绩存储于动态内存空间。最后调用 free()函数释放所分配的内存。

8.8 应用举例

【例 8.19】 利用函数调用编程实现：判断输入的一串字符是否为“回文”。“回文”是指顺读和倒读都一样的字符串，如 level 和 ABCCBA。

算法思路如下。

（1）主函数中定义字符数组 str 存储输入的字符串，指针变量 s 指向该字符串。

（2）编写函数 ishuiwen()判断输入的字符串是否为回文，通过指针传递字符串的首地址给 ishuiwen()函数。

（3）判断字符串是否为回文，即判断从两端到中间的部分是否相等，因此要利用指针变量 q 找到串尾，再将两端指针向中间靠拢判断指针所指向的字符是否相等。

（4）根据函数的返回值输出是否为回文的结论。

程序实现：

```
#include <stdio.h>
int ishuiwen(char *p)
```

```
{
    char *q=p;
    while(*q!='\0')          q++;          //找到\0，此时 q 指向字符\0
    q--;                                   //\0 不参与比较，因此指针必须往前移动 1
    while(p<q)
    {     if(*p==*q)
        { p++; q--;         }              //p 和 q 所指单元内容相等，指针向中间靠拢
          else  return 0;
    }
     return 1;
}
int main()
{
    char *s,str[20];
    int result;
    s=str;
    printf("请输入一串字符：");
    scanf("%s",str);
    result=ishuiwen(s);
    if(result==0)  printf("这串字符不是回文！\n");
    else         printf("这串字符是回文！\n");
    return 0;
}
```

【运行结果】

```
请输入一串字符：level
这串字符是回文!
请输入一串字符：ABC
这串字符不是回文!
```

【例 8.20】 用动态内存分配的方法开辟 100 字节来存放 5 个字符串，利用函数调用实现找出 5 个字符串中最小的字符串并输出。

算法思路如下。

（1）定义字符指针数组 color、指向指针的指针变量 p，p 指向 color 数组的第一个元素。

（2）利用 malloc()函数动态分配内存。

（3）编写 find()函数找字符串中最小的一个，传递指向指针的指针 p，在函数中利用 strcmp()函数进行比较，定义一个指针 q 指向最小的字符串。

（4）定义字符指针变量 s，函数 find()返回指向最小字符串的指针赋给指针变量 s，并在主函数进行输出。

程序实现：

```
#include <stdio.h>
#include <string.h>
#include <malloc.h>
char *find(char **p,int n)
{
    char *q;     int i;
    q=*p;
    for(i=0;i<n;i++)
        //比较两个字符串的大小，如果前者大则返回正值，并修改 q 的指向
        if(strcmp(q,*(p+i))>0)   q=*(p+i);
    return q;                                        //返回最小字符串的指针
}
```

```
int main()
{
    char *color[5];        char **p;
    char *s;               int i;
    for(i=0;i<5;i++)
    {     color[i]=(char *)malloc(20*sizeof(char)); //动态分配内存给每个指针数组元素
          printf("第%d个字符串为：",i+1);
          scanf("%s",color[i]);
    }
    p=color;
    s=find(p,5);
    printf("最小的字符串是：%s\n",s);
    for(i=0;i<5;i++)
          free(color[i]);                           //循环释放所有的指针数组所指向的空间
    return 0;
}
```

运行结果如图8.18所示。

```
第1个字符串为：red
第2个字符串为：blue
第3个字符串为：yellow
第4个字符串为：green
第5个字符串为：black
最小的字符串是：black
```

图8.18　运行结果

8.9　本章小结

C语言的精髓是“指针”。本章主要讲解了指针的概念、指针变量的定义与引用、指针与数组、指针与字符串、指针与函数、指向指针的指针、指针与动态内存分配等相关知识。通过对本章的学习，读者能掌握指针的定义与使用方法，使用指针优化代码，提高代码的灵活性。

习题

一、选择题

1. 变量的指针，其含义是指该变量的（　　）。
   A. 值　　B. 地址　　C. 名　　D. 一个标志
2. 若有说明int (*ptr)[M];，其中ptr是（　　）。
   A. M个指向整型变量的指针
   B. 指向M个整型变量的函数指针
   C. 一个指向具有M个整型元素的一维数组的指针
   D. 具有M个指针元素的一维指针数组，每个元素都只能指向整型变量
3. 基类型相同的两个指针变量之间，不能进行的运算是（　　）。
   A. <　　B. =　　C. +　　D. −
4. 若有定义int a[5];，则a数组中首元素的地址可以表示为（　　）。
   A. &a　　B. a+1　　C. a　　D. &a[1]
5. 以下与int *q[5];等价的定义语句是（　　）。
   A. int q[5];　　B. int *q;　　C. int *(q[5]);　　D. int (*q)[5];

6. 若有定义“int a, *p;p=&a;”，则*(p+5)表示（　　）。

A. 元素 a[5]的地址　　B. 元素 a[5]的值

C. 元素 a[6]的地址　　D. 元素 a[6]的值

7. 若有定义 int *p[4];，则标识符 p（　　）。

A. 是一个指向整型变量的指针

B. 是一个指针数组名

C. 是一个指针，它指向一个含有 4 个整型元素的一维数组

D. 说明不合法

8. 若有以下定义，则对 a 数组元素的引用正确的是（　　）。

```
int a[5], *p=a;
```

A. *&a[5]　　B. a+2　　C. *(p+5)　　D. *(a+2)

9. 若有以下定义，则对 a 数组元素地址的引用正确的是（　　）。

```
int a[5], *p=a;
```

A. p+5　　B. *a+1　　C. &a+1　　D. &a[0]

10. 若有如下定义：

```
int a[10]={1,2,3,4,5,6,7,8,9,10},*p=a;
```

则数值为 9 的表达式是（　　）。

A. *p+9　　B. *(p+8)　　C. *p+=9　　D. p+8

11. 若有语句 int a[4][5], (*p)[5]; p = a;，则对 a 数组元素的引用正确的是（　　）。

A. p+1　　B. *(p+3)　　C. *(p+1)+3　　D. *(*p+2)

12. 若有以下语句，则输出结果是（　　）。

```
int **pp,*p,a=10,b=20;
pp=&p;
p=&a;
p=&b;
printf("%d,%d\n",*p,**pp);
```

A. 10,20　　B. 10,10　　C. 20,10　　D. 20,20

13. 下列程序的输出结果是（　　）。

```
#include <stdio.h>
int main()
{
    int a=5,*p1,**p2;
    p1=&a,p2=&p1;
    (*p1)++;
    printf("%d\n",**p2);
    return 0;
}
```

A. 5　　B. 4　　C. 6　　D. 不确定

14. 下列程序的输出结果是（　　）。

```
#include <stdio.h>
int main()
{
    static int num[5]={2,4,6,8,10};
    int *n,**m;
    n=num;
    m=&n;
    printf("%d",*(n++));
    printf("%d\n",**m));
```

```
    return 0;
}
```

A. 4 4　　B. 2 2　　C. 2 4　　D. 4 6

15. 执行以下程序后，y 的值是（　　）。

```
#include <stdio.h>
int main()
{
    int a[]={2,4,6,8,10};
    int y=1,x,*p;
    p=&a[1];
    for(x=0;x<3;x++)
        y+=*(p+x);
    printf("%d\n",y);
    return 0;
}
```

A. 17　　B. 18　　C. 19　　D. 20

二、填空题

1. 若有定义 int a[2][3]={2,4,6,8,10,12};，则*(&a[0][0]+2*2+1)的值是________，*(a[1] +2)的值是________。

2. 定义语句 int *f ( );和 int (*f) ( );的含义分别为________和________ 。

3. 若定义 char *p="abcd";，则 printf("%d",*(p+4));的结果为________。

4. 以下函数用来求出两整数之和，并通过形参将结果传回。

```
void func(int x,int y,_______)
{ *z=x+y; }
```

5. 若有以下定义语句，则通过指针 p 引用值为 98 的数组元素的表达式是________。

```
int w[10]={23,54,10,33,47,98,72,80,61}, *p=w;
```

6. 若 int a[10];，则 a[i]的地址可表示为________或________，a[i]可表示为________。

7. 在 C 语言中，对于二维数组 a[i][j]的地址可表示为________或________。其中，对于 a[i]来说，它是一个________。

8. 一个指针变量 p 和数组变量 a 的说明如下：

```
int a[10],*p;
```

则 p=&a[1]+2 的含义是指针 p 指向数组 a 的第________个元素。

9. 一个数组，其元素均为指针类型数据，这样的数组叫________。

10. int *p[4]表示________，int(*p)[4]表示________。

11. 以下程序的执行结果是________。

```
#include <stdio.h>
int main ( )
{
    int i, j;
    int *p,*q;
    i=2;  j=10;
    p=&i;  q=&j;
    *p=10;  *q=2;
    printf("i=%d, j=%d\n", i, j);
    return 0;
}
```

12. 以下程序的执行结果是________。

```
#include <stdio.h>
int main ( )
```

```
{
    int **p,*q;
    i=10;  q=&i;  p=&q;
    printf("%d\n", **p);
    return 0;
}
```

13. 以下程序的执行结果是________。

```
#include <stdio.h>
int main ( )
{
    int *p; int a[2]; p=a; int i;
    p=&i;  *p=2;
    p++;  *p=5;
    printf("%d,", *p);
    p--;
    printf("%d\n", *p);
    return 0;
}
```

14. 以下程序的执行结果是________。

```
#include <stdio.h>
int main ( )
{
    int *p, i;
    i=5;  p=&i;
    i=*p+10;
    printf("i=%d\n", i);
    return 0;
}
```

15. 以下程序的执行结果是________。

```
#include <stdio.h>
int main ( )
{
    char s[ ]= "abcdefg";
    char *p;
    p=s;
    printf("ch=%c\n", *(p+5));
    return 0;
}
```

16. 以下程序的功能是：通过指针操作，找出 3 个整数中的最小值并输出。

```
#include <stdio.h>
int main ( )
{
    int *a, *b, *c, mun, x, y, z;
    a=&x;   b=&y;   c=&z;
    printf ("输入 3 个整数: ");
    scanf ("%d%d%d", a, b, c);
    printf ("%d, %d, %d\n", *a, *b, *c);
    num=*a;
    if(*a>*b)   _______;
    if(num>*c)  _______;
    printf ("输出最小整数: %d\n", num);
    return 0;
}
```

17. 下面程序是把从终端读入的一行字符作为字符串放在字符数组中，然后输出。

```
int i;  char s[80], *p;
for ( i=0; i<79; i++ )
{     s[i]=getchar( );
      if ( s[i]= ='\n')  break;
}
s[i]=_______;
p=_______;
while ( *p )   putchar ( *p++);
```

18. 下面程序是判断输入的字符串是否为“回文”。

```
#include <stdio.h>
#include <string.h>
int main ( )
{
     char s[81], *p1, *p2;   int n;
     gets ( s );
     n=strlen ( s );
     p1=s;
     p2=_______;
     while (_______)
     {    if ( *p1!= *p2 )  break;
          else {
                    p1++; _______;
               }
     }
     if (p1<p2)     printf ("NO\n");
     else           printf ("YES\n");
     return 0;
}
```

19. 以下函数把b字符串连接到a字符串的后面，并返回新字符串的长度。

```
Strcen(char a[], char b[])
{
     int num=0,n=0;
     while(*(a+num)!= _______)   num++;
     while(b[n])
     {    *(a+num)=b[n];
          num++;
          ________;
     }
     return(num);
}
```

三、编程题

1. 编写一个程序，计算一个字符串的长度。用指针完成。

2. 编写一个程序，用12个月的英文名称初始化一个字符指针数组，当键盘输入的整数为1～12时，显示相应的月份名，输入其他整数时显示错误信息。

3. 编写一个程序，将字符串computer赋给一个字符数组，然后从第一个字母开始间隔地输出该字符串。请用指针完成。

4. 编写一个程序，将字符串中的第 *m* 个字符开始的全部字符复制成另一个字符串。要求在主函数中输入字符串及 *m* 的值并输出复制结果，在被调函数中完成复制。

09 第 9 章　结构体

学习目标

- 理解结构体的声明，掌握结构体变量的定义、初始化和引用。
- 掌握结构体数组、结构体指针的定义和引用。
- 了解共用体和枚举类型的特点和定义。

前文介绍了一些基本的数据类型，如整型、浮点型、字符型等，但只有这些数据类型是不够的。现实世界中的数据表示更复杂，有时需要将不同类型的数据组合成一个有机的整体去引用。这些组合在一个整体中的数据是相互联系的，如一个学生的学号、姓名、性别、年龄、成绩、家庭地址等项，这些项都与某一学生相关联，如图 9.1 所示。可以看到学号（num）、姓名（name)、性别（sex)、年龄（age)、成绩（score)、家庭住址（addr）是属于 Li Fun 的。如果将这些分别定义为互相独立的变量，是难以反映它们之间的内在联系的。因此，应把它们组织成一个组合项，这个组合项中可以包含若干个类型的数据项。C 语言允许用户指定这样一种数据结构，它称为结构体。本章主要介绍结构体的声明、结构体变量的引用、结构体数组、结构体指针、共用体、枚举类型及自定义类型标识符。

num	name	sex	age	score	addr
10010	Li Fun	M	18	87.5	Beijing

（将不同类型的数据组合成一个有机的整体）

图 9.1　学生结构

9.1　结构体概述

如果程序中要用到图 9.1 所表示的数据结构，用户就要在程序中先建立所需的结构体类型，即声明结构体。

9.1.1　结构体的声明

结构体的声明形式为：

```
struct 结构体名
  {
     成员列表
};
```

其中成员列表由若干个成员组成，每个成员都是该结构的一个组成部分。必须对每个成员做类型说明，其形式为：

```
类型　成员名;
```

以一个学生的学号（num）、姓名（name）、性别（sex）、年龄（age）等属性为例来声明一个结构体：

```
struct student
{
      int    num;
      char   name[20];
      char   sex;
      int    age;
};
```

说明如下。

struct 是声明结构体类型的关键字，student 为结构体名，结构体命名必须符合 C 语言标识符的规定。num、name、sex、age 等称为结构体成员。

9.1.2　结构体变量的定义

仅声明结构体，系统不会为之分配实际的内存单元。为了能在程序中使用结构体数据，应当定义结构体变量，并在其中存放具体的数据。通常可以采用以下 3 种方式定义结构体变量。

1. 先定义结构体再定义结构体变量

如上已经定义了一个结构体 struct　student，可以用它来定义结构体变量。例如：

```
struct  student stu1,stu2;
```

上面定义了 stu1 和 stu2 为 struct　student 型的变量，系统就会为这两个变量按照 struct student 的定义分配内存空间，如图 9.2 所示。

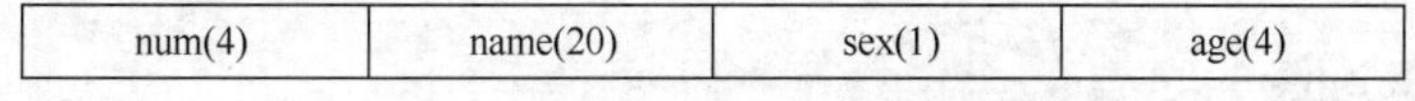

num(4)	name(20)	sex(1)	age(4)

图 9.2　struct student 的内存分配

stu1 和 stu2 在 Dev-C++环境中分配的内存为 29（4+20+1+4）字节。

2. 定义结构体的同时定义结构体变量

可以在定义结构体的同时定义结构体变量。例如：

```
struct student
{
      int    num;
      char   name[20];
      char   sex;
      int    age;
}stu1,stu2;
```

它的作用与第一种方法相同，只是将类型的声明与变量的定义放在一起进行，能直接看到结构体的结构，比较直观。

3. 不指定结构体名而直接定义结构体变量

不指定结构体名而直接定义结构体变量的一般形式为：

```
struct
  {
    成员列表
}变量名列表;
```

如：

```
struct
{
      int    num;
```

```
    char   name[20];
    char   sex;
    int    age;
}stu1,stu2;
```

没有结构体名表示不能用此结构体去定义其他变量，因此这种方式用得不多。

关于结构体，有以下几点需要注意。

（1）结构体和结构体变量是不同的概念，不能混淆。在编译时，根据结构体的声明，给结构体变量分配内存空间。

（2）结构体的声明可以放在函数里，也可以放在函数外。

（3）结构体中的成员可以单独使用，相当于普通变量，引用方法见 9.1.3 小节。

（4）结构体中的成员也可以是一个结构体变量。例如。

```
struct  date                    // 定义一个日期型结构体类型
{
    int year;                   //年
    int month;                  //月
    int day;                    //日
};
struct  student                 // 定义一个学生型结构体类型
{
    int   num;                  //学号
    char  name[20];             //姓名
    char  sex;                  //性别
    int   age;                  //年龄
    struct date birthday;       //birthday 是 struct date 型
}stu1,stu2;
```

stu1 和 stu2 的结构如图 9.3 所示，学生的 birthday 是另外一个结构体类型的变量。

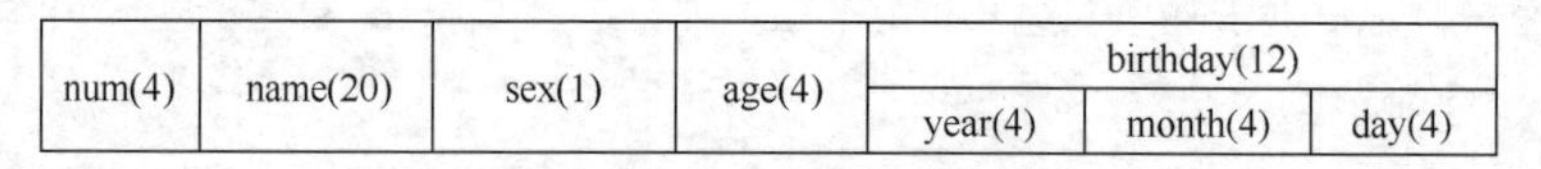

图 9.3　stu1 和 stu2 的结构

（5）结构体成员名可以与程序中的其他位置的变量名相同，二者不代表同一对象。可以在程序中另外定义一个 num，它与结构体中的 num 互不干扰。

9.1.3　结构体变量的引用

定义好结构体变量后就可以引用这个变量，引用时应遵守以下规则。

（1）不能将一个结构体变量作为一个整体进行输入输出，而只能对结构体变量中的各个成员分别进行输入和输出。例如，如下的引用方式是不正确的。

```
printf("%d,%s,%c,%d\n",stu1); //stu1 是结构体变量名
```

正确的结构体变量成员的引用格式为：

```
结构体变量名.成员名
```

“.”是成员运算符，它的优先级最高。stu1.num 表示 num 是 stu1 的成员。

（2）如果成员本身又是一个结构体类型，则要用若干个成员运算符，一级一级地找到最低一级

的成员。只能对最低一级的成员进行赋值。

例如：

```
stu1.birthday.year=2012;
stu1.birthday.month=10;
stu1.birthday.day=22;
```

（3）对结构体变量成员可以像普通变量一样进行各种运算。

例如：

```
stu1.num++;
stu1.score=stu2.score;
stu1.age+=2;
```

（4）可以引用结构体变量成员的地址，也可以引用结构体变量的地址。

例如：

```
scanf("%d",&stu1.num); //输入一个整数给结构体成员 stu1.num
printf("%o\n",&stu1);  //输出结构体变量的首地址
```

（5）同类型结构体变量可以进行整体赋值。

例如：

```
struct  student stu1,stu2;
     stu1 = stu2;
```

表示将 stu2 的成员的值赋给 stu1 对应的成员。

9.1.4 结构体变量的初始化

与其他类型一样，可以在定义时指定结构体变量的初始值。

【例 9.1】 结构体变量的初始化。

程序实现：

```
#include <stdio.h>
struct date       // 定义一个日期型结构体类型
{
     int year;
     int month;
     int day;
};
struct student   // 定义一个学生型结构体类型
{
     int num;
     char name[20];
     char sex;
     int age;
     struct date birthday;
}stu1={1001,"Mary",'F',18,{1996,10,28}};  //结构体变量的初始化
int main()
{
     printf("num=%d  name=%s  sex=%c  age=%d  birthday = %d-%d-%d\n",
     stu1.num,stu1.name,stu1.sex,stu1.age,
     stu1.birthday.year,stu1.birthday.month,stu1.birthday.day);
     return 0;
}
```

【运行结果】

```
num=1001  name=Mary  sex=F  age=18  birthday = 1996-10-28
```

如果初值个数少于结构体成员个数，则无初值的成员按类型被赋予默认初始值（整型、浮点型为 0，字符型为\0）；如果初值个数多于结构体成员个数，则编译出错。

9.2 结构体数组

一个结构体变量只能存放一个学生的信息，对于多个学生的信息，可以使用结构体数组来存放。结构体数组与之前介绍过的数组的不同之处在于，每个数组元素是一个结构体类型的数据，它们都包括各个成员项。

例如，整型数组：

```
int a[10]={1,2,3,4,5,6,7,8,9,10};
```

结构体类型数组：

```
struct student stu[2]= {{1001,"LiMing ",'M',18,89.5, "HubeiEnshi "},{1002,"ZhangJun ",
'F',17,98, "HubeiYichang "}};
```

整型数组与结构体类型数组的对比如图 9.4 所示。

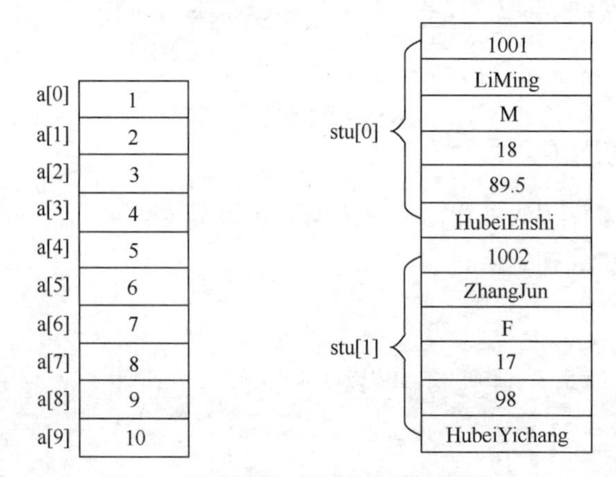

图 9.4　整型数组与结构体类型数组的对比

9.2.1 结构体数组的定义

定义结构体数组的方法与定义普通数组的方法类似。

```
结构体类型    数组名[数组的长度];
```

可以采用以下 3 种方式定义结构体数组。

1. 先定义结构体类型再定义结构体数组

例如：

```
struct student
{
      int    num;
      char   name[20];
      char   sex;
      int    age;
};
struct student stu[3];
```

上例定义了一个一维数组 stu，包含 3 个元素，均为 struct student 型。

2. 定义结构体类型的同时定义结构体数组

例如：

```
struct student
{
      int     num;
      char    name[20];
      char    sex;
      int     age;
} stu[3];
```

3. 直接定义结构体数组

例如：

```
struct
{
      int     num;
      char    name[20];
      char    sex;
      int     age;
} stu[3];
```

9.2.2 结构体数组的初始化

可以在定义结构体数组的时候对其进行初始化，将每个数组元素的数据用花括号{}括起来。

【例 9.2】 结构体数组的初始化。

程序实现：

```
#include <stdio.h>
struct date
{
     int year;
     int month;
     int day;
};

struct student
{
     int num;
     char name[20];
     char sex;
     int age;
     struct date birthday;
};
int main()
{
     struct student stu[3]={{1001,"ALEX ",'M',18,{1996,10,28}},
     {1002," LISA ",'F',20,{1994,10,22}},{1003,"MARY",'F',20,{1994,6,26}}};
     int i;
     for (i=0;i<3;i++)
     {
          printf("num=%d  name=%s  sex=%c  age=%d birthday = %d-%d-%d\n",
                stu[i].num,stu[i].name,stu[i].sex,stu[i].age,stu[i].birthday.year,
                stu[i].birthday.month,stu[i].birthday.day);
     }
     return 0;
}
```

【运行结果】

```
num=1001  name=ALEX   sex=M  age=18 birthday = 1996-10-28
num=1002  name= LISA   sex=F  age=20 birthday = 1994-10-22
num=1003  name= MARY sex=F  age=20 birthday = 1994-6-26
```

结构体数组在内存中的存放如图 9.5 所示。

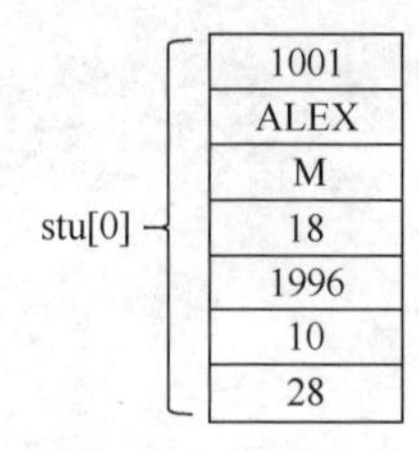

图 9.5　结构体数组在内存中的存放

说明如下。

（1）如果对数组中的全部元素赋值，则长度可省略。

```
struct student stu[]={{1001,"ALEX",'M',18,{1996,10,28}},
{1002,"LISA",'F',20,{1994,10,22}},{1003,"MARY",'F',20,{1994,6,26}}};
```

（2）可对部分元素赋初值。

```
struct student stu[3]={{1001,"ALEX",'M',18,{1996,10,28}},
{1002},{1003,"MARY",'F',20,{1994,6,26}}};
```

（3）内层括号可省略，但数组中的元素必须全部赋值。

```
struct student stu[3]={1001,"ALEX",'M',18,1996,10,28,
1002,"LISA",'F',20,1994,10,22,1003,"MARY",'F',20,1994,6,26};
```

9.2.3　结构体数组元素的引用

引用结构体数组元素和之前介绍的引用数组元素的方法类似。

（1）引用某个数组元素的成员。

例如：

```
stu[0].num
```

（2）数组元素之间可以整体赋值。

例如：

```
stu[2]=stu[0];
```

（3）只能对数组元素的成员进行输入和输出操作。

例如：

```
printf("num=%d  name=%s  sex=%c  age=%d birthday = %d-%d-%d\n",
stu[0].num,stu[0].name,stu[0].sex,stu[0].age,stu[0].birthday.year,stu[0].birthday.
month,stu[0].birthday.day);
```

【例 9.3】 有 3 个学生，每个学生的信息包含学生的学号、姓名、出生日期。利用键盘输入这 3 个学生的数据，然后输出到屏幕。

算法思路如下。

（1）声明日期型结构体类型，包含成员：年、月、日。

（2）声明学生型结构体类型，包含成员：学生的学号、姓名，日期型变量出生日期。

（3）定义学生型结构体数组，通过循环语句完成学生数据的输入与输出。

程序实现：

```
#include <stdio.h>
struct date
{
```

```
        int year;
        int month;
        int day;
    };
    struct student
    {
        int num;
        char name[20];
        struct date birthday;
    };
    int main()
    {
      struct student stu[3];
      int i;
      printf("请输入 3 个学生的信息");
      for (i=0;i<3;i++)
      {
          printf("\n 请输入第%d 个学生的学号:",i+1);
          scanf("%d",&stu[i].num);
          printf("请输入第%d 个学生的姓名:",i+1);
          scanf("%s",stu[i].name);
          printf("请输入第%d 个学生的出生年月日:",i+1);
          scanf("%d%d%d",&stu[i].birthday.year,&stu[i].birthday.month,&stu[i].
birthday.day);
      }
      for (i=0;i<3;i++)
      {
          printf("\n 第%d 个学生的学号:%d\n",i+1,stu[i].num);
          printf("第%d 个学生的姓名:%s\n",i+1,stu[i].name);
          printf("第%d 个学生的出生年月日: %d-%d-%d\n",i+1,stu[i].birthday.year,
stu[i].birthday.month,stu[i].birthday.day);
      }
    return 0;
    }
```

运行结果如图 9.6 所示。

图 9.6　运行结果

9.3　结构体指针

一个结构体变量的内存起始地址就是该结构体变量的指针，可以将这个地址存放在一个指针变量中，那么该指针变量就是指向这个结构体的指针变量。与基本类型指针变量相似，结构体指针变量存储结构体变量的地址或结构体数组的地址，通过间接方式操作对应的变量和数组。

9.3.1 指向结构体变量的指针变量

指向结构体变量的指针变量的定义形式：

```
结构体类型说明符    *指针变量名;
```

下面通过例子来说明。

【例 9.4】 通过结构体指针变量输出其指向的结构体变量信息。

程序实现：

```
#include <stdio.h>
#include <string.h>
struct student
{
    int num;
    char name[20];
    char sex;
    int age;
};
int main()
{
    struct student stu1;
    struct student *pst1;
    pst1 = &stu1;
    stu1.num = 1001;
    strcpy(stu1.name, "Alex");
    stu1.sex ='M';
    stu1.age = 19;
   printf("num=%d  name=%s  sex=%c  age=%d\n",
       stu1.num,stu1.name,stu1.sex,stu1.age);
   printf("num=%d  name=%s  sex=%c  age=%d\n",
       pst1->num,pst1->name,pst1->sex,pst1->age);
   printf("num=%d  name=%s  sex=%c  age=%d\n",
       (*pst1).num,(*pst1).name,(*pst1).sex,(*pst1).age);
   return 0;
}
```

【运行结果】

```
num=1001  name=Alex  sex=M  age=19
num=1001  name=Alex  sex=M  age=19
num=1001  name=Alex  sex=M  age=19
```

在本例中，通过语句 struct student *pst1;定义了一个结构体指针变量 pst1，将 stu1 的地址赋给它后（pst1 = &stu1;），它指向了 stu1，如图 9.7 所示。3 条 printf 语句的输出结果是相同的。

pst1 →

int num
char name[20]
char sex
int age

图 9.7 结构体指针变量 pst1

因此，引用结构体成员的方式有以下 3 种。

1. 结构体变量.成员名

通过结构体变量可以直接引用成员名，注意结构体变量和成员名之间是“.”。例如：

```
stu1.num
```

2. 指向结构体的指针变量->成员名

通过指向结构体的指针变量引用成员名，注意指向结构体的指针变量和成员名之间是“->”。

例如：

```
pst1->num
```

3.（*指向结构体的指针变量）.成员名

通过指向结构体的指针变量的内容引用成员名，注意指向结构体的指针变量和成员名之间是“.”，指向结构体的指针变量之前要有“*”，并用一对圆括号括起来。例如：

```
(*pst1).num
```

*pst1 表示 pst1 指向结构体变量 stu1，(*pst1).num 表示 pst1 指向的结构体变量 stu1 的成员 num。*pst1 两侧的括号不能省略，因为运算符“.”的优先级高于运算符“*”，所以*pst1.num 就等价于*(pst1.num)。

注意以下几种运算的含义。例如：

p->num　　　得到成员 num 的值
p->num ++　　得到成员 num 的值，使用完该值后使它加 1
++p->num　　得到成员 num 的值，使之先加 1，再使用

9.3.2　指向结构体数组的指针

结构体数组可用指针方式来访问，方便数组元素的引用，提高数组的访问效率。

【例 9.5】 指向结构体数组的指针。

程序实现：

```
#include <stdio.h>
struct student
{
     int num;
     char name[20];
     char sex;
     int age;
};
int main()
{
     struct student stu[3]={{1001,"ALEX",'M',18},
     {1002,"LISA",'M',19},
     {1003,"MARY",'F',20}};
     struct student *pstu;
     for (pstu=stu;pstu<stu+3;pstu++)
     {
          printf("num=%d  name=%s  sex=%c  age=%d\n",
                 pstu->num,pstu->name,pstu->sex,pstu->age);
     }
     return 0;
}
```

【运行结果】

```
num=1001  name=ALEX  sex=M  age=18
num=1002  name=LISA  sex=M  age=19
num=1003  name=MARY  sex=F  age=20
```

说明如下。

（1）如图 9.8 所示，若 pstu 的初始值为数组名 stu，即指向第一个元素，则 pstu +1 指向下一个元素。

pstu->num　　　　　pstu 指向结构体中成员 num 的值
(++pstu)->name　　pstu 自加 1，再得到所指元素中 name 的值
(pstu++)->name　　先得到 name 值，再让 pstu 自加 1，指向 stu[1]

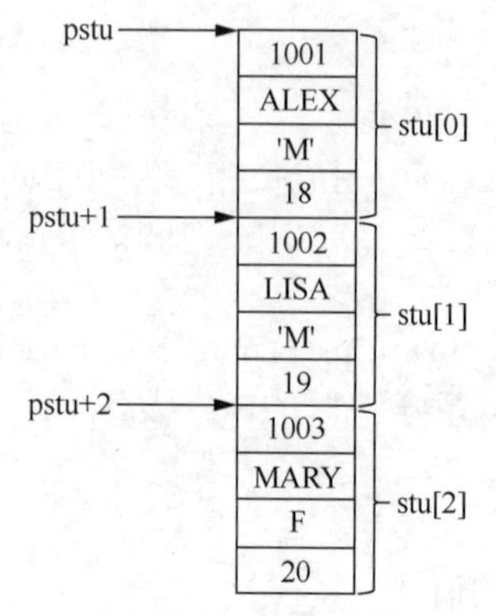

图 9.8　pstu 的指向

（2）指针 p 已被定义指向 struct　student 型的数据，它只能指向一个结构体数据，而不能指向元素中的某一成员。注意：

若

```
struct  student stu[3], *p;
p=stu;
```

则

```
p=&stu[0];          //正确
p=&stu[0].name;     //错误
```

9.3.3　用结构体变量和指向结构体的指针作函数参数

结构体成员变量的值、结构体变量和指向结构体的指针变量都可以用来作函数参数。方法如下。

1. 用结构体成员变量作参数

此方法与第 7 章介绍的简单变量作参数一样，属于“值传递”方式，形参值的改变不会影响实参的值。在传递时要注意形参与实参在类型上要保持一致。

【例 9.6】 有一个结构体变量，内含学生学号、姓名和三门课程的成绩，输出学生三门课程的平均成绩。

程序实现：

```
#include <stdio.h>
struct student
{
     int num;
     char *name;
     float score[3];
};
float average(float score1,float score2,float score3)
{
     float aver;
     aver = (score1+score2+score3)/3;
     return aver;
}
int main()
{
     struct student stu;
     float aver;
```

```
    stu.num = 1001;
    stu.name = "Mary";
    stu.score[0]=87.6f;
    stu.score[1]=78.2f;
    stu.score[2]=84.1f;
    aver = average(stu.score[0],stu.score[1],stu.score[2]);
    printf("num=%d  name=%s  average=%f\n",stu.num,stu.name,aver);
    return 0;
}
```

【运行结果】

```
num=1001  name=Mary  average=83.299995
```

2. 用结构体变量作参数

结构体变量的传递采用的也是“值传递”的方式，形参值的改变不会影响实参的值。传递时形参与实参的类型必须相同。形参在函数调用期间也要占用内存单元，因此这种传递方式在空间与时间上开销较大。

【例9.7】 将例9.6改为用结构体变量作参数。

程序实现：

```
#include <stdio.h>
struct student
{
    int num;
    char *name;
    float score[3];
};
float average(struct student stud)
{
    float aver;
    float sum=0;
    int i;
    for (i=0;i<3;i++)
    {
        sum+=stud.score[i];
    }
    aver = sum/3;
    return aver;

}
int main()
{
    struct student stu;
    float aver;
    stu.num = 1001;
    stu.name = "Mary";
    stu.score[0]=87.6f;
    stu.score[1]=78.2f;
    stu.score[2]=84.1f;
    aver=average(stu);
    printf("num=%d  name=%s  average=%f\n",stu.num,stu.name,aver);
    return 0;
}
```

【运行结果】

```
num=1001  name=Mary  average=83.299995
```

3. 用指向结构体的指针变量作参数

用指向结构体的指针变量作实参是经常采用的一种方法，形参指针和实参指针都指向同一存储单元，形参值的改变会影响实参的值。这种特点为函数返回多个数据提供了途径。

【例 9.8】 将例 9.6 改为用指向结构体的指针变量作参数。

程序实现：

```
#include <stdio.h>
struct student
{
    int num;
    char *name;
    float score[3];
};
float average(struct student *pstu)
{
    float aver;
    float sum=0;
    int i;
    for (i=0;i<3;i++)
    {
        sum+=pstu->score[i];
    }
    aver = sum/3;
    return aver;
}
int main()
{
    struct student stu;
    float aver;
    stu.num = 1001;
    stu.name = "Mary";
    stu.score[0]=87.6f;
    stu.score[1]=78.2f;
    stu.score[2]=84.1f;
    aver=average(&stu);
    printf("num=%d  name=%s  average=%f\n",stu.num,stu.name,aver);
    return 0;
}
```

【运行结果】

```
num=1001  name=Mary  average=83.299995
```

9.4 共用体

在进行某些算法的 C 语言编程的时候，需要将几种不同类型的变量存放到同一段内存单元中。这种几种不同类型的变量共同占用一段内存单元的结构，在 C 语言中称作“共用体”类型结构，简称共用体。在某些书中可能被称为“联合体”，但是“共用体”更能反映该类型结构在内存中的特点。

9.4.1 共用体的定义

共用体的一般定义形式如下：

```
union 共用体名
{
```

```
    成员列表
}变量列表;
```

例如：

```
union data
{
    int i;
    char ch;
    float f;
}a;
```

或

```
union data
{
    int i;
    char ch;
    float f;
}
union data a;
```

或

```
union
{
    int i;
    char ch;
    float f;
}a;
```

可以看到共用体和结构体的定义形式相似，但它们的含义是不同的。结构体变量所占用内存长度是各成员的内存长度之和，每个成员分别占有自己的内存单元。而共用体变量所占的内存长度等于最长的成员长度。例如，上面定义的共用体变量 a 占 4 字节，而不是 4+1+4=9 字节，如图 9.9 所示。

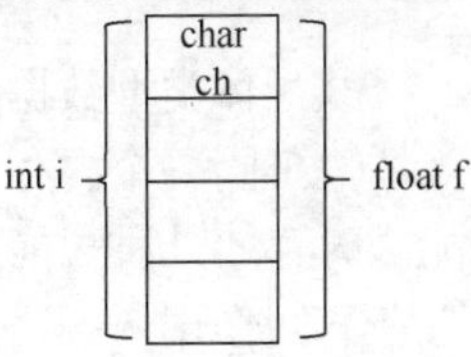

图 9.9　a 的存储结构

9.4.2　共用体变量的引用方式

共用体变量不能直接引用，和结构体变量一样只能引用里面的某个成员。引用形式为：

```
共用体变量名.成员名
```

例如：

```
union data
{
    int i;
    char ch;
    float f;
}a;
```

对于这里定义的共用体变量 a，下面的引用方式是正确的：

- a.i（引用共用体变量中的整型变量 i）;
- a.ch（引用共用体变量中的字符型变量 ch）;
- a.f（引用共用体变量中的浮点型变量 f）。

不能引用共用体变量，例如 printf("%d",a);这种用法是错误的。

因为 a 的存储区内有好几种类型的数据，分别占不同长度的存储区，仅写共用体变量名 a，系统无法确定究竟输出的是哪一个成员的值。而应该写成 printf("%d",a.i);或 printf("%c",a.ch)。

如果 p 是指向共用体的指针变量，也可以这样引用：p->i ;或 p->ch;或 p->f;。

【例 9.9】 共用体变量的引用。

程序实现：

```
#include <stdio.h>
union exx
{
    int a;
    int b;
    struct
    {
         int c;
         int d;
    }lpp;
}e={10};
int main()
{
    e.b=e.a+20;
    e.lpp.c=e.a+e.b;
    e.lpp.d=e.a*e.b;
    printf("%d,%d\n",e.lpp.c,e.lpp.d);
    return 0;
}
```

【运行结果】

```
60,3600
```

9.4.3 共用体类型数据的特点

共用体类型数据的特点如下。

（1）同一个内存段可以用来存放几种不同类型的成员，但在某一时刻只能存放其中一种，而不能同时存放几种。换句话说，某一时刻只有一个成员起作用，其他的成员不起作用，即不能同时都存在和起作用。

（2）共用体变量中起作用的成员值是最后一次存放的成员值。

（3）共用体变量的地址和它的各成员的地址是同一地址。例如，&a、&a.i、&a.ch、&a.f 都是同一地址值。

（4）共用体类型可以出现在结构体类型的定义中，还可以定义共用体数组。结构体也可以出现在共用体类型的定义中，数组也可以作为共用体的成员。

（5）共用体变量的初始化。

```
union data a=b; //用共用体变量 b 初始化共用体 a
union data a={123}; //初始化共用体的第一个成员
union data a={.ch='a'}; //对成员 ch 初始化
```

（6）共用体变量也可以作为函数的参数和返回值。

【例 9.10】 设有若干个人员的数据，其中有学生和教师。学生的数据包括姓名、编号、性别、系别、职业、班级。教师的数据包括姓名、编号、性别、系别、职业、职称。现在要将它们放在同一个表格中。如果 job（职业）项为 s，则第 6 项为 class，如果 job 项为 t，则第 6 项为 office。显然第 6 项要处理成共用体的形式，将 class 和 office 放在同一段内存中，如图 9.10 所示。

姓名	编号	性别	系别	职业	班级/职称	
					班级	职称
Liming	1001	M	computer	s	501	
Wangxi	2001	F	math	t		prof

图 9.10 人员的数据结构

要求输入人员的数据，然后输出。

程序实现：

```
#include <stdio.h>
#include <stdlib.h>
struct
{
     int  num;
     char name[10];
     char sex;
     char dept[10];
     char job;
     union
     {
          int classnum;
          char office[10];
     }category;
}person[2];
int main()
{
     int i;
     char numstr[20];
     for(i=0;i<2;i++)
     {
          printf("请输入编号：");
          gets(numstr);
          person[i].num=atoi(numstr); // atoi()函数将参数字符串转换成长整型数
          printf("请输入姓名：");
          scanf("%s",person[i].name);
          getchar(); //用来接收输入姓名后的回车符，下同
          printf("请输入性别(M/F)：");
          scanf("%c",&person[i].sex);
          getchar();
          printf("请输入系别：");
          scanf("%s",person[i].dept);
          getchar();
          printf("请输入职业(t/s)：");
          person[i].job=getchar();
          if(person[i].job=='s')
          {
               printf("请输入班级号：");
               scanf("%d",&person[i].category. classnum);
               getchar();
          }
          else
               if(person[i].job=='t')
               {
                    printf("请输入职称：");
                    scanf("%s",person[i].category.office);
                    getchar();
               }
               else
                    printf("input error!");
     }
```

```
        printf("\n\n");
        printf(" No.      Name      Sex      Dept          Job          class/office\n");
        for(i=0;i<2;i++)
        {
            printf("%-11d%-11s%",person[i].num,person[i].name);
            if(person[i].sex=='M'||person[i].sex=='m')
                printf("男");
            if(person[i].sex=='F'||person[i].sex=='f')
                printf("女");
            printf("\t%-16s",person[i].dept);
            if(person[i].job=='s')
                printf("学生");
            if(person[i].job=='t')
                printf("教师");
            if(person[i].job=='s')
                printf("\t\t%d\n",person[i].category.classnum);
            if(person[i].job=='t')
                printf("\t\t%s\n",person[i].category.office);
        }
        return 0;
    }
```

运行结果如图 9.11 所示。

```
请输入编号: 1001
请输入姓名: Liming
请输入性别(M/F): M
请输入系别: computer
请输入职业(t/s): s
请输入班级号: 501
请输入编号: 2001
请输入姓名: Wangxi
请输入性别(M/F): F
请输入系别: math
请输入职业(t/s): t
请输入职称: prof


 No.        Name       Sex      Dept           Job         class/office
1001        Liming     男       computer       学生            501
2001        Wangxi     女       math           教师            prof
```

图 9.11　运行结果

（1）在主函数之前定义了结构体数组 person，可以看到在 person 中包括共用体变量 category。那么共用体的声明可以放在结构体中，也可以放到结构体外，即

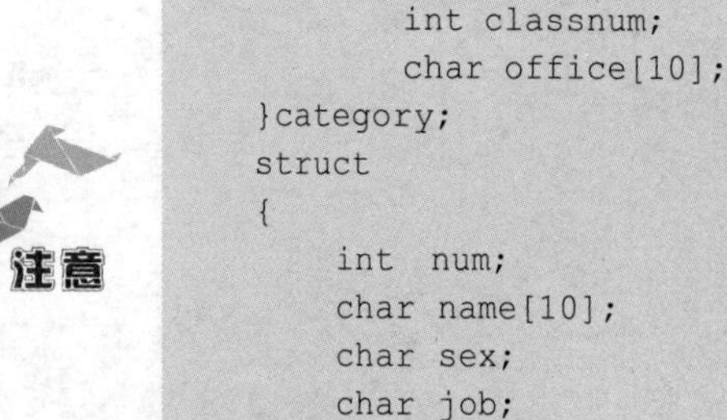

```
union  catgry
{
        int classnum;
        char office[10];
}category;
struct
{
    int  num;
    char name[10];
    char sex;
    char job;
    union  catgry  category;
}person[2];
```

（2）本例中使用了一个新函数 atoi()，此函数的作用是把字符串转换成长整型数。必须在程序开头加上头文件包含命令：#include <stdlib.h>。

9.5 枚举类型

在程序设计中，有时会用到由若干个有限数据元素组成的集合，如一周内的星期一至星期日 7 个数据元素组成的集合，由 3 种颜色红、黄、绿组成的集合。如果在程序中某个变量的取值仅限于集合中的元素，那么可将这些数据集合定义为枚举类型。“枚举”就是将变量可能的值一一列举出来，变量的值只能取列举出来的值之一。

9.5.1 枚举类型的声明

枚举类型声明形式为：

```
enum 枚举类型名
{ 枚举元素表 };
```

其中，关键词 enum 表示定义的是枚举类型，枚举类型名由标识符组成，而枚举元素表由枚举元素或枚举常量组成。例如：

```
enum weekdays
{ Sun,Mon,Tue,Wed,Thu,Fri,Sat };
```

声明了一个名为 weekdays 的枚举类型，它包含 7 个元素：Sun、Mon、Tue、Wed、Thu、Fri、Sat。在编译器编译程序时，给枚举类型中的每一个元素指定一个整型常量值（也称为序号值）。若枚举类型定义中没有指定元素的整型常量值，则整型常量值默认从 0 开始依次递增，因此，weekdays 枚举类型的 7 个元素 Sun、Mon、Tue、Wed、Thu、Fri、Sat 对应的整型常量值分别为 0、1、2、3、4、5、6。

在声明枚举类型时，也可指定元素对应的整型常量值。例如，描述逻辑值集合{TRUE、FALSE}的枚举类型 boolean 可定义为：

```
enum boolean
{ TRUE=1 ,FALSE=0 };
```

该声明规定：TRUE 的值为 1，而 FALSE 的值为 0。

而描述颜色集合{red,blue,green,black,white,yellow}的枚举类型 colors 可定义为：

```
enum colors
{red=5,blue=1,green,black,white,yellow};
```

该声明规定 red 为 5，blue 为 1，其后元素值从 blue 开始依次递增 1。green、black、white、yellow 的值依次为 2、3、4、5。此时，整数 5 将表示两种颜色 red 与 yellow。通常两个不同元素取相同的整数值是没有意义的。

枚举类型的声明只是产生了一个新的数据类型，只有定义了枚举变量才能使用这些数据。

9.5.2 枚举类型变量的定义

定义枚举类型变量有以下 3 种方法。

1. 先声明类型后定义变量

格式：

```
枚举类型名 变量 1[,变量 2,…,变量 n];
```

例如：

```
enum colors
{red=5,blue=1,green,black,white,yellow};
colors c1,c2;
```

c1、c2 为 colors 类型的枚举变量。

2. 声明类型的同时定义变量

格式：

```
enum 枚举类型名
{ 枚举元素表 } 变量 1[,变量 2,…,变量 n];
```

例如：

```
enum colors
{red=5,blue=1,green,black,white,yellow}c1,c2;
```

3. 直接定义枚举变量

格式：

```
enum
{ 枚举元素表 } 变量 1[,变量 2,…,变量 n];
```

例如：

```
enum
{red=5,blue=1,green,black,white,yellow} c1=red,c2=blue;
```

由上例可以看出，定义枚举变量时，可对变量赋初始值，c1 的初始值为 red，c2 的初始值为 blue。

9.5.3 枚举类型变量的引用

对枚举类型变量只能使用两类运算：赋值运算与关系运算。

1. 赋值运算

C 语言规定，枚举类型的元素可直接赋给枚举变量，且同类型枚举变量之间可以相互赋值。例如，enum weekdays;定义星期日到星期六为枚举类型 weekdays。

【例 9.11】 枚举类型变量的引用。

程序实现：

```
#include <stdio.h>
enum weekdays
{
    Sun,Mon,Tue,Wed,Thu,Fri,Sat
};
int main()
{
    enum weekdays day1,day2;
    day1 = Sun;
    day2 = day1;
    printf("day1=%d day2=%d\n",day1,day2);
    return 0;
}
```

【运行结果】

```
day1=0 day2=0
```

该例定义了两个类型为 weekdays 的枚举类型变量 day1 与 day2，这两个枚举类型变量只能取集合{ Sun,Mon,Tue,Wed,Thu,Fri,Sat }中的一个元素，可用赋值运算符将元素 Sun 赋给 day1。枚举变量 day1 的值可赋给同类枚举变量 day2。

枚举元素按常量处理，也称为枚举常量。因此在程序中不能对它进行赋值。例如，Sun = 9;是错误的。

2. 关系运算

枚举变量可与元素常量进行关系运算，同类枚举变量之间也可以进行关系运算，但枚举变量之间的关系运算是对其序号值进行的。例如：

```
day1=Sun;                     //day1 中元素 Sun 的序号值为 0
day2=Mon;                     //day2 中元素 Mon 的序号值为 1
if (day2>day1) day2=day1;     //day2>day1 的比较就是序号值关系式 1>0 的比较
if (day1>Sat) day1=Sat;       //day1>Sat 的比较就是序号值关系式 0>6 的比较
```

day2 与 day1 的比较，实际上是其元素 Mon 与 Sun 序号值 1 与 0 的比较，由于 1>0 成立，因此 day2>day1 结果为真，day2=day1。同样由于 day1 中元素 Sun 的序号值 0 小于 Sat 的序号值 6，因此 day1>Sat 结果为假，day1 的值不变。

【例 9.12】 先定义描述 6 种颜色的枚举类型 colors，然后用该枚举类型定义枚举数组，任意输入 6 个颜色号，转换成对应的颜色枚举量后输入枚举数组中，最后输出枚举数组中对应的颜色。

程序实现：

```
#include <stdio.h>
#include <stdlib.h> //使用 exit()函数时必须包含 stdlib.h 头文件
enum colors //定义有 6 种颜色元素的枚举类型 colors
{red,blue,green,black,white,yellow};
int main()
{
    enum colors col[6];
    int n,j;
    printf("0:red,1:blue,2:green,3:black,4:white,5:yellow\n");
    printf("请输入 6 个颜色数目:\n");
    for (j=0;j<6;j++)    //将颜色号转换成颜色元素存入数组
    {
        scanf("%d",&n);
        if (n<0||n>5)
        {
            printf("输入颜色值出错，请重新输入! ");
            exit(0);    //关闭所有文件，终止正在执行的进程，0 表示正常退出
        }
        else
        {
            switch (n)
            {
                case 0:col[j]=red;       break;
                case 1:col[j]=blue;      break;
                case 2:col[j]=green;     break;
                case 3:col[j]=black;     break;
                case 4:col[j]=white;     break;
                case 5:col[j]=yellow;    break;
            }
        }
    }
    for (j=0;j<6;j++)//循环 6 次，输出数组元素对应的颜色
    {
        switch (col[j])
        {
            case red:printf("red");            break;
            case blue:printf("blue");          break;
```

```
            case green:printf("green");       break;
            case black:printf("black");       break;
            case white:printf("white");       break;
            case yellow:printf("yellow");     break;
        }
        printf("\t");
    }
        printf("\n");
    return 0;
}
```

运行结果如图 9.12 所示。

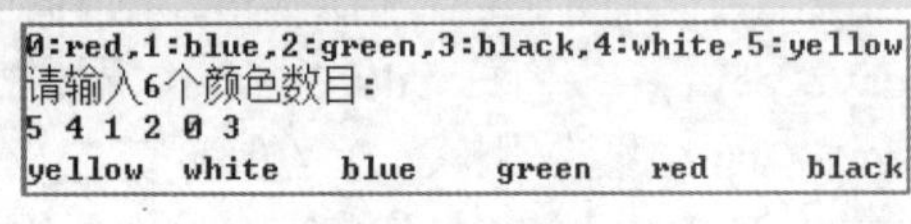
0:red,1:blue,2:green,3:black,4:white,5:yellow
请输入6个颜色数目:
5 4 1 2 0 3
yellow white blue green red black

图 9.12 运行结果

由于无法通过键盘直接向枚举变量输入枚举元素值，因此程序中只能先输入枚举元素的序号值，然后用 switch 语句将序号值转换为元素值，并将元素值赋给枚举数组元素。同样，由于用 printf 无法输出枚举数组中的元素值，因此在输出时，只能用 switch 语句判断输出哪一个元素，然后用 printf("元素")方式输出对应的元素值。

【例 9.13】定义一个描述 3 种颜色的枚举类型{red,blue,green}，输出这 3 种颜色的全部排列结果。

算法思路如下。

这是 3 种颜色的全排列问题，用穷举法即可输出 3 种颜色的 27 种排列结果。

程序实现：

```
#include <stdio.h>
enum colors
{
    red,blue,green
};
void  show(enum colors color)
{
    switch (color)
    {
    case red:printf("red");     break;
    case blue:printf("blue");   break;
    case green:printf("green"); break;
    }
  }
int main()
{
    enum colors color1,color2,color3;
    int count=0;        //计算个数
    for (color1=red;color1<=green;color1++)
    {
        for (color2=red;color2<=green;color2++)
        {
            for (color3=red;color3<=green;color3++)
            {
                show(color1);
                show(color2);
                show(color3);
                printf("\t");
                count++;
            }
        }
    }
```

```
    printf("%d 种排列组合\n",count);
    return 0;
}
```

运行结果如图 9.13 所示。

```
redredred       redredblue      redredgreen      redbluered      redblueblue
redbluegreen    redgreenred     redgreenblue     redgreengreen   blueredred
blueredblue     blueredgreen    bluebluered      blueblueblue    bluebluegreen
bluegreenred    bluegreenblue   bluegreengreen   greenredred     greenredblue
greenredgreen   greenbluered    greenblueblue    greenbluegreen  greengreenred
greengreenblue  greengreengreen
27种排列组合
```

图 9.13　运行结果

程序通过三重循环穷举出 3 种颜色所有的组合。在 for 循环语句中，用枚举变量 color1 作为循环变量，color1 取值从 red 开始到 green 为止，循环变量的自增操作是通过表达式 color1++ 来实现的。

9.6　自定义类型标识符

除了可以直接使用 C 语言提供的标准类型名（如 int、char、float）和自己声明的结构体、共用体、指针、枚举类型外，还可以用 typedef 声明新的类型名来代替已有的类型名。typedef 作为类型定义关键字，用于在原有数据类型（包括基本类型、构造类型和指针等）的基础上，由用户自定义新的类型名称。

例如：

```
typedef int integer;
typedef int arr[5];
```

其中，第一行指定用 integer 代替 int 型，这样 integer j,k;等价于 int j,k;，第二行指定用 arr 代替一个包含 5 个整数的整型数组，这样 arr a,b;等价于 int a[5],b[5];。

由此可见，typedef 声明并没有创建一个新类型，而是为某个已经存在的类型增加一个新的名字而已。用这种方式声明的变量与通过声明方式声明的变量具有完全相同的属性。

归纳起来，声明一个新的类型名的方法如下。

（1）按定义变量的方法写出定义体（如 int j;）。

（2）将变量名换成新类型名（如将 j 换成 integer）。

（3）在最前面加 typedef（如 typedef int integer;）。

（4）用新类型名去定义变量。

关于 typedef 的说明如下。

（1）如果在变量定义的前面加上 typedef，即可定义该变量的类型，如 int size;。

这里定义了一个整型变量 size，当加上 typedef 后为 typedef int size;，那么，size 就成为上面的 size 变量的类型，即 int 型。既然 size 是一个类型，就可以用它来定义另外一个变量。即 size a;。

类似于变量的类型定义，也可以用 typedef 声明新的类型，如：

```
char *ptr_to_char;              // 声明 ptr_to_char 为一个指向字符的指针变量
typedef char* ptr_to_char;      // 声明 ptr_to_char 为指向 char 的指针类型
ptr_to_char  pch;               // 声明 pch 是一个指向字符的指针变量
```

（2）用 typedef 只是为已经存在的类型增加一个类型名，而没有创造新的类型。

（3）用 typedef 可以指定各种类型名，但不能用来定义变量。例如，typedef size 就是错误的。

（4）typedef 和#define 有相似之处，但它们是不同的。如：

```
#define  ptr_to_char  char*
ptr_to_char pch1, pch2;
```

ptr_to_char pch1, pch2;可以展开为 char *pch1, pch2;。

因此 pch2 为 char 型变量。如果用 typedef 来定义，其代码如下：

```
typedef  char* ptr_to_char;
ptr_to_char pch1, pch2;
```

则 ptr_to_char pch1, pch2;等价于

```
char *pch1;
char *pch2;
```

因此，pch1、pch2 都是指针。

虽然#define 语句看起来像 typedef，但却有本质上的差别。对于#define 来说，仅在编译前对源代码进行字符串替换处理；而对于 typedef 来说，它建立了一个新的数据类型别名。由此可见，只是将 pch1 定义为指针变量，并没有实现程序员的意图，而是将 pch2 定义成了 char 型变量。

（5）typedef 可以用于结构体定义，例如：

```
typedef struct student
{
    int num;
    char name[20];
    char sex;
    int age;
}STU;
STU stu1;       //此时 stu1 的类型为 struct student
```

9.7 本章小结

本章主要讲解了结构体数据类型，包括结构体变量的定义、初始化和引用，结构体数组、结构体指针的定义和应用，共用体和枚举类型的特点和定义等相关知识。结构体允许将若干个相关的、数据类型不同的数据作为一个整体处理，并且每个数据各自分配不同的内存空间，而共用体中所有的成员共享同一段内存空间。通过对本章的学习，读者能熟练掌握结构体的定义、初始化以及引用方式，为后期复杂数据的处理提供有力的支持。

习题

一、选择题

1. 在说明一个结构体变量时，系统分配给它的存储空间是（　　）。
   A. 该结构体中第一个成员所需的存储空间
   B. 该结构体中最后一个成员所需的存储空间
   C. 该结构体中占用最大存储空间的成员所需的存储空间
   D. 该结构体中所有成员所需存储空间的总和
2. 若有以下声明和语句：

```
 struct  worker
{ int  no;   char *name; }work, *p=&work;
```

则以下引用方式不正确的是（　　）。

A. work.no　　B. (*p).no　　C. p->no　　D. work->no

3. 若有如下结构体声明：

```
struct  date  { int  year; int  month; int  day; };
struct  worklist { char name[20];  char  sex;
struct  date  birthday; }person;
```

对结构体变量 person 的出生年份进行赋值时，下面正确的赋值语句是（　　）。

A. year=1958;　　B. birthday.year=1958;

C. person.birthday.year=1958;　　D. person.year=1958;

4. 以下对结构体类型变量的定义中不正确的是（　　）。

A.
```
#define STUDENT struct student
STUDENT
{ int num;
float age; }std1;
```

B.
```
struct student
{ int num;
  float age;
}std1;
```

C.
```
struct
 { int num;
   float age;
}std1;
```

D.
```
struct
 { int num;
   float age;} student;
struct student std1;
```

5. 若有以下结构体声明语句：

```
struct stu
{ int  a;  float  b; }stutype;
```

则下面的叙述不正确的是（　　）。

A. struct 是结构体类型的关键字

B. struct stu 是用户声明的结构体类型名

C. stutype 是用户定义的结构体类型名

D. a 和 b 都是结构体成员名

6. 以下程序的运行结果是（　　）。

```
# include   <stdio.h>
int  main( )
{
   struct  date
   {
      int  year; int  month; int  day;
   }today;
   printf("%d\n",sizeof(struct date));
   return 0;
}
```

A. 6　　B. 8　　C. 10　　D. 12

7. 若有如下定义：

```
struct person{char name[9]; int age;};
struct person class[10]={"johu",17,"Paul",19,"Mary",18,"Adam",16};
```

根据上述定义，能输出字母 M 的语句是（　　）。

A. prinft("%c\n",class[3].name);　　B. printf("%c\n",class[3].name[1]);

C. prinft("%c\n",class[2].name[1]);　　D. printf("%^c\n",class[2].name[0]);

8. 若有如下定义：

```
struct ss
{ char name[10];
int age;
char sex;
} std[3],* p=std;
```

下面各输入语句中错误的是（　　）。

A. scanf("%d",&(*p).age);　　B. scanf("%s",&std.name);

C. scanf("%c",&std[0].sex);　　D. scanf("%c",&(p->sex));

9. 若有以下说明语句，则下面的叙述中不正确的是（　　）。

```
struct ex {
int x ; float y; char z ;
} example;
```

A. struct 是结构体类型的关键字　　B. example 是结构体类型名

C. x、y、z 都是结构体成员名　　D. struct ex 是结构体类型

10. 已知学生记录定义为：

```
struct student
{   int no;
    char name[30];
    struct
    {  unsigned int year;
       unsigned int month;
       unsigned int day;
    }birthday;
} stu;
struct student *t = &stu;
```

若要把变量 t 中的生日赋值为“1980 年 5 月 1 日”，则正确的赋值方式为（　　）。

A. year = 1980;
month = 5;
day = 1;

B. t.year = 1980;
t.month = 5;
t.day = 1;

C. t.birthday.year = 1980;
t.birthday.month = 5;
t.birthday.day = 1;

D. t-> birthday.year = 1980;
t-> birthday.month = 5;
t-> birthday.day = 1;

二、编程题

1. 利用结构体类型，编程计算一名学生五门课的平均分。

2. 用结构体类型数组初始化建立一张工资登记表，然后输入其中一人的姓名，查询其工资情况。

3. 试利用结构体类型编写一个程序，实现输入 3 个学生的数学、语文、外语期中和期末成绩，然后分别计算并输出其平均成绩。

第 10 章　文件

学习目标

- 理解文件的概念。
- 了解文件类型指针的定义。
- 掌握文件的打开、读写与关闭等基本操作。

C 文件是程序设计中的一个重要概念。“文件”一般是指存储在外部介质上数据的集合。操作系统是以文件为单位对数据进行管理的，也就是说，如果想找存在外部介质上的数据，必须先按文件名找到指定的文件，然后从该文件中将数据输入程序中。要向外部介质存储数据，也必须先建立一个文件（以文件名标识），才能向它输出数据。这里需要说明两个词：“输入”与“输出”。输入表示从文件里读数据到程序中，输出表示从程序里写数据到文件中。

10.1　C 文件概述

从用户的角度看，文件可分为普通文件和设备文件两种。

普通文件是指驻留在磁盘或其他外部介质上的一个有序数据集，可以是源文件、目标文件、可执行程序；也可以是一组待输入处理的原始数据，或者是一组输出的结果。我们可将源文件、目标文件、可执行程序称作程序文件，将输入输出数据称作数据文件。

设备文件是指与主机相联的各种外部设备，如显示器、打印机、键盘等。在操作系统中，把外部设备也看作一个文件来进行管理，把它们的输入、输出等同于对磁盘文件的读和写。通常把显示器定义为标准输出文件，在一般情况下，在屏幕上显示有关信息就是向标准输出文件输出，如前面经常使用 printf()、putchar()函数输出就是这类输出。键盘通常被指定为标准的输入文件，利用键盘输入就意味着从标准输入文件上输入数据，如使用 scanf()、getchar()函数输入就属于这类输入。

10.1.1　缓冲文件系统

ANSI C 文件系统建立在“缓冲文件系统”之上。缓冲文件系统是指系统自动地在内存区为每一个正在使用的文件开辟一个缓冲区，从内存向磁盘输出数据，必须先将数据送到内存中的缓冲区，装满后再一起送到磁盘。反过来，当从磁盘读取数据到内存时，数据也是先被读入内存中的缓冲区，然后从缓冲区中读取数据到程序中。

当使用标准输入输出函数（包含在头文件 stdio.h 中）时，系统会自动设置缓冲区，并通过数据流来读写文件。读取文件时，不是直接对磁盘进行读取，而是先打开数据流，将磁盘上的数据复制到缓冲区内，程序再从缓冲区中读取所需数据，如图 10.1 所示。

事实上，当写入文件时，并不会马上将数据写入磁盘中，而是先写入缓冲区，只有在缓冲区已满或关闭文件时，才会将数据写入磁盘，如图 10.2 所示。

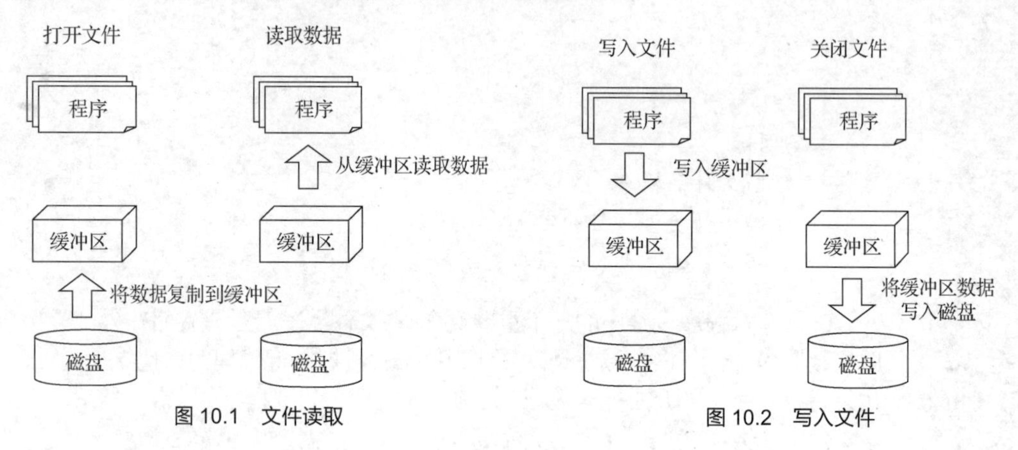

图 10.1　文件读取　　　　图 10.2　写入文件

10.1.2　文件的存储方式

C 语言将文件看成字符（字节）的序列，即文件由一个个字符（字节）数据顺序组成。从文件编码的方式来看，文件可分为文本文件和二进制文件两种。

文本文件在磁盘中存放时每个字符对应 1 字节，用于存放对应的 ASCII 值。例如，数 5678 的存储形式如图 10.3 所示，5678 在内存共占用 4 字节。文本文件可以显示在屏幕上，内容为对应的字符。

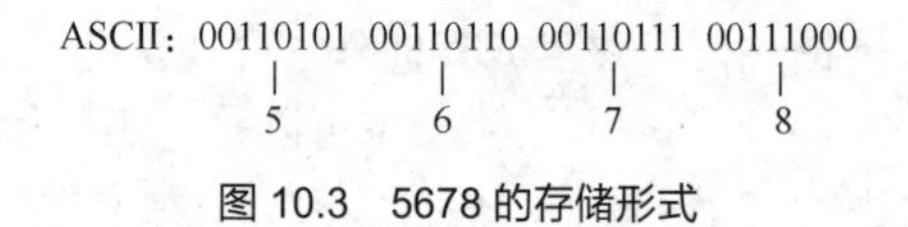

图 10.3　5678 的存储形式

二进制文件是按二进制的编码方式来存放的文件。例如，数 5678 的存储形式为 00010110 00101110，只占两字节。二进制文件虽然也可在屏幕上显示，但其内容难以读懂。

从读写方式看，任何文件都可以以文本方式或二进制方式打开。两者在读写文件时的区别如下。

- 文本方式。当写文件时，如果被写的内存字节是 0x0D（'\r'），它被照写不变，但若是 0x0A（'\n'）则写两字节 0x0D 0x0A（'\r'、'\n'）到文件上。反之，当读文件时，凡遇到 0x0D 即'\r'时，就跳过，自动移到下一字节（直到非'\r'），而 0x0A（'\n'）照读不误。这也说明了为什么 printf()遇到'\n'时，不仅要在屏幕上换行（'\n'），还要回车（这是'\r'的功能）。
- 二进制方式。与文本方式不同，写时既不转换'\n'，读时也不滤掉'\r'，任何字节都原封不动地写入文件或读到内存。虽然任何文件的读写方式都可在 fopen()时任意指定，但习惯上，一般用文本方式读写文本文件（即.txt 文件），而用二进制方式读写其他文件。顺便指出，字节和字符（ASCII）在文件输入输出中是一个意思。当提到字符时，实际也是指存放该字符的 1 字节，或该字符的 8bit 编码。只是，当处理文本文件时，人们习惯用“字符”，而处理二进制文件时，习惯用术语“字节”。

10.1.3　文件类型指针

在 C 语言程序中，无论是普通文件还是设备文件，都可以通过文件结构类型的数据集合进行输入输出操作。文件结构是由系统定义的，取名为 FILE。FILE 结构是用 typedef 语句定义的，并且这个结构实现已经在 stdio.h 头文件中，使用文件的程序都需要包含语句#include <stdio.h>。

FILE 在 Dev-C++环境中的 stdio.h 有如下定义：

```
struct _iobuf {
    char *_ptr;                    //文件输入的下一个位置
    int _cnt;                      //当前缓冲区的相对位置
    char *_base;                   //指基础位置（即文件的起始位置）
    int _flag;                     //文件标志
    int _file;                     //文件的有效性验证
    int _charbuf;                  //检查缓冲区状况，如果无缓冲区则不读取
    int _bufsiz;                   //文件的大小
    char *_tmpfname;               //临时文件名
};
typedef struct _iobuf FILE;
```

在 C 语言文件系统中，用一个指针变量指向一个文件，这个指针变量称为文件指针。通过文件指针就可对它所指的文件进行各种操作。定义文件指针的一般形式为：

```
FILE  *指针变量标识符;
```

例如：

```
FILE *fp;
```

fp 是一个指向 FILE 类型结构体的指针变量。如果有 *n* 个文件，一般应设 *n* 个指针变量，使它们分别指向 *n* 个文件，以实现对文件的访问。

10.2　文件的操作

文件操作都是由库函数来完成的。本节将介绍主要的文件操作函数。

10.2.1　文件的打开

文件在进行读写操作之前要先打开。打开文件，实际上是建立文件的各种有关信息，并使文件指针指向该文件，以便进行其他操作。例如：

```
FILE  *fp;
fp=fopen(文件名,使用文件方式);
```

fopen()函数用来打开一个文件，其调用的一般形式为：

```
文件指针名 = fopen( 文件名, 使用文件方式 );
```

- “文件指针名”必须是被说明为 FILE 类型的指针变量。
- “文件名”是被打开文件的文件名。
- “使用文件方式”是指文件的类型和操作要求，如表 10.1 所示。

表 10.1　使用文件方式

文本文件（ASCII）		二进制文件	
使用方式	含义	使用方式	含义
"r"	打开文本文件进行只读	"rb"	打开二进制文件进行只读
"w"	建立新文本文件进行只写	"wb"	建立新二进制文件进行只写
"a"	打开文本文件进行追加	"ab"	打开二进制文件进行追加
"r+"	打开文本文件进行读/写	"rb+"	打开二进制文件进行读/写
"w+"	建立新文本文件进行读/写	"wb+"	建立新二进制文件进行读/写
"a+"	打开文本文件进行读/写/追加	"ab+"	打开二进制文件进行读/写/追加

如果成功地打开一个文件，则 fopen()函数返回文件指针，否则返回空指针（NULL）。由此可判断文件打开是否成功。例如：

```
if ((fp=fopen ("c:\\tc\\int.txt", "r"))==NULL)
{    printf("Can not open this file.\n");  exit(0);        }
```

如果屏幕上显示 Can not open this file.，则表明打开文件出错。出错的常见原因是：用"r"方式打开一个不存在的文件。exit()函数的作用是关闭所有文件，终止正在调用的进程。待程序员检查出错误，修改后再运行。

说明如下。

（1）文件使用方式由 r、w、a、t、b、+这 6 个字符拼成，各字符的含义如下。

- r（read）：读。
- w（write）：写。
- a（append）：追加。
- t（text）：文本文件，可省略不写。
- b（banary）：二进制文件。
- +：读和写。

（2）用"w"方式打开文件时，只能从内存向该文件输出（写）数据，而不能从文件向内存输入数据。如果该文件原来不存在，则打开时按指定文件名建立一个新文件；如果原来的文件已经存在，则打开时该文件的内容将被清空，然后可以从内存向这个文件写入新的数据。

（3）用"a"方式打开文件时，向文件的尾部添加新数据，保留文件中原来的数据，但要求文件必须存在，否则会返回出错信息。打开文件时，文件的位置指针在文件末尾。

（4）用"r+"、"w+"、"a+"方式打开文件时，既可以输入，也可以输出，不过 3 种方式是有区别的；"r+"方式要求文件必须存在；"w+"方式建立新文件后进行读写；"a+"方式保留文件原有的数据，进行追加或读的操作。

（5）在用文本文件向计算机输入时，应将回车和换行两个字符转换为一个换行符；在输出时，应将换行符转换为回车和换行两个字符。在用二进制文件时，不需进行这种转换，因为在内存中的数据形式与输出到外部文件中的数据形式完全一致，一一对应。

【例 10.1】 文件打开方式的应用。

程序实现：

```
#include <stdio.h>
#include <stdlib.h>
int main()
{
    FILE *fp;                                            //定义一个文件指针变量
    if ((fp = fopen("e:\\text.txt","at+"))==NULL)        //将文件指针变量指向文件
    {
            printf("cannot open file\n");
            exit(0);
    }
    else
     {
            printf("open file\n");
            fclose(fp);
     }
     return 0;
}
```

10.2.2 文件的关闭

文件在使用完后应该及时关闭，以防止被误用。“关闭”就是释放文件指针。释放后的文件指针变量不再指向该文件，为自由的文件指针。这种方式可以避免文件中的数据丢失。释放指针后，不能再通过该指针对原对应的文件进行读写操作，除非再次用该指针变量打开该文件。

用 fclose()函数关闭文件，fclose()函数调用的一般形式为：

```
fclose(文件指针);
```

例如，fclose(fp);将用 fopen()函数打开文件时所带回的指针赋给 fp，现把该文件关闭。如果文件关闭成功，fclose()函数的返回值为 0；如果关闭出错，则返回值为 EOF(−1)。这可以用 ferror()函数来测试，当然也可以根据函数的返回值自己编程判断文件是否关闭成功。

10.2.3 文件的重命名

函数 rename()用于重命名文件、改变文件路径或更改目录名称，其一般形式为：

```
int rename(char * oldname, char * newname);
```

说明如下。

（1）oldname 代表旧文件名，newname 代表新文件名。

（2）修改文件名成功则返回 0，否则返回-1。

1. 重命名文件时

如果 newname 指定的文件存在，则该文件会被删除；如果 newname 与 oldname 指定的文件不在一个目录下，则相当于移动文件。

2. 重命名目录时

如果 oldname 和 newname 都指定目录，则重命名目录；如果 newname 指定的目录存在且为空目录，则先将 newname 指定的目录删除。对于 newname 和 oldname 指定的两个目录，调用进程必须有写权限。newname 不能包含 oldname 作为其路径前缀。例如，不能将/usr 更名为/usr/foo/testdir，因为原名字（/usr/foo）是新名字的路径前缀，因而不能将其删除。

【例 10.2】 文件的重命名。

程序实现：

```
#include <stdio.h>
int main()
{
    if (rename("e:\\text.txt","e:\\newtext.txt")==0)
    {
        printf("rename success!\n");
    }
    else
    {
        printf("rename failure!\n");
    }
    return 0;
}
```

10.2.4 文件的删除

remove()函数用于删除指定的文件，其一般形式如下：

```
int remove(char * filename);
```

说明如下。

（1）filename 代表要删除的文件名，可以为一个目录。如果参数 filename 代表一个文件，则调用 unlink()处理；若参数 filename 代表一个目录，则调用 rmdir()来处理。

（2）成功则返回 0，失败则返回-1，具体的错误原因可通过检查系统全局变量 errno 来获取。

【例 10.3】 文件的删除。

程序实现：

```
#include <stdio.h>
int main()
{
     if ((remove("e:\\ newtext.txt"))==0)
     {
          printf("remove success!\n");
     }
     else
     {
           printf("remove failure!\n");
     }
     return 0;
}
```

10.3 文件的读写

文件被打开后，就可以对它进行操作了。文件的读和写是常用的文件操作，C 语言提供了多种文件读写函数，具体介绍如下。

10.3.1 字符的读取和写入

1. 文件字符写函数 fputc()

fputc()函数用于把一个字符写入文件。其一般形式为：

```
fputc(str,fp);
```

功能为：把字符 str 写入 fp 所指向的文件。

【例 10.4】 利用键盘输入一行字符，写入文件中。

程序实现：

```
#include <stdio.h>
#include <stdlib.h>
int main()
{
     FILE *fp;
     char ch;
     if((fp=fopen("e:\\text.txt","at+"))==NULL)
     {
          printf("file  error.\n");
          exit(0);
     }
     printf("Input a string(ENTER for end input)\n");
     while((ch=getchar())!='\n')
     {
         fputc(ch,fp);
     }
     fclose(fp);
     return 0;
}
```

2. 文件字符读函数 fgetc()

从指定文件读入一个字符，该文件必须是以读或读写方式打开的。fgetc()函数的调用形式为：

```
字符变量=fgetc(文件指针);
```

例如，从 fp 指向的文件中读取一个字符并赋给字符变量 ch，可写成 ch=fgetc(fp);。

说明如下。

（1）fgetc()为文件字符读函数，因此之前必须以读或读写方式打开文件。

（2）在执行 fgetc()读字符时遇到文件结束符或出错，则函数返回一个文件结束标志 EOF(-1)。当形参 fp 为标准输入文件指针 stdin 时，则读文件字符函数 fgetc(stdin)与终端输入函数 getchar()具有完全相同的功能。

【例 10.5】 通过 fgetc()函数读取文件的信息。

程序实现：

```
#include <stdio.h>
#include <stdlib.h>
int main()
{
    FILE *fp;
    char ch;
    if((fp=fopen("e:\\text.txt","r"))==NULL)
    {
        printf("file open error.\n");
        exit(0);
    }
    while((ch=fgetc(fp))!=EOF)
    {
        putchar(ch);
    }
        putchar('\n');
    fclose(fp);
    return 0;
}
```

10.3.2 字符串的读取和写入

1. 文件字符串写函数 fputs()

fputs()函数用于把一个字符串写入文件。其一般形式为：

```
fputs(str,fp);
```

功能为：把字符串 str 写入 fp 所指向的文件，字符串以结束符\0 结束且不写入文件。

【例 10.6】 通过 fputs()函数在文件中写入 20 个字符的信息。

程序实现：

```
#include <stdio.h>
#include <stdlib.h>
int main()
{
    FILE *fp;
    char ch[20];
    if((fp=fopen("e:\\text.txt","at+"))==NULL)
    {
        printf("file error.\n");
        exit(0);
    }
```

```
    printf("Input a string\n");
    scanf("%s",ch);
    fputs(ch,fp);
    fclose(fp);
    return 0;
}
```

2. 文件字符串读函数 fgets()

从指定文件读入一个字符串，该文件必须是以读或读写方式打开的。fgets()函数的调用形式为：

```
fgets(str,n,fp);
```

功能为：从 fp 指向的文件读取至多 n-1 个字符（n 用来指定字符数），并把它们放到字符数组 str 中。在读入之后自动向字符串末尾加上串结束标志\0。如果读成功，则返回 str 数组首地址，失败则返回一个空指针。读取操作遇到以下情况结束。

（1）已经读取了 n-1 个字符。

（2）在读出 n-1 个字符之前，当前读取到的字符为回车符或者文件末尾。

【例 10.7】 通过 fgets()函数读取文件的前 10 个字符。

程序实现：

```
#include <stdio.h>
#include <stdlib.h>
int main()
{
    FILE *fp;
    char ch[20];
    if((fp=fopen("e:\\text.txt","at+"))==NULL)
    {
        printf("file error.\n");
        exit(0);
    }
    printf("Output a string\n");
    while ((fgets(ch,10,fp))!=NULL)
    {
        printf("%s",ch);
    }
    printf("\n");
    fclose(fp);
    return 0;
}
```

10.3.3 按格式读取和写入

1. 文件格式化写函数 fprintf()

fprintf()函数调用的格式为：

```
fprintf(fp,格式控制串,输出列表);
```

其中，fp 是指向要写入文件的文件型指针；格式控制串、输出列表同 printf()函数。功能是将输出列表中的各个变量或常量，依次按格式控制串中的控制符说明的格式写入 fp 指向的文件中。

【例 10.8】 通过 fprintf()函数将学生信息写入文件。

程序实现：

```
#include <stdio.h>
#include <stdlib.h>
typedef struct student  //定义学生结构体
{
```

```
    int num;
    char name[20];
    int age;
}student;
int main()
{
    FILE *fp;
    student stu;        //定义学生结构体变量并赋值
    printf("请输入学生的学号 姓名 年龄\n");
    scanf("%d%s%d",&stu.num,&stu.name,&stu.age);
    if ((fp=fopen("e:\\student.txt","ab+"))==NULL)  //打开文件
    {
        printf("cannot open file\n");
        exit(0);
    }
    //将学生信息写入 student.txt
    fprintf(fp,"%d  %s  %d",stu.num,stu.name,stu.age);
    fclose(fp);   // 关闭文件
    return 0;
}
```

2. 文件格式化读函数 fscanf()

fscanf()函数调用的格式为：

```
fscanf(fp,格式控制串,输入列表);
```

其中，fp 是指向要读取文件的文件型指针；格式控制串、输入列表同 scanf()函数。功能是从 fp 指向的文件中，按格式控制串中的控制符说明的格式读取相应数据赋给输入列表中对应的变量。

例如：

```
fscanf(fp,"%d,%f",&a,&f);
```

该语句完成从 fp 指向的文件中读取 ASCII 字符,并按%d 和%f 格式转换成二进制形式的数据赋给变量 a、f。

【例 10.9】 在例 10.8 中输入“11　Alex　20”，再通过 fscanf()函数从文件中读取学生数据到屏幕。

程序实现：

```
#include <stdio.h>
#include <stdlib.h>
typedef struct student  //定义学生结构体
{
    int num;
    char name[20];
    int age;
}student;
int main()
{
    FILE *fp;
    student stu;      //定义学生结构体变量并赋值
    if ((fp=fopen("e:\\student.txt","ab+"))==NULL)  //打开文件
    {
        printf("cannot open file\n");
        exit(0);
    }
    //将学生信息从 student.txt 中读取到内存
```

```
    fscanf(fp,"%d  %s  %d",&stu.num,&stu.name,&stu.age);
    printf("num=%d name=%s age=%d\n",stu.num,stu.name,stu.age);
    fclose(fp);   // 关闭文件
    return 0;
}
```

【运行结果】

```
num=11 name=Alex age=20
```

10.3.4 数据块存取函数

C 语言还提供了用于读写整块数据的函数，可用来读写一组数据，如一个数组元素、一个结构体变量的值等。

读数据块函数调用的一般形式为：

```
fread(buffer,size,count,fp);
```

写数据块函数调用的一般形式为：

```
fwrite(buffer,size,count,fp);
```

说明如下。

- buffer：一个指针，在 fread()函数中，它表示存放输入数据的首地址；在 fwrite()函数中，它表示存放输出数据的首地址。
- size：表示数据块的字节数。
- count：表示要读写的数据块块数。
- fp：表示文件指针。

例如，fread(fa,4,5,fp);的含义是从 fp 所指向的文件中，每次读 4 字节（一个数）送入浮点型数组 fa 中，连续读 5 次，即读 5 个数据块（共 20 字节）到 fa 中。

fread()和 fwrite()一般用于二进制文件的输入与输出。因为它们是按数据块的长度来处理输入输出的，所以按数据在存储空间存放的实际情况原封不动地在磁盘文件和内存之间传送，一般不会出错。如果在 ASCII 文件和二进制文件之间传送，则在字符转换的情况下很可能出现与原设想不同的情况。

【例 10.10】 将一个学生记录利用键盘写入 student.txt 中。

程序实现：

```
#include <stdio.h>
#include <stdlib.h>
typedef struct student  //定义学生结构体
{
    int num;
    char name[20];
    int age;
}student;
int main()
{
    FILE *fp;
    student stu;       //定义学生结构体变量并赋值
    scanf("%d%s%d",&stu.num,&stu.name,&stu.age);
    if ((fp=fopen("e:\\student.txt","wb"))==NULL)  //打开文件
    {
          printf("cannot open file\n");
          exit(0);
    }
    fwrite(&stu,sizeof(stu),1,fp);//将学生记录写入 student.txt
    fclose(fp);   // 关闭文件
```

```
    return 0;
}
```

【运行结果】

```
1 MARY 20
```

【例 10.11】 从文件中读取一个学生记录输出到屏幕。

程序实现：

```
#include <stdio.h>
#include <stdlib.h>
typedef struct student  //定义学生结构体
{
    int num;
    char name[20];
    int age;
}student;
int main()
{
    FILE *fp;
    student stu;      //定义学生结构体变量并赋值
    if ((fp=fopen("e:\\student.txt","rb"))==NULL)  //打开文件
    {
          printf("cannot open file\n");
          exit(0);
    }
    fread(&stu,sizeof(stu),1,fp);    //将文件内容保存在 stu
    printf("num=%d name=%s age=%d\n",stu.num,stu.name,stu.age);
    fclose(fp);   // 关闭文件
    return 0;
}
```

【运行结果】

```
num=1 name=MARY age=20
```

10.4 文件的定位

前面介绍的对文件的读写方式都是顺序读写，即读写文件只能从头开始，顺序读写各个数据。但在实际问题中常要求只读写文件中某一指定的部分。为了解决这个问题，可将文件内部的位置指针移动到需要读写的位置，再进行读写，这种读写称为随机读写。

实现随机读写的关键是要按要求移动位置指针，这称为文件的定位。移动文件内部位置指针的函数主要有两个，即 rewind()和 fseek()。

10.4.1 rewind()函数

rewind()函数调用的一般形式为：

```
rewind(文件指针);
```

它的功能是把文件内部的位置指针移到文件首。

【例 10.12】 定位到文件首。

程序实现：

```
#include <stdio.h>
#include <stdlib.h>
```

```
typedef struct student  //定义学生结构体
{
    int num;
    char name[20];
    int age;
}student;
int main()
{
    FILE *fp;
    int i;
    student stu[3];      //定义学生结构体变量并赋值
    if ((fp=fopen("e:\\student1.txt","ab+"))==NULL)  //打开文件
    {
          printf("cannot open file\n");
          exit(0);
    }
    for (i=0;i<3;i++)
    {
          scanf("%d%s%d",&stu[i].num,&stu[i].name,&stu[i].age);
    }
    fwrite(&stu,sizeof(stu),3,fp);//将 3 个学生记录写入 student1.txt
    rewind(fp);//定位到文件首
    fread(&stu,sizeof(stu),3,fp);//从文件首将文件内容保存在 stu
    for (i=0;i<3;i++)
    {
       printf("num=%d name=%s age=%d\n",stu[i].num,stu[i].name,stu[i].age);
    }
    fclose(fp);   // 关闭文件
    return 0;
}
```

【运行结果】

```
1 ALEX 20
2 LISA 19
3 MARY 18
num=1 name=ALEX age=20
num=2 name=LISA age=19
num=3 name=MARY age=18
```

10.4.2 fseek()函数和随机读写

可以对文件进行顺序读写，也可以对文件进行随机读写，关键在于控制文件的位置指针。如果位置指针是按字节位置顺序移动的，就是顺序读写；如果能将位置指针按需要移动到任意位置，就可以实现随机读写。随机读写是指读写完上一个字符（字节）后，并不一定要读写其后续的字符（字节），而可以读写文件中任意位置上所需的字符（字节）。该函数的调用形式为：

```
fseek(fp, offset, start);
```

相关参数说明如下。

- start：起始点。表示从何处开始计算位移量，规定的起始点有 3 种：文件首、当前位置和文件尾。用 0、1、2 代替，0 代表文件首，名字为 SEEK_SET，1 代表当前位置，名字为 SEEK_CUR，2 代表文件尾，名字为 SEEK_END。
- offset：表示移动的字节数，要求位移量是 long 型数据，以便在文件长度大于 64KB 时不会出错。当用常量表示位移量时，要求加后缀 L。例如：

```
fseek(fp,100L,0);
```

其作用是把位置指针移到离文件首 100 字节处。

fseek()函数一般用于处理二进制文件，因为文本文件要发生字符转换，计算位置时往往会发生混乱。

【例 10.13】 在学生文件 student1.txt 中读出第二个学生的数据。

程序实现：

```
#include <stdio.h>
#include <stdlib.h>
typedef struct student  //定义学生结构体
{
    int num;
    char name[20];
    int age;
}student;
int main()
{
    FILE *fp;
    student stu;      //定义学生结构体变量并赋值
    if ((fp=fopen("e:\\student1.txt","ab+"))==NULL)    //打开文件
    {
          printf("cannot open file\n");
          exit(0);
    }
    fseek(fp,sizeof(stu),0);                                //移动到第二个学生记录
    fread(&stu,sizeof(stu),1,fp);                           //读取第二个学生记录
     printf("num=%d name=%s age=%d\n",stu.num,stu.name,stu.age);
    fclose(fp);   // 关闭文件
    return 0;
}
```

10.4.3 ftell()函数

ftell()函数的作用是得到文件中位置指针的当前位置。如果 ftell()函数的返回值为-1L，则表示出错。例如：

```
if(ftell(fp)==-1L)
      printf("error\n");
```

可以用 fseek()函数把位置指针移到文件尾，再用 ftell()函数获得此时位置指针距文件首的字节数，这个字节数就是文件的长度。

【例 10.14】 利用 ftell()函数获得文件长度。

程序实现：

```
#include <stdio.h>
#include <stdlib.h>
typedef struct student  //定义学生结构体
{
    int num;
    char name[20];
    int age;
}student;
int main()
{
    FILE *fp;
```

```
    int length;
    if ((fp=fopen("e:\\student1.txt","ab+"))==NULL)  //打开文件
    {
          printf("cannot open file\n");
          exit(0);
    }
    fseek(fp,0L,SEEK_END);//移动到文件的末尾
    length = ftell(fp); //文件长度
    printf("file length = %d\n",length);
    fclose(fp);   // 关闭文件
    return 0;
}
```

10.5 文件状态检测

C 语言中常用的文件状态检测函数有以下几个。

- 文件读写错误检测函数 ferror()。
- 清除文件错误标志函数 clearerr()。
- 文件结束检测函数 feof()。

1. 文件读写错误检测函数 ferror()

在调用各种输入输出函数（如 fputc()、fgetc()、fread()、fwrite()等）时，如果出现错误，则除了通过函数返回值反映，还可以用 ferror()函数检查。它的一般调用形式为：

```
ferror(文件指针);
```

如果 ferror()的返回值为 0（假），则表示未出错；如果返回一个非 0 值，则表示出错。应该注意，对于同一个文件，每一次调用输入输出函数，均产生一个新的 ferror()函数值，因此，应当在调用一个输入输出函数后立即检查 ferror()函数的值，否则信息会丢失。在执行 fopen()函数时，ferror()函数的初始值自动置为 0。

2. 清除文件错误标志函数 clearerr()

clearerr()函数的作用是将文件错误标志和文件结束标志置为 0。它的一般调用形式为：

```
clearerr(文件指针);
```

假设在调用一个输入输出函数时出现错误，则 ferror()函数值为一个非 0 值。在调用 clearerr(fp)后，ferror(fp)的值变成 0。

只要出现错误标志，此函数值就一直保留，直到对同一文件调用 clearerr()函数或 rewind()函数，或任何其他一个输入输出函数。

3. 文件结束检测函数 feof()

feof()函数的功能是：判断文件是否已经读取到结尾，若文件读取已结束，则返回值为 1，否则为 0。它的一般调用形式为：

```
feof(文件指针);
```

10.6 综合应用

【例 10.15】 利用前面所介绍的知识建立一个学生信息系统。

程序实现：

```
#include <stdio.h>
#include <stdlib.h>
#include <string.h>
//定义日期结构体
typedef struct
{
    int year;
    int month;
    int day;
}date;
//定义学生结构体
typedef struct
{
    int num;              //学号
    char name[20];        //姓名
    date birthday;        //出生年月日
}student;
student stu;              //定义学生结构体变量
student *pstu=&stu;       //定义结构体指针变量指向 stu

//学生信息系统界面
void MainShow()
{
    printf("\t\t ***学生信息系统***\n");
    printf("\t\t ***1.输入学生记录***\n");
    printf("\t\t ***2.浏览全部学生记录***\n");
    printf("\t\t ***3.按学号查找学生记录***\n");
    printf("\t\t ***4.按学号删除学生记录***\n");
    printf("\t\t ***5.按学号修改学生的姓名***\n");
    printf("\t\t ***6.退出系统***\n");

}
// 1.输入学生记录功能
void InputStudent()
{
    char choice;
    FILE *fp;
    printf("输入学生记录功能\n");
    if((fp=fopen("e:\\sturecord.txt","at+"))==NULL)      //打开文件
    {
        printf("file error.\n");
        exit(0);
    }
    //输入学生详细信息
    printf("请输入学生的学号:");
    scanf("%d",&pstu->num);
    printf("请输入学生的姓名:");
    scanf("%s",pstu->name);
    printf("请输入学生的出生年 月 日:");
    scanf("%d%d%d",&pstu->birthday.year,&pstu->birthday.month,&pstu->birthday.day);
    printf("num=%-3d",pstu->num);
```

```
        printf("name=%-10s",pstu->name);
        printf("birthday=%4d-%2d-%2d\n",pstu->birthday.year,pstu->birthday.month,pstu->
birthday.day);
        // 将信息写入文件
        fprintf(fp,"%d %s %d %d %d\n",pstu->num,pstu->name,pstu->birthday.year,
        pstu->birthday.month,pstu->birthday.day);
        // 关闭文件
        fclose(fp);
        printf("是否继续输入学生信息 y or n: ");
        //清空输入输出缓冲区，避免上次输入的换行影响这次的输入
        fflush(stdin);
        scanf("%c",&choice);
        if (choice=='y')
        {
             InputStudent();
        }
    }
    //2.浏览全部学生记录
    void OutputStudent()
    {
        FILE *fp;
        printf("输出学生信息\n");
        if((fp=fopen("e:\\sturecord.txt","at+"))==NULL) //打开文件
        {
             printf("file error.\n");
             exit(0);
        }
        while (!feof(fp))
        {      fscanf(fp,"%d%s%d%d%d\n",&pstu->num,pstu->name,&pstu->
    birthday.year,&pstu->birthday.month,&pstu->birthday.day);
              printf("学生的学号为%d\n",pstu->num);
              printf("学生的姓名=%s\n",pstu->name);
              printf("学生的出生年-月-日=%d-%d-%d\n",pstu->birthday.year,pstu->
    birthday.month,pstu->birthday.day);
              printf("\n");
        }
        fclose(fp);    //关闭文件
    }
    //3.按学号查找学生记录
    void FindByNum()
    {
        FILE *fp;
        int num;
        int find = 0;
        printf("按学号查找学生记录\n");
        if((fp=fopen("e:\\sturecord.txt","at+"))==NULL)     //打开文件
        {
             printf("file error.\n");
             exit(0);
        }
        printf("请输入要查找的学生记录的学号:");
        scanf("%d",&num);
        while (!feof(fp))
```

```
    {     fscanf(fp,"%d%s%d%d%d\n",&pstu->num,pstu->name,&pstu->birthday.
year,&pstu->birthday.month,&pstu->birthday.day);
        if (num==pstu->num)
        {
              printf("学生的学号为%d\n",pstu->num);
              printf("学生的姓名=%s\n",pstu->name);
              printf("学生的出生年-月-日=%d-%d-%d\n",pstu->birthday.year,pstu->
birthday.month,pstu->birthday.day);
              printf("\n");
              find=1;
        }
    }
    if (!find)
    {
              printf("查无此人\n");
    }
     fclose(fp);   //关闭文件
}
//4.按学号删除学生记录
void DeleteByNum()
{
    FILE *fp;
    FILE *fpnew;
    int num;
    int finddelete = 0;
    printf("按学号删除学生记录\n");
    if((fp=fopen("e:\\sturecord.txt","at+"))==NULL)    //打开文件
    {
         printf("file error.\n");
         exit(0);
    }
    if((fpnew=fopen("e:\\stucopy.txt","at+"))==NULL)   //打开文件
    {
         printf("file error.\n");
         exit(0);
    }
    printf("请输入要删除的学生记录的学号:");
    scanf("%d",&num);
    while (!feof(fp))
    {       fscanf(fp,"%d%s%d%d%d\n",&pstu->num,pstu->name,&pstu->birthday.
year,&pstu->birthday.month,&pstu->birthday.day);
        if (num!=pstu->num)
        {             fprintf(fpnew,"%d %s %d %d %d\n",pstu->num,pstu->name,
pstu->birthday.year,pstu->birthday.month,pstu->birthday.day);
        }
        else
        {
             printf("学生的学号为%d\n",pstu->num);
             printf("学生的姓名=%s\n",pstu->name);
             printf("学生的出生年-月-日=%d-%d-%d\n",pstu->birthday.year,pstu->
birthday.month,pstu->birthday.day);
             printf("删除成功\n");
             finddelete=1;
```

```
        }
    }
    if (!finddelete)
    {
        printf("查无此人\n");
    }
    fclose(fp);
    fclose(fpnew);
    remove("e:\\sturecord.txt");     //删除文件
    rename("e:\\stucopy.txt","e:\\sturecord.txt");
}
//5.按学号修改学生的姓名
void AlterNameByNum()
{
    FILE *fp;
    FILE *fpnew;
    int num;
    char name[20];
    int find = 0;
    printf("按学号修改学生的姓名\n");
    if((fp=fopen("e:\\sturecord.txt","at+"))==NULL)    //打开文件
    {
        printf("file error.\n");
        exit(0);
    }
    if((fpnew=fopen("e:\\stucopy.txt","at+"))==NULL)   //打开文件
    {
        printf("file error.\n");
        exit(0);
    }
    printf("请输入要修改的学生的学号:");
    scanf("%d",&num);
    while (!feof(fp))
    {       fscanf(fp,"%d%s%d%d%d\n",&pstu->num,pstu->name,&pstu->birthday.
year,&pstu->birthday.month,&pstu->birthday.day);
        if (num!=pstu->num)
        {           fprintf(fpnew,"%d %s %d %d %d\n",pstu->num,pstu->name,
pstu->birthday.year,pstu->birthday.month,pstu->birthday.day);
        }
        else
        {
            printf("请输入修改后的名字");
            scanf("%s",name);
            strcpy(pstu->name,name);        fprintf(fpnew,"%d %s %d %d %d\n",
pstu->num,pstu->name,pstu->birthday.year,pstu->birthday.month,pstu->birthday.day);
            printf("学生的学号为%d\n",pstu->num);
            printf("学生的姓名=%s\n",pstu->name);
            printf("学生的出生年-月-日=%d-%d-%d\n",pstu->birthday.year,pstu->
birthday.month,pstu->birthday.day);
            printf("修改成功\n");
            find=1;
        }
    }
    if (!find)
```

```
        {
            printf("查无此人\n");
        }
        fclose(fp);
        fclose(fpnew);
        remove("e:\\sturecord.txt");//删除文件
        rename("e:\\stucopy.txt","e:\\sturecord.txt");
    }
    void Select()
    {
        int num;
        printf("请选择功能\n");
        scanf("%d",&num);
        switch(num)
        {
        case 1:
            InputStudent();
            MainShow();
            Select();
            break;
        case 2:
            OutputStudent();
            MainShow();
            Select();
            break;
        case 3:
            FindByNum();
            MainShow();
            Select();
            break;
        case 4:
            DeleteByNum();
            MainShow();
            Select();
            break;
        case 5:
            AlterNameByNum();
            MainShow();
            Select();
            break;
        case 6:
            printf("系统结束，再见\n");
            exit(0);
            break;
        }
    }
    int main()
    {
        MainShow();
        Select();
        return 0;
    }
```

本程序定义了学生结构体，包含学生的学号、姓名、出生年月日。利用本章所学的文件函数完成了学生信息的写入与读取，并对学生信息进行输入、删除、修改、查找。程序的具体功能请参阅

MainShow()函数。请读者在理解程序的基础上，根据所学知识扩展和修改此程序，以进一步地理解文件的有关概念。

10.7 本章小结

本章首先讲解了文件的基本概念，包括缓冲文件系统、文件的存储方式、文件类型指针；然后讲解了文件的基本操作，包括文件的打开、关闭、重命名与删除；接着讲解了文件的读写，包括字符的读取和写入、字符串的读取和写入、按格式读取和写入、数据块的读写；之后讲解了文件的定位与文件状态检测；最后通过一个综合应用案例来使读者加深对文件知识的理解。通过对本章的学习，读者可以对文件进行读写操作，从而能站在更高的层面来理解和使用文件。

习题

一、选择题

1. 关于文件理解不正确的为（ ）。
   A. C 语言把文件看作字节的序列，即文件由一个个字节数据顺序组成
   B. 文件一般指存储在外部介质上数据的集合
   C. 系统自动地在内存区为每一个正在使用的文件开辟一个缓冲区
   D. 每个打开文件都和文件结构体变量相关联，程序通过该变量访问该文件
2. 关于二进制文件和文本文件描述正确的为（ ）。
   A. 文本文件把每一字节放成一个 ASCII 形式，只能存放字符或字符串数据
   B. 二进制文件把内存中的数据按其在内存中的存储形式原样输出到磁盘上存放
   C. 二进制文件可以节省外存空间和转换时间，不能存放字符形式的数据
   D. 一般中间结果数据需要暂时保存在外存上，以后又需要输入内存的，常用文本文件保存
3. 系统的标准输入文件操作的数据流向为（ ）。
   A. 从键盘到内存　　B. 从显示器到磁盘文件
   C. 从硬盘到内存　　D. 从内存到 U 盘
4. 利用 fopen (fname, mode)函数实现的操作不正确的为（ ）。
   A. 正常返回被打开文件的文件指针，若执行 fopen()函数时发生错误，则函数返回 NULL
   B. 若找不到由 fname 指定的相应文件，则按指定的名字建立一个新文件
   C. 若找不到由 fname 指定的相应文件，且 mode 规定按读方式打开文件，则产生错误
   D. 为 fname 指定的相应文件开辟一个缓冲区，调用操作系统提供的打开或建立新文件功能
5. 若要用 fopen()函数打开一个新的二进制文件，该文件要既能读，也能写，则文件方式应是（ ）。
   A. "ab+"　　B. "wb+"　　C. "rb+"　　D. "ab"
6. fscanf()函数的正确调用形式是（ ）。
   A. fscanf(fp,格式字符串,输入列表);
   B. fscanf(格式字符串,输入列表,fp);
   C. fscanf(格式字符串,文件指针,输入列表);
   D. fscanf(文件指针,格式字符串,输入列表);
7. fgetc()函数的作用是从指定文件读入一个字符，该文件的打开方式必须是（ ）。
   A. 只读　　B. 追加　　C. 读或读写　　D. 答案 B 和 C 都正确

8. 关于 fwrite (buffer, sizeof(Student),3, fp)函数的描述不正确的为（　　）。
   A. 将 3 个学生的数据块按二进制形式写入文件
   B. 将由 buffer 指定的数据缓冲区内的 3×sizeof(Student)字节的数据写入指定文件
   C. 返回实际输出数据块的个数，若返回 0，则表示输出结束或发生了错误
   D. 若由 fp 指定的文件不存在，则返回 0
9. 利用 fread (buffer,size,count,fp)函数可实现的操作是（　　）。
   A. 从 fp 指向的文件中，将 count 字节的数据读到由 buffer 指出的数据区中
   B. 从 fp 指向的文件中，将 size×count 字节的数据读到由 buffer 指出的数据区中
   C. 以二进制形式读取文件中的数据，返回值是实际从文件读取数据块的个数 count
   D. 若文件操作出现异常，则返回实际从文件读取数据块的个数
10. 检查由 fp 指定的文件在读写时是否出错的函数是（　　）。
   A. feof()　　B. ferror()　　C. clearerr(fp)　　D. ferror(fp)

二、编程题

1. 一条学生记录包括学号、姓名和成绩等信息。
（1）格式化输入多个学生记录。
（2）利用 fwrite()函数将学生信息按二进制方式写到文件中。
（3）利用 fread()函数从文件中读出成绩并求平均值。
（4）按成绩排序，将成绩单写入文本文件中。
2. 编写程序统计某文本文件中包含句子的个数。
3. 编写函数实现单词的查找，对于已打开的文本文件，统计其中包含某单词的个数。
4. 编写一个程序，将指定的文本文件中的某个单词替换成另一个单词。

附录 A　基本控制字符/字符与 ASCII 对照表

ASCII 值	控制字符	ASCII 值	字符	ASCII 值	字符	ASCII 值	字符
0	NUT	32	(space)	64	@	96	`
1	SOH	33	!	65	A	97	a
2	STX	34	"	66	B	98	b
3	ETX	35	#	67	C	99	c
4	EOT	36	$	68	D	100	d
5	ENQ	37	%	69	E	101	e
6	ACK	38	&	70	F	102	f
7	BEL	39	'	71	G	103	g
8	BS	40	(	72	H	104	h
9	HT	41	)	73	I	105	i
10	LF	42	*	74	J	106	j
11	VT	43	+	75	K	107	k
12	FF	44	,	76	L	108	l
13	CR	45	−	77	M	109	m
14	SO	46	.	78	N	110	n
15	SI	47	/	79	O	111	o
16	DLE	48	0	80	P	112	p
17	DCI	49	1	81	Q	113	q
18	DC2	50	2	82	R	114	r
19	DC3	51	3	83	S	115	s
20	DC4	52	4	84	T	116	t
21	NAK	53	5	85	U	117	u
22	SYN	54	6	86	V	118	v
23	ETB	55	7	87	W	119	w
24	CAN	56	8	88	X	120	x
25	EM	57	9	89	Y	121	y
26	SUB	58	:	90	Z	122	z
27	ESC	59	;	91	[	123	{
28	FS	60	<	92	\	124	|
29	GS	61	=	93	]	125	}
30	RS	62	>	94	^	126	~
31	US	63	?	95	_	127	DEL

附录 B 运算符的优先级和结合性

优先级	运算符	含义	要求运算对象的个数	结合性
1	( )	圆括号		自左至右
	[ ]	下标运算符		
	->	指向结构体成员运算符		
	.	结构体成员运算符		
2	!	逻辑非运算符	1 （单目运算符）	自右至左
	~	按位取反运算符		
	++	自增运算符		
	--	自减运算符		
	-	负号运算符		
	（类型）	类型转换运算符		
	*	指针运算符		
	&	取地址运算符		
	sizeof	长度运算符		
3	*	乘法运算符	2 （双目运算符）	自左至右
	/	除法运算符		
	%	求余运算符		
4	+	加法运算符	2 （双目运算符）	自左至右
	-	减法运算符		
5	<<	左移运算符	2 （双目运算符）	自左至右
	>>	右移运算符		
6	< <= > >=	关系运算符	2 （双目运算符）	自左至右
7	==	等于运算符	2 （双目运算符）	自左至右
	!=	不等于运算符		
8	&	按位与运算符	2 （双目运算符）	自左至右
9	∧	按位异或运算符	2 （双目运算符）	自左至右
10	|	按位或运算符	2 （双目运算符）	自左至右
11	&&	逻辑与运算符	2 （双目运算符）	自左至右
12	||	逻辑或运算符	2 （双目运算符）	自左至右
13	? :	条件运算符	3 （三目运算符）	自右至左
14	= += -= *= /= %= >>= <<= &= ∧= |=	赋值运算符	2 （双目运算符）	自右至左
15	,	逗号运算符（顺序求值运算符）		自左至右

说明如下。

（1）同一优先级的运算符，运算次序由结合性决定。例如，*与/具有相同的优先级别，其结合性为自左至右，因此 3*5/4 的运算次序是先乘后除。-和++为同一优先级，结合性为自右至左，因此-i++相当于-(i++)。

（2）不同的运算符要求有不同的运算对象个数，如+（加）和-（减）为双目运算符，要求在运算符两侧各有一个运算对象（如 3+5、8-3 等）。而++和-（负号）运算符是单目运算符，只能在运算符的一侧出现一个运算对象（如-a、i++、--i、(float) i、sizeof (int)、*p 等）。条件运算符是 C 语言中唯一的一个三目运算符，如 x？a:b。

（3）从表中可以大致归纳出各类运算符的优先级：

以上的优先级由上到下递减。初等运算符的优先级最高，逗号运算符的优先级最低。位运算符的优先级比较分散（有的在算术运算符之前（如～），有的在关系运算符之前（如<<和>>），有的在关系运算符之后（如&、∧、|）。为了容易记忆，使用位运算符时可加圆括号。

附录 C　C 语言中的关键字

auto	break	case	char
const	continue	default	do
double	else	enum	extern
float	for	goto	if
int	long	register	return
short	signed	sizeof	static
struct	switch	typedef	union
unsigned	void	volatile	while

附录D　C语言的常用库函数

库函数并不是C语言的一部分，它是由人们根据需要编制并提供给用户使用的。每一种C语言编译系统都提供了一批库函数，不同的编译系统所提供的库函数的数目、函数名以及函数功能是不完全相同的。ANSI C标准提出了一批建议提供的标准库函数，它包括目前多数C编译系统提供的库函数，但也有一些是某些C语言编译系统未曾实现的。考虑到通用性，本书列出ANSI C标准建议提供的、常用的部分库函数。多数C语言编译系统，可以使用这些函数的绝大部分。由于C语言库函数的种类和数目很多（例如，还有屏幕和图形函数、时间日期函数、与系统有关的函数等，每一类函数又包括各种功能的函数），限于篇幅，本附录不能全部介绍，只从教学需要的角度列出基本的函数。读者在编写C语言程序时可能要用到更多的函数，请查阅所用系统的手册。

1. 数学函数

数学函数如表1所示。使用数学函数时，应该在该源文件中使用以下命令行：

```
# include <math.h>
```

或

```
# include "math.h"
```

表1　数学函数

函数名	函数原型	功能	返回值	说明
abs	int abs (int x);	求整数 x 的绝对值	计算结果	
acos	double acos (double x);	计算 $\cos^{-1}(x)$ 的值	计算结果	x 的取值范围为-1～1
asin	double asin (double x);	计算 $\sin^{-1}(x)$ 的值	计算结果	x 的取值范围为-1～1
atan	double atan (double x);	计算 $\tan^{-1}(x)$ 的值	计算结果	
atan2	double atan2 (double x, double y);	计算 $\tan^{-1}(x/y)$ 的值	计算结果	
cos	double cos (double x);	计算 $\cos(x)$ 的值	计算结果	x 的单位为弧度
cosh	double cosh (double x);	计算 x 的双曲余弦 $\cosh(x)$ 的值	计算结果	
exp	double exp (double x);	求 e^x 的值	计算结果	
fabs	double fabs (double x);	求 x 的绝对值	计算结果	
floor	double floor (double x);	求出不大于 x 的最大整数	该整数的双精度实数	
fmod	double fmod (double x, double y);	求整除 x/y 的余数	返回余数的双精度数	
frexp	double frexp(double val, int * eptr);	把双精度数val分解为数字部分（尾数）x 和以2为底的指数 n，即 $val=x\times2^n$，n 存放在eptr指向的变量中	返回数字部分 x $0.5\leq x<1$	
log	double log (double x);	求 $\log_e x$，即 $\ln x$	计算结果	
log10	double log10 (double x);	求 $\log_{10}x$	计算结果	
modf	double modf(double val, int * iptr);	把双精度数val分解为整数部分和小数部分，把整数部分存在iptr指向的单元	val的小数部分	

续表

函数名	函数原型	功能	返回值	说明
pow	double pow (double x, double y);	计算 x^y 的值	计算结果	
rand	int rand (void);	产生-90～32767 的随机整数	随机整数	
sin	double sin (double x);	计算 sin(x)的值	计算结果	x 的单位为弧度
sinh	double sinh (double x);	计算 x 的双曲正弦函数 sinh(x)的值	计算结果	
sqrt	double sqrt (double x);	计算 $\sqrt{x}$	计算结果	$x \geqslant 0$
tan	double tan (double x);	计算 tan(x)的值	计算结果	x 的单位为弧度
tanh	double tanh (double x);	计算 x 的双曲正切函数 tanh(x)的值	计算结果	

2. 字符函数和字符串函数

字符函数和字符串函数如表 2 所示。ANSI C 标准要求在使用字符串函数时要包含头文件 string.h，在使用字符函数时要包含头文件 ctype.h。有的 C 语言编译系统不遵循 ANSI C 标准的规定，如要用其他名称的头文件，请在使用时查询相关手册。

表 2　字符函数和字符串函数

函数名	函数原型	功能	返回值	包含文件
isalnum	int isalnum (int ch);	检查 ch 是否为字母（Alphabet）或数字（Numeric）	是字母或数字返回 1；否则返回 0	ctype.h
isalpha	int isalpha (int ch);	检查 ch 是否为字母	是，返回 1；不是，返回 0	ctype.h
iscntrl	int iscntrl (int ch);	检查 ch 是否为控制字符（其 ASCII 值为 0～0x1F）	是，返回 1；不是，返回 0	ctype.h
isdigit	int isdigit (int ch);	检查 ch 是否为数字（0～9）	是，返回 1；不是，返回 0	ctype.h
isgraph	int isgraph (int ch);	检查 ch 是否为可输出字符（其 ASCII 值为 0x21～0x7E），不包括空格	是，返回 1；不是，返回 0	ctype.h
islower	int islower (int ch);	检查 ch 是否为小写字母（a～z）	是，返回 1；不是，返回 0	ctype.h
isprint	int isprint (int ch);	检查 ch 是否为可输出字符（包括空格），其 ASCII 值为 0x20～0x7E	是，返回 1；不是，返回 0	ctype.h
ispunct	int ispunct (int ch);	检查 ch 是否为标点字符（不包括空格），即除字母、数字和空格以外的所有可输出字符	是，返回 1；不是，返回 0	ctype.h
isspace	int isspace (int ch);	检查 ch 是否为空格、跳格符（制表符）或换行符	是，返回 1；不是，返回 0	ctype.h
isupper	int isupper (int ch);	检查 ch 是否为大写字母（A～Z）	是，返回 1；不是，返回 0	ctype.h
isxdigit	int isxdigit (int ch);	检查 ch 是否为一个十六进制数字字符（即 0～9、A～F，或 a～f）	是，返回 1；不是，返回 0	ctype.h
strcat	char * strcat (char * str1, char * str2);	把字符串 str2 接到 str1 后面，str1 最后面的\0 被取消	str1	string.h
strchr	char * strchr (char * str, int ch);	找出 str 指向的字符串中第一次出现字符 ch 的位置	返回指向该位置的指针，如找不到，则返回空指针	string.h

续表

函数名	函数原型	功能	返回值	包含文件
strcmp	int strcmp (char * str1, char * str2);	比较两个字符串 str1、str2	str1<str2，返回负数； str1=str2，返回 0； str1>str2，返回正数	string.h
strcpy	int strcpy (char * str1, char * str2);	把 str2 指向的字符串复制到 str1 中	返回 str1	string.h
strlen	unsigned int strlen (char * str);	统计字符串 str 中字符的个数（不包括终止符\0）	返回字符个数	string.h
strstr	int strstr (char * str1, char * str2);	找出 str2 字符串在 str1 字符串中第一次出现的位置（不包括 str2 的结束符）	返回该位置的指针，若找不到，返回空指针	string.h
tolower	int tolower (int ch);	将 ch 字符转换为小写字母	返回与 ch 相对应的小写字母	ctype.h
toupper	int toupper (int ch);	将 ch 字符转换成大写字母	返回与 ch 相对应的大写字母	ctype.h

3. 输入输出函数

输入输出函数如表 3 所示。凡用了以下输入输出函数，就应该使用#include <stdio.h>把 stdio.h 头文件包含到源程序文件中。

表 3 输入输出函数

函数名	函数原型	功能	返回值	说明
clearerr	void clearerr (FILE * fp);	清除与文件指针 fp 有关的所有出错信息，文件结束标志置 0	无	
close	int close (int fp);	关闭文件	关闭成功返回 0，否则返回-1	非 ANSI 标准函数
creat	int creat (char * filename, int mode);	以 mode 指定的方式建立文件	成功，则返回正数；否则返回-1	非 ANSI 标准函数
eof	int eof (int fd);	检查文件是否结束	若文件结束，返回 1；否则，返回 0	非 ANSI 标准函数
fclose	int fclose (FILE * fp);	关闭 fp 所指的文件，释放文件缓冲区	有错则返回非 0；否则，返回 0	
feof	int feof (FILE * fp);	检查文件是否结束	若文件结束，返回非 0 值；否则，返回 0	
fgetc	int fgetc (FILE * fp);	从 fp 所指定的文件中取得下一个字符	返回所得到的字符，若读入出错，返回 EOF	
fgets	char * fgets (char * buf, int n, FILE * fp);	从 fp 指向的文件读取一个长度为（*n*-1）的字符串，存入起始地址为 buf 的空间	返回地址 buf，若遇文件结束或出错，返回 NULL	
fopen	FILE * fopen (char * filename, args, ...);	以指定的方式打开名为 filename 的文件	成功，返回一个文件指针（文件信息区的起始地址）；否则，返回 0	
fprintf	int fprintf (FILE * fp, char * format, args, ...);	把 args 的值以 format 指定的格式输出到 fp 所指向的文 件中	实际输出的字符数	
fputc	int fputc (char ch, FILE * fp);	将字符 ch 输出到 fp 指向的文件中	成功，则返回该字符；否则，返回非 0 值	
fputs	int fputs (char * str, FILE * fp);	将 str 指向的字符串输出到 fp 所指定的文件	成功返回 0；若出错返回非 0 值	

续表

函数名	函数原型	功能	返回值	说明
fread	int fread (char * pt, unsigned size, unsigned n, FILE * fp);	从 fp 指定的文件中读取长度为 size 的 *n* 个数据项，存到 pt 指向的内存区	返回所读的数据项个数，如遇文件结束或出错返回 0	
fscanf	int fscanf (FILE * fp, char format, args, …);	从 fp 指定的文件中按 format 给定的格式将输入数据送到 args 指向的内存单元（args 是指针）	已输入的数据个数	
fseek	int fseek (FILE * fp, long offset, int base);	将 fp 指向的文件的位置指针移到以 base 给出的位置为基准、以 offset 为位移量的位置	返回当前位置；否则，返回-1	
ftell	long ftell (FILE * fp);	返回 fp 指向的文件中的读写位置	返回 fp 指向的文件中的读写位置	
fwrite	int fwrite (char * ptr, unsigned size, unsigned n, FILE * fp);	把 ptr 所指向的 *n* × size 字节输出到 fp 指向的文件中	返回 fp 文件中的数据项的个数	
getc	int getc (FILE * fp);	从 fp 指向的文件中读入一个字符	返回所读的字符，若文件结束或出错，返回 EOF	
getchar	int getchar (void);	从标准输入设备读取下一个字符	所读字符。若文件结束或出错，则返回-1	
getw	int getw (FILE * fp);	从 fp 指向的文件读取下一个字（整数）	输入的整数。如文件结束或出错，返回-1	非 ANSI 标准函数
open	int open (char * filename, int mode);	以 mode 指出的方式打开已存在的名为 filename 的文件	返回文件号（正数）；如打开失败，返回-1	非 ANSI 标准函数
printf	int printf (char * format, args, …);	按 format 指向的格式字符串规定的格式，将输出列表 args 的值输出到标准输出设备	输出字符的个数，若出错，返回负数	format 可以是一个字符串，或字符数组的真实地址
putc	int putc (int ch, FILE * fp);	把一个字符 ch 输出到 fp 所指的文件中	输出字符 ch，若出错，返回 EOF	
putchar	int putchar (char ch);	把字符 ch 输出到标准输出设备	输出字符 ch，若出错，返回 EOF	
puts	int puts (char * str);	把 str 指向的字符串输出到标准输出设备，将\0 转换为回车换行符	返回换行符，若失败，返回 EOF	
putw	int putw (int w, FILE * fp);	将一个整数 w（即一个字）写到 fp 指向的文件中	返回输出的整数，若出错，返回 EOF	非 ANSI 标准函数
read	int read (int fd, char * buf, unsigned count);	从文件号 fd 指示的文件中读 count 字节到由 buf 指示的缓冲区中	返回真正读入的字节个数，若遇文件结束返回 0，出错返回-1	非 ANSI 标准函数
rename	int rename (char * old name, char * newname);	把由 oldname 所指的文件名，改为由 newname 所指的文件名	成功返回 0；出错返回-1	
rewind	void rewind (FILE * fp);	将 fp 指示的文件中的位置指针置于文件开头位置，并清除文件结束标志和错误标志	无	
scanf	int scanf (char * format, args, …);	从标准输入设备按 format 指向的格式字符串规定的格式，输入数据给 args 指向的单元	读入并赋给 args 的数据个数，若文件结束返回 EOF，出错返回 0	args 为指针
write	int write (int fd, char * buf, unsigned count);	从 buf 指示的缓冲区中的 count 个字符写入文件描述符 fd 对应的文件中	返回实际输出的字节数，如出错返回-1	非 ANSI 标准函数

4. 动态存储分配函数

动态存储分配函数如表 4 所示。ANSI 标准建议设置 4 个有关的动态存储分配函数，即 calloc( )、free( )、malloc( )、realloc( )。实际上，许多程序在编译运行时，往往增加了一些其他函数。ANSI 标准建议在 stdlib.h 头文件中包含有关的信息，但许多 C 语言编译系统要求用 malloc.h 而不是 stdlib.h。读者在使用时应查阅相关手册。

ANSI 标准要求动态存储分配系统返回 void 指针。void 指针具有一般性，可以指向任何类型的数据，但目前有的 C 语言编译系统所提供的这类函数返回 char 指针。无论返回哪一种，都需要用强制类型转换的方法把 void 或 char 指针转换成所需的类型。

表 4　动态存储分配函数

函数名	函数原型	功能	返回值	说明
calloc	void * calloc (unsigned n, unsigned size);	分配 *n* 个数据项的连续内存空间，每个数据项的大小为 size	分配内存单元的起始地址；如不成功，则返回 NULL	size 以字节为单位
free	void free (void * p);	释放 p 所指的内存区	无	在释放内存后，最好将指针设置为 NULL
malloc	void * malloc (unsigned size);	分配 size 字节的存储区	所分配的内存区起始地址；如内存不够，则返回 NULL	使用完通过 malloc 分配的内存后，务必使用 free 函数来释放它，以避免内存泄漏
realloc	void * realloc (void * p, unsigned size);	将 p 指出的已分配内存区的大小改为 size，size 可以比原来分配的空间大或小	返回指向该内存区的指针；如果重新分配失败，realloc 函数会返回 NULL	用于重新分配内存